煤炭高等教育"十四五"规划教材

地下工程通风与空气调节

主　编　王　刚
副主编　孙路路　黄启铭　杜文州

应急管理出版社

· 北　京 ·

内 容 提 要

本书是应高等院校地下工程专业的人才培养需要而编写的。全书共分九章，主要内容按照地下工程通风和空气调节划分为两部分。书中系统地阐述了地下工程通风与空气调节的基础理论、通风设计原理以及相关的通风与空气调节技术，基本反映了国内外地下工程通风与空气调节方面的最新科技成果及其发展动向，并融入和系统介绍了近年来开始兴起的智能通风技术。

本书的特点是理论联系实际，阐述问题简明扼要、深入浅出，书中附有相当数量的参考习题，便于读者学习和思考。

本书可作为全日制高校地下工程和矿业类学科各专业的地下通风与空气调节相关课程的教材或教学参考书，亦可供从事地下工程建设、生产、科研和设计部门的技术和管理人员阅读参考。同时，本书在讲述地下工程通风与空气调节理论知识过程中，涉及部分高等流体力学和工程热物理方面的基础知识，建议读者在进行上述知识学习的基础上进行本书的学习。

目　　次

1　绪论 ··· 1

　　1.1　地下工程的主要类型与特点 ·· 1

　　1.2　地下工程的发展现状 ··· 3

　　1.3　地下工程通风的目标及意义 ·· 4

2　地下工程空气 ·· 5

　　2.1　地下空间空气主要成分 ··· 5

　　2.2　地下空间空气中常见有害物质 ·· 7

　　2.3　地下工程空气物理参数 ··· 11

　　参考习题 ·· 14

3　地下工程空气流动基础理论 ··· 15

　　3.1　风流运动特征 ··· 15

　　3.2　风流压力 ··· 15

　　3.3　风流能量方程 ··· 27

　　3.4　能量方程应用 ··· 34

　　3.5　摩擦阻力 ··· 38

　　3.6　局部阻力 ··· 43

　　3.7　通风阻力 ··· 48

　　参考习题 ·· 52

4　地下工程掘进通风 ·· 54

　　4.1　地下掘进通风方法 ··· 54

　　4.2　地下掘进通风设备 ··· 58

　　4.3　地下掘进工作面风量计算 ·· 69

　　4.4　局部通风机选择 ·· 75

　　4.5　长风道、竖井掘进通风 ··· 76

　　4.6　掘进通风系统设计 ··· 77

　　参考习题 ·· 79

5 地下工程形成后通风 ·· 81

  5.1 隧道运营通风 ·· 81

  5.2 矿井生产通风 ··· 103

  参考习题 ··· 120

6 地下工程热、湿负荷计算 ····································· 122

  6.1 围岩结构传热计算 ··· 122

  6.2 设备、照明和人体等散热量计算 ····························· 141

  6.3 湿负荷计算 ·· 155

  6.4 地下工程的风温、风量计算 ································· 160

  参考习题 ··· 169

7 地下工程空气调节系统 ······································ 171

  7.1 空调系统的基本组成 ······································ 171

  7.2 空调系统的形式及分类 ····································· 172

  7.3 通风降湿系统 ·· 178

  7.4 中央空调系统 ·· 202

  参考习题 ··· 207

8 地下工程空调设计 ·· 208

  8.1 地铁工程空气调节设计 ····································· 208

  8.2 矿井工程空气调节设计 ····································· 225

  参考习题 ··· 241

9 地下工程智能通风 ·· 242

  9.1 地下工程智能通风基础理论 ································· 242

  9.2 地下工程智能通风关键技术 ································· 246

  9.3 地下工程智能通风应用案例 ································· 254

  参考习题 ··· 257

参考文献 ·· 259

1　绪　　论

1.1　地下工程的主要类型与特点

地下工程是指工程结构的全部或大部分设置于地表以下，包括城市地下工程和野外地下工程。城市地下工程包括所有城市地面以下土层或岩层中建造的各类地下建筑物与构筑物，包括地下交通运输、地下商业、地下储藏、地下生产、文化、体育、娱乐、人防等方面具有单一或多种功能的地下建筑与构筑物。例如，城市地铁车站常常还兼设地下商场、地下餐饮、地下娱乐等多种功能设施。野外地下工程主要有铁路、公路交通涉及的山岭地下隧道，穿越江河湖海的地下隧道，各类工业、民用、军用地下设施等。但从具体结构和功能特征来说，隧道工程、矿井工程、地铁工程涵盖了地下工程的主要特点。

1.1.1　隧道工程

隧道是埋置于地层内，两端有出入口，供车辆、行人、水流及管线等通过的工程建筑物，是人类利用地下空间的一种形式。1970 年，国际经济合作与发展组织召开的隧道会议综合了各种因素，将隧道定义为："以某种用途、在地面下采用任何方法，按规定形状和尺寸修筑的断面积大于 2 m^2 的洞室。"

施工时，沿设计位置按设计形状开挖地层，如圆形、矩形、马蹄形等。为防止隧道变形、塌落或是有水涌入，沿隧道周围修建的支护结构，称为"封砌"。隧道端部外露面，为保护洞口和排放流水而修筑的结构物，称为"洞门"。为了保证隧道的正常使用，还需设置一些附属建筑物，如为工作人员在隧道内进行维修或检查时能及时避让驶来的车辆而在隧道两侧开辟的"避车洞"，为了保证车辆正常运行而设置的照明设施，为了排除隧道内渗入的地下水而设置的防、排水设施，为了净化隧道内车辆排出的烟尘和有害气体而设置的通风系统等。

隧道工程具有节约土地、对环境影响相对较小、城市内拆迁量小、结构安全可靠等优点，尤其是长和特长隧道能够提高线路质量，大大缩短线路长度和通行时间；但同时也存在着技术难度大、施工风险高、隐蔽工程多、施工环境艰苦和管理复杂等缺点。

1.1.2　矿井工程

为采矿或其他目的在地下开掘的井筒、巷道和硐室等工程，总称为井巷工程。在煤炭行业中，井巷工程主要包括矿山建设工程、矿井生产准备工程、矿井延深工程和矿井辅助工程等。

为了将煤从地下采出，应从地表开始开凿井筒、巷道与硐室到达煤层，这个阶段开掘的这些工程称为矿山建设工程；移交生产后，随着采煤工作面和采区的不断推进，还要及时准备好巷道，以保证采煤工作面与采区的正常接续，这个阶段开掘的水平或倾斜准备巷道、硐室等工程称为矿井生产准备工程或开拓工程；在上生产水平煤层开采完之前，就要着手进行井筒延深和新水平的开拓，以保证水平的及时接替，这个阶段开掘的水平或倾斜巷道、硐室等工程称为矿井延深工程；由于矿井生产是地下作业，受自然地质条件的影响，随时要与水、火、瓦斯等灾害作斗争，为保证采矿生产安全，还需要开凿运输、排水、通风及行人等工程，这些工程称为矿井辅助工程。

井巷工程与采矿生产紧密相连，互相促进和依存。长期以来，在我国井巷工程设计与施工中，一直贯彻"以掘保采，以采促掘，采掘并举，掘进先行"的方针。同时，合理选取开拓方案，在井巷工程掘进工作中严格遵守质量标准，积极采用先进技术以加快掘进速度，对于保持采掘之间的合理比例关系具有重要的意义。采煤与井巷工程掘进工作是煤炭生产过程中最基本、最主要的环节，只有合理和有效地组织采掘工作，保持采掘之间的平衡，达到技术上先进、经济上合理、生产上安全高效和时间上节省的整体优化，提高劳动生产率，降低原煤成本，才能保证煤炭工业可持续发展，满足国民经济不断增长的需要。

1.1.3 地铁工程

地下铁道是指在大城市中主要在地下修建隧道，并在其中铺设轨道，以电动快速列车运送大量乘客的公共交通体系，也称为城市地下铁道（Urban Metro），简称地铁。地下铁道是一个历史名词，如今其内涵与外延均已有相当大的扩展，并不局限于运行线在地下隧道中这一种形式，而是泛指高峰小时单向运输能力在30000～70000人次的大容量轨道交通系统。运行线路呈现多样化，其形式包括地下、地面和高架三者有机的结合。纽约、旧金山以及香港也称其为"大容量铁路交通"（Mass Transit Rail）或"快速交通系统"（Rapid Transit System）。这种轨道交通系统通常的建造规律是在市中心为地下隧道，市区以外为地面线或架空线，如汉城（首尔）在1978—1984年建造的地铁2、3、4号线总长105.8 km，其中地下线路83.5 km，高架部分22.3 km，高架部分占全长的21%。

地下铁道是城市快速轨道交通的先驱，可以在建筑物密集而不便于发展地面交通和高架轻轨的地区大力发展。在交通拥挤、行人密集、道路又难以扩建的街区，以地铁代替地面交通工具，具有许多优点。首先，地铁是一种大容量的城市轨道交通系统，单向每小时运送能力可以达到30000～70000人次，而公共汽电车单向每小时运送能力只在8000人次左右，远远小于地铁，因而在客流密集的城市中心地带建设地铁可以明显疏散公交客流，分担绝大部分城市公共交通流量。其次，地铁具有可信赖的准时性和速达性。地铁线路与道路交通隔绝，有自己的专用线路，不受气候、时间和其他交通工具的干扰，不会出现交通阻塞而延误时间，因而在保证准时到达目的地方面得到乘客的信赖，对居民出行具有很大的吸引力。同时，地铁具有一定的抗战争和地震破坏的能力。由于地铁大多在地下或高架，因而与其他交通方式无相互干扰，安全性高。在当今世界汽车泛滥，交通事故居高不下的情况下，地铁如果不发生意外或自然灾害，乘客安全可以得到保障，这也是地铁吸引客流的地方之一。此外，地铁可节省地面空间，保护城市中心区域有限的地面资源。

虽然地铁具有很多其他交通方式并不具备的优势，但其缺点也相当突出，制约着地铁的进一步发展。地铁的绝大部分线路和设备处于地下，而城市地下由于各种管线纵横交错，极大增加了施工难度，而且在建设中还涉及隧道开挖、线路施工、供电、通信、通风、照明、振动、噪声等一系列技术问题以及考虑防灾、救灾系统的设置等，都需要大量的资金投入，因此，地铁的建设费用相当高。在日本，每千米地铁建设费要超过 200 亿日元，我国每千米地铁造价达 6 亿~8 亿元人民币。即使对于工业发达国家来说，大量建设地铁所需的建设费用也是难以承担的。地铁不仅建设费用比较高，而且建设周期长、见效慢。地铁还有一个致命的弱点在于一旦发生火灾或其他自然灾害，乘客疏散比较困难，容易造成重大的人员伤亡和财产损失，给社会带来不良影响。

1.2 地下工程的发展现状

1.2.1 地下矿井发展现状

经过多年来的发展，我国在国外技术及设备引进、消化、应用方面获得较大成效，并在此基础上探索出了一套适合我国实际国情的、行之有效的高产高效矿井建设方法。在采掘机械化应用方面，目前我国煤矿采掘机械化发展水平得到前所未有的提升，采掘机械化程度已然超过 80%，尤其是综合机械化程度甚至已经达到 60% 以上，其产生的直接影响就是我国重点煤矿平均工效得到大幅提升。

1.2.2 地下铁道发展现状

从世界范围来看，地下铁道的发展经历了一个曲折的过程，大致可分为 4 个阶段：初步发展阶段（1863—1924 年）、停滞萎缩阶段（1924—1949 年）、再发展阶段（1949—1969 年）、高速发展阶段（1970 年至今）。

进入 21 世纪，地铁以其快速、准时、低能耗、少污染、安全、舒适等优点吸引了城市客运交通量的 80% 以上。美国、日本、德国、法国等不断加大对地铁的科技投入，许多新材料、新技术、新工艺运用在地铁工程中。

目前，我国北京、上海、天津、广州、南京、成都、香港等城市已经拥有了地铁，其中上海轨道交通的总长超过 400 km，位居世界第一。全国获批建设地铁的城市有两批共25 个，地铁在我国已进入高速发展阶段。

1.2.3 其他地下工程发展现状

（1）居住空间。数千年前我们的祖先就在我国北方的黄土高原建造了许多供居住的窑洞和地下粮食储备工程，至今仍有不少农民居住在不同类型的窑洞中。

（2）人防工程。采取平战结合的方式，保证了战略效益，又获得了社会效益和经济效益。

（3）水利水电建设。特别是大型地下水电站厂房的建设，说明我国已具备开发大型或超大型地下空间的技术水平和能力。我国第一座水电站（1908—1912 年）是云南石龙坝水电站（装机容量 2×240 kW），第一座梯级水电站（1951 年）是福建古田溪一级水电站（装机容量 25.9 万 kW），最早的坝内式厂房水电站（1957 年）是江西上犹江水电站（装机容量 4×1.5 万 kW），第一座自行设计建设安装的水电站（1957—1960 年）是浙江新安江水电站（装机容量 66 万 kW）。首座百万千瓦级水电站（1969 年）是甘肃刘家峡水电站（装机容量 122.5 万 kW）。利用世界银行贷款兴建的大型水电站（1982—1988年）是鲁布革水电站（装机 60 万 kW）；世界最大的水电站（1994—2012 年）是三峡水电站（装机容量 2240 万 kW），其地下电站部分主厂房长 311.3 m、高 87.24 m、跨度 32.6 m。此外，三峡库区水下博物馆也已建成。目前，中国第二大水电站——白鹤滩水电站已经建成（2013—2022 年），装机容量 1600 万 kW，在建设过程中创造了多个世界第一，如地下洞室群规模最大、圆筒式尾水调压室规模最大、无压泄洪洞群规模最大、采用低热混凝土浇筑 289 m 双曲拱坝。

（4）城市地下商城、地下综合体等的建设，表明我国城市已经开始大规模开发和利用地下空间。例如，上海静安公园地铁枢纽地下空间开发，北京商务中心区地下空间开发，北京中关村将投资数十亿元建设地下商城，故宫拟建一个现代化地下展厅。可以预见，随着经济、科技的发展，我国地下空间的开发和利用将进入一个蓬勃发展的新时期。

1.3 地下工程通风的目标及意义

由于受到岩石或土壤以及封闭空间等因素的影响，地下空间内的空气质量比地面空气质量更差，人们长期在这里生活或工作势必会对健康造成极大的危害。因此，必须对地下空间空气质量进行改善，使地下空间内部环境质量接近或超过地面环境。地下空间空气污染物的净化主要是依靠通风的方法来实现的。

地下工程与地面通过有限的出口连接大气，但由于人员呼吸、设备耗氧，工作地点的空气氧含量会逐渐降低，或由于从地层中逸出气体而造成地下工程内缺氧，这些都必须用通风的方法向地下工程不断地输入新鲜空气。地下工程开挖和掘进过程中，一般都必须进行爆破作业，爆破后所产生的炮烟是多种有毒气体的混合物；人员呼出的二氧化碳，人体新陈代谢所散发的汗味和臭气；内燃机排出的尾气，蓄电池充放电时产生的氢气以及地下岩层中涌出的有毒有害气体等，都要用通风的方法加以稀释排出。同时，通风也是治理地下生产作业过程中所产生的有害物质和粉尘的基本措施。

空气的温度、湿度、风速三者综合起来称为气象条件，由于地下工程中人员和设备不断散发热量，地热、矿岩氧化、巷壁渗水等因素的影响，地下空间内的空气温度、湿度和风速都在不断地发生变化。为了给工作人员提供良好的工作环境，防止机械设备和物质腐蚀损坏，必须通过通风进行散热和除湿。

地下空间通风的目的是为各工作地点提供足够的新鲜空气，排出和稀释各种物质，使空气中的有毒有害气体、粉尘不超过规定值，并有适宜的空气条件。

2 地下工程空气

2.1 地下空间空气主要成分

地下空间空气的主要来源是地面空气。地面空气是由多种气体组成的干空气和水蒸气组合而成的混合气体。通常状况下，干空气各组分的数量基本不变（表2-1）。在混合气体中，水蒸气的浓度随地区和季节而变化，其平均浓度约为1%，此外还含有尘埃和烟雾等杂质。

表2-1 干空气的主要成分

气 体 成 分	按体积计/%	按质量计/%
氮气（N_2）	78.13	75.57
氧气（O_2）	20.90	23.10
二氧化碳（CO_2）	0.03	0.05
氩气（Ar）	0.93	1.27
其他（水蒸气、惰性气体和微量的灰尘与微生物等）	0.01	0.01

2.1.1 氧气（O_2）

氧气是无色、无臭、无味、无毒和无害的气体，对空气的相对密度为1.11。它的化学性质很活泼，几乎可以与所有气体发生化学反应。氧能助燃和供人与动物呼吸。

氧气与人的生命有着密切关系。人之所以能生存，是因为人体内不断进行着细胞的新陈代谢，而细胞的新陈代谢是依靠人吃进食物和吸入空气中的氧在体内进行氧化来维持的。因此，凡是在地下空间有人员工作或通行的地点都必须要有充足的氧气。人体维持正常的生命过程所需的氧量取决于人的体质、精神状态、劳动强度等。一般来说，人在休息时平均需氧量为0.25 L/min，进行工作和行走时平均需氧量为1~3 L/min。

空气中氧浓度对人的健康影响很大，最有利于呼吸的氧浓度为21%左右。当空气中的氧浓度降低时，人体就可能产生不良的生理反应，出现种种不舒适的症状，严重时可能导致缺氧死亡。人体缺氧症状与空气中氧浓度的关系见表2-2。

表2-2 人体缺氧症状与空气中氧浓度的关系

氧浓度（体积）/%	主 要 症 状
17	静止时无影响，工作时能引起喘息和呼吸困难
15	呼吸及心跳急促，耳鸣目眩，感觉和判断能力降低，失去劳动能力

表2-2（续）

氧浓度（体积）/%	主 要 症 状
10~12	失去理智，时间稍长有生命危险
6~9	失去知觉，呼吸停止，如没有及时抢救几分钟内可能导致死亡

2.1.2 氮气（N₂）

氮气是无色、无味、无臭的气体，是新鲜空气中的主要成分，对空气的相对密度为0.97，它本身无毒、不助燃，也不供人呼吸。在正常情况下，氮气对人体无害。但空气中若氮气浓度升高，则势必造成氧浓度相对降低，从而也可能导致人员的窒息性伤害。在废弃的一些人防工程内，可积存大量的氮气，氧浓度相对较低，易使人缺氧而窒息。

地下空间空气中氮气的主要来源：地面大气、井下爆破和生物的腐烂。

2.1.3 二氧化碳（CO₂）

二氧化碳是无色略带酸臭味的气体，对空气的相对密度为1.52。它是一种较重的气体，很难与空气均匀混合，常积聚于地下空间的底部，在静止的空气中有明显的分界。二氧化碳不助燃，也不能供人呼吸，易溶于水，可生成碳酸，使水溶液呈弱酸性，对眼、鼻、喉黏膜有刺激作用。在新鲜空气中含有微量的二氧化碳对人体是无害的，它对人的呼吸有刺激作用，如果空气中完全不含有二氧化碳，人体的正常呼吸功能就不能维持。当肺泡中二氧化碳增多时，能刺激人的呼吸神经中枢，引起呼吸频繁、呼吸量增加。所以，在急救受到有害气体伤害的患者时，常常首先让其吸入含有5%二氧化碳的氧气以加强呼吸。但是，当空气中二氧化碳的浓度过高时，会使空气中的氧浓度相对降低，轻则使人呼吸加快、呼吸量增加，严重时也可能造成人员中毒或窒息。空气中二氧化碳对人体的危害程度与浓度的关系见表2-3。

表2-3 二氧化碳中毒症状与浓度的关系

二氧化碳浓度（体积）/%	主 要 症 状	二氧化碳浓度（体积）/%	主 要 症 状
1	呼吸困难，但对工作效率无明显的影响	6	严重喘息，极度虚弱无力
3	呼吸急促，心跳加快，头痛，人体很快疲劳	7~9	动作不协调，大约10 min可发生昏迷
5	呼吸困难，头痛，恶心，呕吐，耳鸣	9~11	数分钟内可导致死亡

地下空间室内环境中，由于人的呼吸导致二氧化碳含量增加的部分如果不能靠通风排除，会使室内的二氧化碳浓度升高。人对二氧化碳浓度变化极为敏感，一般要求室内二氧化碳浓度不超过0.15%。地下工程中二氧化碳的浓度不应大于1%，大多数地下公共建筑内空气中的二氧化碳浓度可控制在0.15%以内。

地下空间空气中二氧化碳的主要来源：有机物的氧化、人员的呼吸、地下空间碳酸性岩石的分解、爆破工作、火灾等。

— 6 —

2.2　地下空间空气中常见有害物质

在开挖地下工程时多用凿岩爆破方法进行，而爆破后的炮烟主要由一氧化碳（CO）和氮氧化物（NO_x）组成，它们是对人体危害较大的有毒气体。在巷道作业时，近年来多采用柴油发动机的货运设备。有的地下空间作为汽车库使用，而汽车有柴油发动机和汽油发动机。有些重要的地下工程，如地下医院、地下车间，往往也设有柴油发电机，作为地下工程自用电或急用电的动力。柴油机废气中含有 CO、CO_2、NO_x、SO_2、CH_4、甲醛、丙烯醛等有害气体。此外，在岩石中掘进巷道会产生大量含游离二氧化硅的粉尘，这些粉尘也是地下空间的有害物质之一。

地下空间内的空气是从地面送入的，在环境污染较重的工业城市和工厂附近的空气中含有大量烟尘，如 SO_2、CO、H_2S 及其他有机物质，若地下空间距污染区较近，则其进风中可能含有大量有毒物质，这也构成了地下空间中的一类有害物质。为了防止有害物质对人体的危害，最主要的措施是通风稀释和排出，使地下空间中的有害物质不超过卫生标准规定的允许浓度，以保证地下工程中工作人员的身体健康、舒适的劳动环境。

在人员集中的地下空间（如人防工程）中，人体排出的二氧化碳和蛋白质分解、人体新陈代谢的产物，如臭气、汗味等，也可认为是地下空间中的一类有害物质。

我国针对空气中有害物质制定了两种最高容许浓度，表示有害物质在空气中的允许浓度。一是最高容许浓度：任何一次测定结果的最大容许值，作为防止急性有害作用的瞬间接触容许浓度。二是日平均最高容许浓度：任何一日的平均浓度的最大容许值，作为防止慢性毒作用的容许浓度。

国际上采用 ppm（10^{-6}）作单位，它表示按体积比的百万分之几，相当于 $1 \, m^3$ 空气中有害气体的立方厘米数。有害气体在空气中的浓度还可以用 mg/m^3 表示。在标准状况下，ppm 与 mg/m^3 的关系可用式（2-1）、式（2-2）表示。

$$1 \, ppm = 1 \, mg/m^3 \times \frac{22.41}{M} \qquad (2-1)$$

$$1 \, mg/m^3 = 1 \, ppm \times \frac{M}{22.41} \qquad (2-2)$$

式中　M——物质的分子质量。

2.2.1　一氧化碳（CO）

一氧化碳是无色、无味、无臭的气体，标准状态下密度为 $1.25 \, kg/m^3$，难溶于水，爆炸界限为 13% ~75%。一氧化碳极毒，当空气中含有 0.4% 一氧化碳时，很短时间内人就会死亡。

人体血液中的血红蛋白是专门在肺部吸收空气中的氧气以维持人体的需要。血红蛋白与一氧化碳的亲和力是它与氧的亲和力的 250 ~300 倍。血红蛋白与一氧化碳结合，形成一氧化碳血红素，妨碍人体内的供氧能力，使人体各部分组织和细胞缺氧，引起一系列血液中毒现象，严重时造成窒息死亡。随着一氧化碳浓度的增加，开始是头昏、剧烈性头痛、恶心，而后失去知觉、呼吸停顿而死亡。人体吸入一氧化碳后的中毒症状与空气中一氧化碳浓度的关系见表 2-4。

表 2-4 一氧化碳中毒症状与浓度的关系

一氧化碳浓度(体积分数)/%	主 要 症 状
0.02	2~3 h 内可能引起轻微头痛
0.08	40 min 内出现头痛、眩晕和恶心;2 h 内发生体温和血压下降,脉搏微弱,出冷汗,可能出现昏迷
0.32	5~10 min 内出现头痛、眩晕;30 min 内可能出现昏迷,并有死亡危险
1.28	几分钟内出现昏迷和死亡

我国规定,地下空间和矿山正常空气中的一氧化碳不得超过 0.0024% (24 ppm)。爆破后,在通风机连续运转的条件下,一氧化碳浓度降到 0.02% 以下,才允许人员进入工作地点,但仍须继续通风,使一氧化碳达到正常的含量。

2.2.2 氮氧化物 (NO_x)

氮氧化物主要来源于开挖地下巷道时炸药爆破和柴油机工作时的废气。一氧化氮 (NO) 极不稳定,易与空气中的氧结合生成二氧化氮 (NO_2)。

关于一氧化氮对人体的影响,虽还没有得到完全的了解,但如果动物接触浓度非常高的一氧化氮时,会发生由于中枢神经系统受到伤害所产生的麻痹和痉挛。

二氧化氮是一种红褐色、具有强烈窒息感的有毒气体,密度为 1.88 kg/m^3,易溶于水,生成腐蚀性很强的硝酸。高浓度的二氧化氮触及人体黏膜,如眼、鼻、喉等会引起强烈刺激,导致头晕、头痛、恶心等症状,对人体危害最大的是破坏肺部组织,引起的肺水肿,症状显示为嘴唇发紫、发生紫斑。吸入大量的二氧化氮,经过 5~10 h,甚至 1 天左右才会发生重症状,咳嗽吐黄痰、呼吸困难以致意识不清,造成死亡,中毒死亡的浓度为 0.025%。二氧化氮的浓度和中毒的症状见表 2-5。

表 2-5 二氧化氮对人体的影响

NO_2 含量/10^{-6}	对植物及人体的影响
1	仅闻到有臭气刺激味
2.5	接触 7 h 以上,豆类及番茄的叶子变白
3.5	接触 2 h,嘴部细菌感染性增强
5	感到有强烈的刺激臭味 (类似臭氧)
10~15	刺激眼、鼻、上呼吸道
25	短时间接触的安全限度
80	3~5 min 引起胸痛
100~150	接触 30~60 min,引起肺水肿,有死亡危险
>200	瞬时接触,导致生命危险,死亡

我国对煤矿和金属矿都有规定,氮氧化物换算为二氧化氮不得超过 0.00025% (2.5 ppm),地下工程作业面也可以参考该标准。

美国、日本、德国、加拿大等国家规定地下空间的空气中二氧化氮的允许浓度不得超过 5×10^{-6}。

2.2.3 二氧化硫（SO$_2$）

二氧化硫是一种无色、有强烈刺激性气味的气体，易溶于水，标准状态下密度为 2.93 kg/m^3。

当空气中含二氧化硫为 0.0005% 时，嗅觉器官就能闻到硫黄味。它对眼和呼吸器官有强烈的刺激作用。在高浓度下，二氧化硫能引起剧烈的咳嗽，使咽喉和支气管发炎、反射性支气管狭窄，严重时会造成肺水肿、肺心病。

地下空间空气中二氧化硫的含量不得超过 0.0005%（5 ppm）。二氧化硫浓度及其对人体的影响见表 2-6。

表2-6 二氧化硫对人体的影响

二氧化硫含量/10^{-6}	作　用	二氧化硫含量/10^{-6}	作　用
0.5 ~ 1	闻到臭味	30 ~ 40	呼吸困难
2 ~ 3	变为刺激味，感到不舒服	50 ~ 100	短时间（0.5 ~ 1 h）的忍耐极限
5 ~ 10	刺激鼻、喉、咳嗽	400 ~ 500	短时间接触，生命危险
20	眼受刺激，咳嗽剧烈		

2.2.4 硫化氢（H$_2$S）

硫化氢是一种无色、有臭鸡蛋气味的气体，标准状态下密度为 1.43 kg/m^3，易溶于水，有燃烧爆炸性，爆炸浓度下限为 6%。

硫化氢能使血液中毒，刺激眼、鼻、喉和呼吸道的黏膜。硫化氢浓度达 0.01% 时就能嗅到并使人流鼻涕。吸入高浓度硫化氢后，会引起头痛、头晕、步伐紊乱、呼吸障碍，严重时引起意识不清、痉挛、呼吸麻痹而造成死亡。

地下空间空气中硫化氢的含量不得超过 0.00066%（6.6 ppm）。硫化氢对人体的影响见表 2-7。

表2-7 硫化氢对人体的影响

硫化氢含量/10^{-6}	作用或毒性
0.025	能嗅到刺激味，因人而异
0.3	有明显的臭味
3.5	中等强度不舒适感
10	刺激眼黏膜
20 ~ 40	肺黏膜刺激下限，短时间能忍受
100	2 ~ 5 min 嗅觉迟钝，接触 1 h 刺激眼与呼吸道，8 ~ 48 h 连续接触往往造成死亡
173 ~ 300	接触 1 h，不会引起重大的健康损害的下限
400 ~ 700	接触 30 min ~ 1 h，有生命危险
800 ~ 900	迅速丧失意识，呼吸停止、死亡
1000	立即死亡

2.2.5 甲醛（HCHO）

甲醛，又称为蚁醛，是一种无色、具有刺激性气味的气体，易溶于水。

甲醛能刺激皮肤使其硬化，并促成纹理裂开变成溃疡。甲醛蒸气刺激眼睛，致使人流泪，吸入呼吸道则刺激黏膜，咳嗽不止。

在车间环境中，我国规定空气中甲醛浓度不得超过 5 mg/m³。地下空间有柴油机工作时，美国、德国、日本等国家规定空气中甲醛的允许浓度不得超过 5×10^{-6}。

2.2.6 硅尘

深层或山洞内的地下工程，在开挖岩石的过程中，凿岩、爆破、装运、破碎等工序都产生大量含游离二氧化硅（SiO_2）的粉尘。石英的二氧化硅含量在 99% 以上，并在自然界中分布很广，是酸性火成岩、砂岩、变质岩的组成部分。这些岩尘中的游离二氧化硅是引起硅肺病的主要原因。

粒径大于 10 μm 的粉尘称为可见粉尘；0.25～10 μm 的粉尘称为显微粉尘；小于 0.25 μm 的粉尘用超倍显微镜才能观察到，则称为超显微粉尘。各种粒径的粉尘在粉尘整体中所占的百分比称为粉尘分散度。某些粉尘因其氧化面积增加，在空气中达到一定浓度时有爆炸性。但是，含游离二氧化硅的粉尘的主要危害是能引起硅肺职业病。

硅肺病是因为长期大量吸入含游离二氧化硅的粉尘而引起的，硅尘被吸入肺泡后，一部分随呼气排出，另一部分被吞噬细胞所包围，并能返回呼吸道而排出人体，还有一部分沉积于肺泡内。由于硅尘在肺泡内形成硅酸胶毒，能杀死吞噬细胞而残留于肺组织内，形成纤维性病变和硅尘结节，逐步发展，使肺组织失去弹性而硬化，从而使一部分肺组织失去呼吸作用，致使全肺呼吸功能减退，出现咳嗽、气短、胸痛、无力，严重时丧失劳动能力，往往并发硅肺结核而死亡。硅肺病的发病时间，因劳动环境、防护状况、个人体质、生活条件而不同，由 3～5 年至 20～30 年不等。地下工程中的综合防尘措施有通风除尘、湿式作业、密闭尘源、个体防护等。

关于生产性粉尘的允许浓度，目前各国多以质量法表示（mg/m³），即规定每立方米空气中不超过若干毫克数。我国规定，空气中含游离二氧化硅在 10% 以上的粉尘，不得超过 2 mg/m³，一般粉尘不得超过 10 mg/m³。

2.2.7 灰尘和放射性气溶胶

灰尘是由悬浮在空气中的微粒所组成的不均匀的分散体系。悬浮在空气中的尘粒称为分散内相，它赖以依存的介质（空气或其他气体）称为空气溶胶体（气溶胶）。灰尘和其他空气溶胶体（如烟、雾）的质的区别在于灰尘对动力没有稳定性。工业灰尘的粒径一般为 1.0～100 μm。小于 1.0 μm 的空气溶胶体，称之为"烟尘"。由于灰尘的分散性很高，所以其物理性质和化学性质与原来的整块物质相比发生了显著的变化。如由于总表面积显著增加，必然引起分散内相和分散介质之间分子的交换量增加。另外，表面积增加的结果，电荷和电容量也随之增加。

放射性气溶胶被人体吸入肺内，特别是小于 10 μm 的，往往形成对人体的内照射危害，促使白细胞降低，呼吸功能紊乱，剂量大且时间久时能使人患支气管癌和肺癌。不能进入呼吸系统的较大颗粒则对人体产生外照射危害。

2.2.8 总挥发性有机物（TVOC）

TVOC（Total Volatile Organic Compounds）是指室温下饱和蒸气压超过了 133.32 Pa 的有机物，其沸点一般在 50～250°C，在常温下可以蒸发，以气体的形式存在于空气中。

TVOC 有刺激性气味，而且有些化合物具有基因毒性。一般认为，TVOC 能引起机体免疫水平失调，影响中枢神经系统功能，出现头晕、头痛、嗜睡、无力、胸闷等自觉症状；还可能影响消化系统，出现食欲不振、恶心等；严重时可损伤肝脏和造血系统，出现变态反应等。

美国环境署（EPA）对 TVOC 的定义是：除一氧化碳、二氧化碳、碳酸、金属碳化物、碳酸盐以及碳酸铵外，任何参与大气中光化学反应的含碳化合物。世界卫生组织（WHO）、美国国家科学院/国家研究理事会（NAS/NRC）等机构一直强调 TVOC 是一类重要的空气污染物。

空气中总挥发性有机物浓度可通过有机物的耗氧量反映出来，是人员感觉异味、头昏、疲倦、烦躁等症状的主要原因，也是综合性很强的空气污染指示指标。

2.2.9 微生物污染

室内空气中的微生物种类很多，主要包括细菌、酵母菌、霉菌、病菌和噬菌体等，其大小不一，对人体的危害很大，它们的繁殖能力强，繁殖速度快，是影响室内空气质量的一个很重要的因素。

2.3 地下工程空气物理参数

2.3.1 密度

单位体积空气所具有的质量称为空气的密度，用 ρ 表示。对于均质气体，其密度为

$$\rho = \frac{M}{V} \tag{2-3}$$

式中　ρ——空气的密度，kg/m^3；

　　　M——空气的质量，kg；

　　　V——空气的体积，m^3。

2.3.2 比体积

空气的比体积是指单位质量的空气所占有的体积，用 $v(m/kg)$ 表示。比体积与密度互为倒数，它们是一个状态参数的两种表达方式，即

$$v = \frac{V}{M} = \frac{1}{\rho} \tag{2-4}$$

2.3.3 黏度

空气抗拒剪切力的性质称为空气的黏度，流体层中相邻两层由于速度不同所产生的内摩擦阻力是产生黏度的原因。

当流体层间发生相对运动时，在流体内部两个流层的接触面上，便产生黏性阻力（内摩擦力）以便阻止相对运动，流体具有的这一性质，称为流体的黏性。例如，空气以速度 u 在管道内流动时，管壁附近的流速较小，贴近管壁的速度为零，向管道轴线方向流速逐渐增大，管道轴线上的流速最大。如同把管内的空气分成若干薄层，速度快的流层依靠黏性阻力带动速度慢的流层向前流动，如图 2-1 所示。

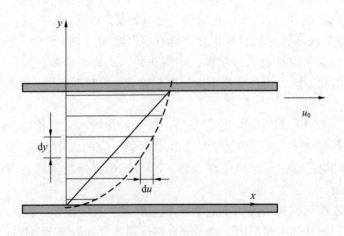

图 2 - 1　空气黏性

在垂直流动方向上，设两个流层的距离为 dy、两个流层间的速度增量为 du，则垂直于流动方向上的速度梯度为 $\dfrac{du}{dy}$，由牛顿的内摩擦定律可知，内摩擦力 f 可用式（2 - 5）计算。

$$f = \mu S \frac{du}{dy} \qquad (2-5)$$

式中　f——内摩擦力，N；

　　　S——流层之间的接触面面积，m^2；

　　　μ——动力黏度，Pa·s，与流体的性质有关。

另外，在地下空间的通风中还常用运动黏度 ν 表示空气的黏性，它和动力黏度 μ 的关系可用式（2 - 6）表示。

$$\nu = \frac{\mu}{\rho} \qquad (2-6)$$

式中　ρ——气体的密度，kg/m^3；

　　　ν——运动黏度，m^2/s。

液体的黏度大小取决于分子间的距离和分子引力，当温度升高或压强降低时液体膨胀，分子间距离增大，分子引力减小，黏度降低；反之，温度降低，压强升高时，液体黏度增大。气体分子间距较大，内聚力较小，但分子运动较剧烈，黏性主要源于流层之间分子的动量交换，当温度升高时，分子运动加剧，所以黏性增大；而当压强升高时，气体的动力黏度和运动黏度都减小。温度是影响流体黏性的主要因素之一，但对气体和液体的影响不同。气体的黏性随温度的升高而增大，液体的黏性随温度的升高而减小。

在实际应用中，压力对流体的黏性影响很小，可以忽略。在考虑流体的可压缩性时常采用动力黏度，而不用运动黏度。几种流体的黏度见表 2 - 8。

表2-8　几种流体的黏度（0.1 MPa，20 ℃）

流 体 名 称	动力黏度 $\mu/(\text{Pa} \cdot \text{s})$	运动黏度 $\nu/(\text{m}^2 \cdot \text{s}^{-1})$
空气	1.808×10^{-5}	1.501×10^{-5}
氮气（N_2）	1.76×10^{-5}	1.41×10^{-5}
氧气（O_2）	2.04×10^{-5}	1.43×10^{-5}
水	1.005×10^{-5}	1.007×10^{-5}

2.3.4　比热容

为了计算热力过程的热交换量，必须知道单位物量气体的热容量或比热容。单位物量的气体，升高或降低绝对温度1 K时所吸收或放出的热量称为比热容，可用式（2-7）表示。

$$c = \frac{\delta q}{dT} \qquad (2-7)$$

比热容单位取决于热量单位和物量单位，表示物量的单位不同，比热容的单位也不同。对固体、液体而言，物量单位常用质量单位（kg）。对于气体除用质量单位外，还常用标准容积单位（m^3 和 kmol），相应的就有质量比热容、容积比热容和摩尔比热容之分。

质量比热容 c'，表示1 kg气体在温度升高或降低1 K时所吸收或放出的热量，单位为 $J/(\text{kg} \cdot \text{K})$。容积比热容 c，表示1 m^3 体积的气体在温度升高或降低1 K时所吸收或放出的热量，单位为 $J/(\text{m} \cdot \text{K})$。摩尔比热容 Mc，表示1 kmol气体在温度升高或降低1 K时所吸收或放出的热量，单位是 $J/(\text{kmol} \cdot \text{K})$。

三种比热容的换算关系可用式（2-8）表示。

$$c' = \frac{Mc}{22.4} = c\rho_0 \qquad (2-8)$$

式中　ρ_0——气体在标准状态下的密度，kg/m^3。

质量不是气体状态参数，所以 c 也不是状态参数，而是气体热力变化过程的函数。其主要影响因素有：物质的性质、热力过程和物质所处的状态。气体的比热容与热力过程特性有关，在热力计算中定容比热容与定压比热容最为重要，也是工程中最为常见的。

在定容情况下，单位物量的气体温度变化1 K时所吸收或放出的热量，称为该气体的定容比热容，气体加热在容积不变的情况下进行，加入的热量全部用于增加气体的内能，使气体的温度升高，定容比热容可用式（2-9）表示。

$$c_v = \frac{\delta q_v}{dT} \qquad (2-9)$$

定压比热容是指气体加热是在压力不变的情况下进行的，加入的热量部分用于增加气体的内能，其温度升高，部分用于推动活塞而对外做膨胀功。定压比热容可用式（2-10）表示。

$$c_p = \frac{\delta q_p}{dT} \qquad (2-10)$$

等量气体升高相同的温度，定压过程吸收的热量多于定容过程吸收的热量，因此定压比热容始终大于定容比热容，其关系可用式（2-11）至式（2-13）表示。

$$c_p - c_v = R \qquad (2-11)$$

$$c_p' - c_v' = \rho_0 R \qquad (2-12)$$

$$M_{c_p} - M_{c_v} = MR = R_0 \qquad (2-13)$$

式中　　R——气体常数，与气体的种类有关，而与气体的状态无关，N·m/(kg·K)或 J/(kg·K)；

　　　　R_0——通用气体常数，J/(kmol·K)。

令 $c_p/c_v = k$，这个比值称为比热容比，又称为绝热指数。每种气体各有一个几乎不变的 k 值，对于空气 $k = 1.41$。

参考习题

1. 地下空间空气的主要成分有哪些？

2. 地下空间各部分气体的性质如何？

3. 简述二氧化碳的性质、来源及危害。

4. 地下空间空气中常见的有害气体有哪些？

5. 一氧化碳有哪些性质？简述一氧化碳对人体的危害。

6. 地下空间空气中常见的有害物质有哪些？

7. 地下工程空气的基本物理参数有哪些？

8. 某井下柴油设备排气中一氧化碳浓度为 160×10^{-6}，试换算成百分比体积浓度和 mg/L 浓度。

3　地下工程空气流动基础理论

3.1　风流运动特征

在地下空间正常通风状态下，地下空间风流沿着井巷的轴线方向运动，是连续运动的介质，其运动参数（压力、速度、密度等）都是连续分布的，流场中流体质点通过空间点的运动参数都不随时间而改变，只是位置的函数，这种流动称稳定流。在地下空间开发过程中，风门的开启、提升设备的升降、机车运输、带式输送机运输等会对局部风流产生瞬时扰动，但对整个地下空间的风流稳定性的影响不大。因此，仍可把地下空间风流近似地视为一维稳定流。

在地下空间里，特别是深井开采，风流沿井巷流动时，由于向下流动的压缩、向上流动的膨胀以及与井下各种热源（围岩、有机物的氧化和机电设备运转时所产生的热等）间的热交换，致使地下空间风流的热力状态不断变化，可用地下空间空气的热力过程来描述。在地下空间异常通风状态下，即井下一旦发生煤尘、瓦斯爆炸、火灾或煤（岩）与瓦斯突出等重大灾害时，地下空间风流就变为不稳定。

3.2　风流压力

地下空间风流沿井巷运动，其根本原因是井巷中存在着使风流流动的能量差。当流动风流的能量对外做功有力的表现时，就把它称为压力。井巷任意断面上风流具有的压力可以分为静压、位压和动压。

3.2.1　静压

1. 概念

风流的静压指的是空气分子作用在器壁单位面积上的力，是风流中各向同值的那一部分压力。根据物理学的分子运动理论，空气压力可用式（3-1）表达。

$$P = \frac{2}{3}n\left(\frac{1}{2}mv^2\right) \tag{3-1}$$

式中　　　n——单位体积内的空气分子数，个/m³；

$\frac{1}{2}mv^2$——气体分子平移运动的平均动能，J/个；

P——空气压力，Pa 或 N/m² 或 J/m³。

由式（3-1）可知，空气压力的实质是单位体积内空气分子不规则热运动表现出的对外做功的能力，可以看作是单位体积空气所具有的一种弹性（压力）势能，或称为压能，通风工程中习惯称之为空气的绝对静压。

按照统计观点，大量空气分子做无规则的热运动时，在各个方向运动的机会是均等

— 15 —

的，故空气的绝对静压具有在各个方向上相等的特点。空气的绝对静压的大小取决于空气分子的稠密程度及其热运动，即空气压力是温度和密度的函数；反过来，空气压力的变化也会导致空气温度或密度发生变化。

地表大气中的绝对静压习惯上叫大气压力，其数值等于单位面积上空气柱的重力。地球空气圈的厚度高达 1000 km，靠近地球表面的空气密度大，距地球表面越远空气密度越小，不同海拔高度其上部空气柱的重力是不同的。因此，空气压力在不同标高处其大小是不同的（表 3 - 1）。空气压力与海拔高度的关系服从玻耳兹曼分布规律，可用式（3 - 2）表示。

$$P = P_0 \exp\left(-\frac{\mu g z}{R_0 T} \right) \qquad (3-2)$$

式中　　μ——空气的摩尔质量，28.97 kg/kmol；

　　　　g——重力加速度，m/s^2；

　　　　z——海拔高度，m；

　　　　R_0——摩尔气体常数；

　　　　T——空气的绝对温度，K；

　　　　P_0——海平面处的大气压，Pa。

表 3 - 1　不同海拔高度的大气压

海拔高度/m	0	100	200	300	500	1000	2000
大气压/kPa	101.3	100.1	98.9	97.7	95.4	89.8	79.7

由表 3 - 1 可知，在矿井里，随着深度增加空气静压相应增加。通常垂直深度每增加 100 m 就要增加 1200 ~ 1300 Pa 的压力。

在同一水平面、不大的范围内，可以认为空气压力是相同的；但空气压力与气象条件等因素（主要是温度）也有关，一般白天 9—10 时气压较高，15—16 时气压较低。我国中纬度地区气压日变化幅度为 100 ~ 400 Pa，低纬度地区气压日变化幅度为 250 ~ 600 Pa。一年中的空气压力变化可高达 4 ~ 5.3 kPa。我国大陆内地气压最高值多出现在冬季，最低值多出现在夏季。大气压力的变化，会直接影响地下空间空气压力的变化，有时会引起地下空间中矿井瓦斯的异常涌出。

地下空间空气的静压除与大气压力有关外，还受通风机造成的压力作用，使之高于或低于当地同标高的大气压力。

2. 静压的特点

（1）无论是静止的空气还是流动的空气都具有静压力。

（2）风流中任一点的静压各向同值，且垂直于作用面。

（3）井巷断面上风流静压的大小主要与大气压力、断面位置（主要是高度）、通风机的作用有关。

3. 静压的两种测算基准

根据压力的测算基准不同，静压可分为绝对静压和相对静压。

（1）绝对静压：以真空为测算基准而测得的静压称之为绝对静压，用 P 表示。

（2）相对压力：以当地当时同标高的大气压力为测算基准（零点）测得的压力称之为相对静压，用 h 表示。

风流的绝对压力（P）、相对压力（h）和与其对应的大气压（P_0）三者之间的关系可用式（3-3）表示。

$$h = P - P_0 \qquad\qquad (3-3)$$

某点的绝对静压只能为正，它可能大于、等于或小于该点同标高的大气压 P_0。因此，相对静压则可正可负。

如图 3-1 所示，在压入式通风中，由于通风机的作用，使风筒内 A 断面的绝对静压 P_A 高于大气压力 P_0，因此，A 断面的相对静压 $h_A = P_A - P_0 > 0$；在抽出式通风中，由于通风机的作用，使风筒内 B 断面的绝对静压 P_B 低于大气压力 P_0，因此，B 断面的相对静压 $h_B = P_B - P_0 < 0$。

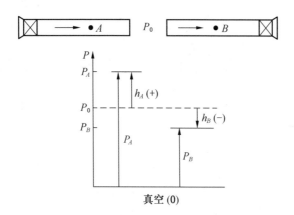

图 3-1　绝对压力、相对压力和大气压之间的关系

4. 空气绝对静压的测定

测量空气绝对静压仪表有水银气压计、空盒气压计和精密数字气压计。

如图 3-2 所示，水银气压计有一根内装纯净水银的玻璃管，玻璃管的上端封口，管内水银柱表面和封口之间是真空的；玻璃管的下端开口，安插在水银池中。水银池的底部用柔性皮革制成，并和一螺钉相接触，转动螺钉可使水银池中的水银表面上下移动。水银池内有一根指针，其尖端和刻度尺的零点位置相齐。测量时，须把水银气压计垂直悬挂，平稳以后，转动螺钉使水银池中的水银表面和指针的尖端刚好接触，表示池中的水银表面和刻度尺上的零点位置相齐；再转动测微游标旋钮，使游标上的零点和玻璃管内的水银表面相齐，根据游标上的零点位置，从刻度尺上读出绝对静压的整数，再根据游标上和刻度尺上某一位置相齐的刻度，读出小数点后的数值。读数为 mmHg，比较准确，主要固定在室内使用。

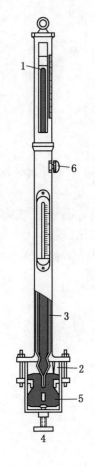

1—水银柱；2—指针；
3—玻璃管；4—螺钉；
5—水银池；6—测微
　　游标旋钮
图 3-2　水银气压计

空盒气压计如图 3-3 所示，主要部件是一个金属真空盒，用皱纹薄片密封。当空气的绝对静压发生变化时，薄片随即向上或向下弯曲，用齿轮和杠杆的机械传动作用，把这种弯曲的变化量转变为指针在刻度盘上的转动量，从刻度盘上可以读出气压的数值。使用前须用水银气压计进行校正。

精密数字气压计目前广泛应用的主要有真空模盒原理和弦振原理两种类型的仪器。它们都是将气压信号转化为电信号，以数字形式显示出来。

3.2.2　位压

1. 概念

物体在地球重力场中因地球引力的作用，由于位置的不同而具有的一种能量叫位能，用 E_{P0} 表示；其位能所转化显现的压力叫作位压，用 h_z 表示，单位为 Pa。如果把质量为 $M(\text{kg})$ 的物体从某一基准面提高 $Z(\text{m})$，就要对物体克服重力做功 $MgZ(J)$，物体因而获得同样数量（MgZ）的重力位能，即 $E_{P0} = MgZ$。

当物体从此处下落，该物体就会对外做功 MgZ（指同一基准面）。

这里强调，重力位能是一种潜在的能量，只能通过计算获得。

2. 位能的计算

重力位能的计算应有一个参照基准。

在图 3-4 所示的井筒中，欲求 1—1、2—2 两断面间的位能差，则取 2—2 断面为基准面（2—2 断面的位能为零）。

按式（3-4）计算 1—1、2—2 两断面间重力位能。

$$E_{P012} = \int_1^2 \rho_i g \mathrm{d}Z_i \qquad (3-4)$$

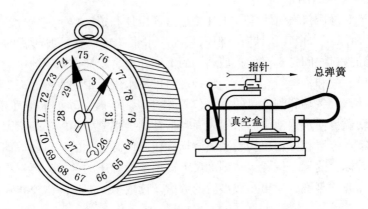

指针　总弹簧

真空盒

图 3-3　空盒气压计

式（3-4）是重力位能的数学定义式。即1—1、2—2两断面间的位能差就等于1—1、2—2两断面间单位面积上的空气柱质量。

在实际测定时，可在1—1、2—2两断面间再布置若干测点（测点间距视具体情况而定），如图3-4所示加设了 a、b 两点。分别测出这四点的静压（P）、温度（t）、相对湿度（φ），计算出各点的密度和各测段的平均密度。再由式（3-5）计算出1—1、2—2两断面间的位能差。

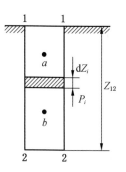

$$E_{P012} = \rho_{1a}Z_{1a}g + \rho_{ab}Z_{ab}g + \rho_{b2}Z_{b2}g$$
$$= \sum \rho_{ij}Z_{ij}g \qquad (3-5)$$

图3-4 重力位能计算图

测点布置得越多，计算的重力位能越精确。

在实际应用中，由于密度与标高的变化关系比较复杂，因此在计算重力位能时，一般采用多测点计算法，即用式（3-5）测算。

3. 位能与静压的关系

当空气静止时（$v=0$），如图3-4所示的系统，由空气静力学可知，各断面的机械能相等。设以2—2断面为基准面：

1—1断面的总机械能为

$$E_1 = E_{P01} + P_1$$

2—2断面的总机械能为

$$E_2 = E_{P02} + P_2$$

由 $E_1 = E_2$ 得：

$$E_{P01} + P_1 = E_{P02} + P_2 \qquad (3-6)$$

由于 $E_{P02} = 0$（2—2断面为基准面），$E_{P01} = \rho_{12}Z_{12}g$，得：

$$P_2 = E_{P01} + P_1 = \rho_{12}Z_{12}g + P_1 \qquad (3-7)$$

式（3-6）就是空气静止时位能与静压之间的关系式。它说明2—2断面的静压大于1—1断面的静压，其差值是1—1、2—2两断面间单位面积上的空气质量，或者说2—2断面静压大于1—1断面静压是1—1、2—2两断面间位能差转化而来的。

在矿井通风中把某点的静压和位能之和称为势能。

应当注意，当空气流动时，又多了动压和流动损失，各能量之间的关系会发生变化，式（3-7）将要进行相应的变化，这将在后面讨论。

4. 位压的特点

（1）位压是相对某一基准面而具有的能量，它随所选基准面的变化而变化。基准面以上的位压为正值，基准面以下的位压为负值。一般应将基准面选在所研究系统风流流经的最低水平。

（2）位压是一种潜在的能量，它在本处对外无力的效应，即不呈现压力，故不能像静压那样用仪表进行直接测量，只能通过测定高差及空气柱的平均密度来计算。

（3）位压和静压可以相互转化，当空气由标高高的断面流至标高低的断面时位压转化为静压；反之，当空气由标高低的断面流至标高高的断面时部分静压转化为位压。位压和静压在进行能量转化时遵循能量守恒定律。

3.2.3 动压

1. 概念

当空气流动时，其动能所呈现的压力称为动压，表示单位体积空气的动能。用 h_v 表示，单位为 Pa。

2. 动压的计算

$$h_v = \frac{1}{2}\rho v^2 \qquad\qquad (3-8)$$

式中 ρ——空气密度，kg/m^3；

          v——风速，m/s；

          h_v——动压，Pa。

由此可见，动压是单位体积空气在做宏观定向运动时所具有的能够对外做功的动能的多少。

3. 动压的特点

（1）只有做定向流动的空气才具有动压，因此动压具有方向性。

（2）动压总是大于零。垂直流动方向的作用面所承受的动压，即流动方向上的动压真值最大；当作用面与流动方向有夹角时，其感受到的动压值将小于动压真值，当作用面平行流动方向时，其感受的动压为零。因此，在测量动压时，应使感压孔垂直于运动方向。

（3）在同一流动断面上，由于风速分布的不均匀性，各点的风速不相等，所以其动压值不等。一般来说，某断面风流的动压是通过该断面平均风速计算而得的。

4. 地下工程风速的测定方法

地下工程风速的测定方法主要包括风表法测风、定点法测风、最大风速法测风、烟雾法或示踪气体法测风等。

1）风表法测风

我国地下空间目前仍广泛使用机械风表，此类风表按其构造不同分为翼式（图3-5）和杯式（图3-6）两种。

机械风表根据测量风速的范围又可分为高速风表（>10 m/s）、中速风表（0.5~10 m/s）和低速风表（0.2~5 m/s）三种。

中速风表一般为翼式风表，如图3-5所示，其受风翼轮是由8个叶片按照与旋转轴的垂直平面成一定角度安装组成。当翼轮转动时，通过蜗杆轴将转动传给计数器，使指针转动，指示出翼轮转速。计数器上设有开关，当打开开关，指针随翼轮转动；关闭开关，翼轮虽仍转动，但指针不动。回零压杆为回零装置，不论指针在何位置，只要按下压杆，长短指针就立即回到零位。

低速风表的构造与中速风表相似，也为翼式，只是其叶片更薄更轻，翼轮轴更细，因而当风速很低时也能转动。

高速风表有翼式和杯式两种，翼式的高速风表结构与中速风表结构相同，只是叶片及轴的强度更大一些。杯式风表如图3-6所示，它与翼式风表的不同之处是将由叶片组成的翼轮换为由 3 个或 4 个金属半圆杯组成的旋杯，所以比较坚固，能够经受高风速的吹击。该风表上设有自动计时装置，使用时用手按下启动杆，风速指针就回到零位，放开启动杆后，计时指针开始走动，同时风速指针也走动，经 1 min 后，风速指针自动停止，同时计时指针也转到最初位置停止，完成了风速的测量。

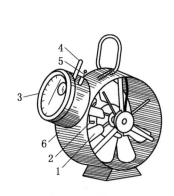

1—翼轮；2—蜗杆轴；3—计数器；

4—开关；5—回零压杆；6—护壳

图 3-5 翼式风表

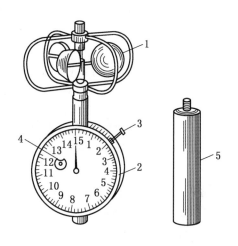

1—旋杯；2—计数器；3—启动杆；

4—计时器；5—表把

图 3-6 杯式风表

由于风表本身构造和其他因素的影响（如使用过程中机件的磨损和腐蚀、检修质量等），翼轮的转速（通常叫表速）不能反映真风速，表速与真风速之间的关系记载于风表的校正图表上。每只风表出厂前或使用一段时间后，均须进行风表校正，绘出风表校正图表，以备测风速时使用。风表校正曲线如图 3-7 所示。

从图 3-7 可以看出，一般风速在 0.2 ~ 0.3 m/s 以上时，表速与其风速呈线性关系，故风表校正曲线也可用式（3-9）表示。

$$v_t = a + bv_s \qquad (3-9)$$

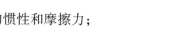

图 3-7 风表校正曲线

式中 v_t——真风速，m/s；

　　　a——风表启动初速的常数，取决于表的惯性和摩擦力；

　　　b——校正常数，取决于风表的构造尺寸；

　　　v_s——风表的指示表速，m/s。

近年来，地下空间测风也在不断推广使用一些新的测风仪表，主要有电子翼轮式风表、热效式风表、涡街风速仪、皮托管等多种原理的测风装置，有的可以实时显示点风速，有自动计算、记录及储存分析功能，为测风带来很大方便，可以根据要求选择使用。

风速在地下空间断面内的分布是不均匀的，在地下空间的轴心部分风速最大，而靠近地下空间周壁风速最小。为了测得地下空间的平均风速，用风表测定地下空间断面平均风速时，测风员应该使风表正对风流，在所测地下空间的全断面上按一定的线路均匀移动风表。通常采用的线路如图 3－8 所示，线路 1 比线路 2、3 操作复杂，但更准确一些。一般来说，较大的地下空间断面采用线路 2，较小的地下空间断面采用线路 3。

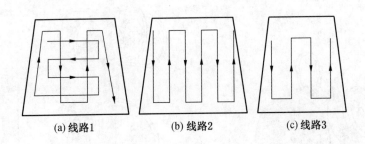

(a) 线路1　　　　　　(b) 线路2　　　　　　(c) 线路3

图 3－8　风表法测风线路

根据测风员与风流方向的相对位置，测风方法可分为迎面法和侧身法两种。

迎面法：测风员面向风流站立，手持风表手臂向正前方伸直，然后按照一定的线路使风表做均匀移动。此时因测风员立于巷道中间，降低了风表处的风速。为了消除测风时人体对风速的影响，应将该法测得的风速 v_s 进行校正。校正后的风速才是真风速 $v_t = 1.14 v_s$。

侧身法：测风员背向地下空间壁站立，手持风表将手臂向风流垂直方向伸直，然后测风。用侧身法测风时，测风员立于地下空间内减少了通风断面，从而增大了风速，故应对测风结果进行校正。其校正系数按式（3－10）计算。

$$K = \frac{S - 0.4}{S} \tag{3－10}$$

式中　　S——测风站的断面积，m^2；

　　　　0.4——测风员阻挡风流的面积，m^2。

测风时先将风表指针回零，使风表迎着风流，并与风流方向垂直，不得歪斜。转动正常后，同时打开计数器开关和秒表，在 1 min 时间内，风表要按路线法均匀地走完，然后同时关闭秒表和风表，读指针读数。按式（3－11）计算表速。

$$v_s = \frac{n}{t} \tag{3－11}$$

式中　　v_s——风表测得的表速，m/s；

　　　　n——风表刻度盘的读数，m；

　　　　t——测风时间，一般为 60 s。

计算出表速后再根据风表校正曲线求得真风速 v_t，然后将真风速乘以测风校正系数 K 即得实际平均风速 v，按式（3－12）计算。

$$v = K v_t \tag{3－12}$$

为了使测风准确，风表沿上述路线移动要均匀，翼轮一定要与风流垂直，风表不能距人太近，在同一断面测风次数不应少于三次，测量结果的误差不应超过5%左右，然后取三次的平均值。

测得平均风速后，需要细致地量出测风站的巷道尺寸，计算出地下空间的净断面面积S，这样就可求出通过地下空间的风量Q。

$$Q = vS \qquad (3-13)$$

2）定点法测风

定点测风速的仪表有热电式风速仪、涡街风速仪和皮托管压差风速仪。这类定点风速仪一般不连续累计断面内的风速，只能孤立地测定某点风速（动压）。因此，用这类仪器测定巷道或管道的平均风速时，应该把测定风速的巷道断面划分成若干个面积大致相等的方格，如图3-9所示，再逐格（或同时）在其中心测量各点风速v_1，v_2，$\cdots$，v_9，最后取平均值得到断面的平均风速v。

$$v = \frac{v_1 + v_2 + v_3 + \cdots + v_n}{n} \qquad (3-14)$$

式中　n——划分的等面积方格数。

圆形风筒的横断面应划分成若干个等面积的同心圆环，如图3-10所示，每一个等面积环中相应的有一个测点圆。用皮托管压差计测定时，在互相垂直的两个直径上，可以测得每个测点圆的4个动压值，以此一系列的动压值，就可以计算出风筒全断面的平均风速。

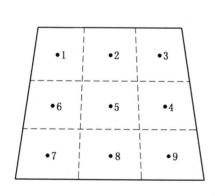

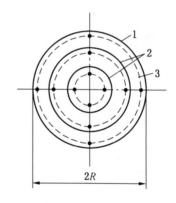

1—风筒壁；2—等面积环分界；3—测点圆

图3-9　等面积格　　　　　　　　　　　图3-10　等面积圆环

测点圆环的数量n，根据被测风筒直径确定。直径为600 mm时，n取3；直径为700~1000 mm时，n取4。测点圆环半径R_i，通常按式（3-15）计算。

$$R_i = R\sqrt{\frac{2i-1}{2n}} \qquad (3-15)$$

式中　R_i——第i个测点圆环半径，mm；

　　　R——风筒半径，mm；

i——从风筒中心算起圆环序号；

n——测点圆环数。

3）最大风速法测风

采用测风仪表测得巷道中心的最大风速 v_{max}，按下述方法计算地下空间平均风速。

（1）圆管层流时，断面的速度为抛物面分布，地下空间断面的平均风速 $v=0.5v_{max}$。

（2）紊流中，地下空间断面风速分布的均匀性取决于雷诺数的大小和地下空间壁面的平整程度。地下空间壁越光滑，则断面上风速分布越均匀。一般，完全紊流的条件下，$v=(0.8\sim0.86)\bar{v}_{max}$（$\bar{v}_{max}$ 为最大平均风速）。

4）烟雾法或示踪气体法测风

测量很低的风速或者判别通风构筑物漏风，可采用烟雾法或示踪气体法近似测定空气移动速度。

3.2.4 风流点压力测定及相互关系

1. 风流点压力

风流点压力是指风流测点能够呈现的压力或能够测定的压力。在地下空间和通风管道中流动的风流的点压力，就其呈现的特征来说，可分为静压、动压（位压不呈现压力）。通风中，将风流中某一点的静压和动压之和定义为全压。根据压力的两种计算基准，静压又分为绝对静压（P）和相对静压（h）。因此，全压也可分为绝对全压（P_t）和相对全压（h_t），它们与静压和动压的关系可用式（3-16）、式（3-17）表示。

$$P_t = P + h_v \tag{3-16}$$

$$h_t = P_t - P_0 = h + h_v \tag{3-17}$$

因此，风流中点压力参数包括绝对静压（P）、相对静压（h）、绝对全压（P_t）、相对全压（h_t）和动压（h_v）。

2. 风流点压力测定

测定风流点压力所用的仪器为气压计、压差计和皮托管。

1）气压计

气压计只有一个感受压力的位置，用来测量风流的绝对压力和大气压力。在矿井通风中，常用的气压计有水银气压计、空盒气压计和数字式气压计。

2）压差计

压差计有两个感受压力的位置，用来测量相对压力、动压或压力差。在矿井通风中测定较大压差时，常用 U 形水柱计；测值较小或要求测定精度较高时，常用各种倾斜压差计或补偿式微压计；现在也常用数字式压差计，测压作用上是一样的。

3）皮托管

皮托管是一种测压管，起传递压力的作用。如图 3-11 所示，皮托管由两个同心管（一般为圆形）组成，其结构尖端孔口 a 与标着 "＋" 号的接头相通，侧壁小孔 b 与标着 "－" 号的接头相通。测压时，将皮托管插入风筒，使皮托管尖端孔口 a 正对风流方向，侧壁孔口 b 平行于风流方向。则孔口 a 可以感受到测点的绝对静压（P）和动压（h_v），因此称之为全压孔；孔口 b 由于平行于风流方向，只能感受测点的绝对静压（P），故称之为静压孔。

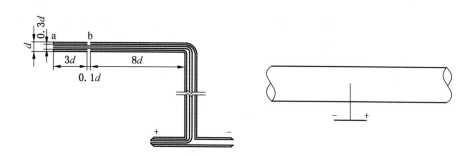

图 3 - 11　皮托管

用胶皮管分别将皮托管的"＋""－"接头连至气压计或压差计，即可测定测点的各个点压力参数。

3. 风流点压力的相互关系

1）压入式通风

（1）风机及点压力测定的布置如图 3 - 12 所示，风机布置在风筒的入口。在风机的作用下，风筒内风流的压力高于大气压力，从而使风流排出风筒。

（2）风流点压力的状态及关系可用式（3 - 18）、式（3 - 19）表示。

绝对压力：

$$P_t, P > P_0 ; P_t = P + h_v \tag{3-18}$$

相对压力：

$$h_t = P_t - P_0 ; h = P - P_0 ; h_t, h > 0 \tag{3-19}$$

测压水柱计：a 测得相对静压 h，b 测得动压 h_v，c 测得相对全压 h_t。各水柱计读数的关系：

$$h_t = h + h_v ; h_t > h \tag{3-20}$$

压入式通风中，风筒中任一点 i 的相对全压 h_{ti} 恒为正值，所以也称之为正压通风。

（3）各点压力的关系如图 3 - 13 所示。

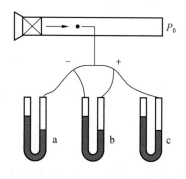

图 3 - 12　压入式通风点压力测定的布置

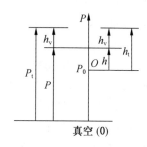

图 3 - 13　压入式通风点压力的关系图

2）抽出式通风

（1）风机及点压力测定的布置如图 3 - 14 所示，风机布置在风筒的出口。在风机的作用下，风筒内风流的压力低于大气压力，从而将空气吸入风筒。

（2）风流点压力的状态及关系可用式（3 - 21）、式（3 - 22）表示。

绝对压力：

$$P_{\mathrm{t}}, P < P_0 ; P_{\mathrm{t}} = P + h_{\mathrm{v}} \tag{3-21}$$

相对压力：

$$h_{\mathrm{t}} = P_{\mathrm{t}} - P_0 ; h = P - P_0 ; h_{\mathrm{t}}, h < 0 \tag{3-22}$$

测压水柱计：a 测得相对静压 $|h|$，b 测得动压 h_{v}，c 测得相对全压 $|h_{\mathrm{t}}|$。各水柱计读数的关系：

$$|h_{\mathrm{t}}| = |h| - h_{\mathrm{v}} ; |h_{\mathrm{t}}| < |h| \tag{3-23}$$

抽出式通风中，风筒任意一点 i 的相对全压 $h_{\mathrm{t}i}$ 恒为负值，所以也称之为负压通风。

（3）各点压力的关系如图 3 - 15 所示。

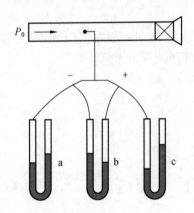 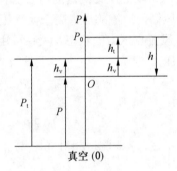

图 3 - 14　抽出式通风点压力测定的布置　　图 3 - 15　抽出式通风点压力的关系图

例题 3.1　如图 3 - 12 所示中压入式通风风筒中某点水柱计 a 的读数为 1000 Pa，水柱计 b 的读数为 150 Pa，风筒外与测点同标高的大气压力 $P_0 = 101332$ Pa，求：

（1）测点的绝对静压 P_i。

（2）测点的相对全压 $h_{\mathrm{t}i}$。

（3）测点的绝对全压 $P_{\mathrm{t}i}$。

解： 由题意知 $h_i = 1000$ Pa，$h_{\mathrm{v}} = 150$ Pa，则

$P_i = P_{0i} + h_i = 101332 + 1000 = 102332$ Pa

$h_{\mathrm{t}i} = h_i + h_{\mathrm{v}i} = 1000 + 150 = 1150$ Pa

$P_{\mathrm{t}i} = P_{0i} + h_{\mathrm{t}i} = P_i + h_{\mathrm{v}i} = 102482$ Pa

例题 3.2　例题 3.1 中，如改为抽出式通风，水柱计读数的绝对值和大气压力不变，求：

（1）测点的绝对静压 P_i。

（2）测点的相对全压 h_{ti}。

（3）测点的绝对全压 P_{ti}。

解：由题意知 $h_i = 1000\ \text{Pa}$，$h_v = 150\ \text{Pa}$，则

$$P_i = P_{0i} - h_i = 101332 - 1000 = 100332\ \text{Pa}$$

$$|h_{ti}| = |h_i| - h_{vi} = 1000 - 150 = 850\ \text{Pa}$$

$$h_{ti} = -850\ \text{Pa}$$

$$P_{ti} = P_{0i} + h_{ti} = 101332 - 850 = 100482\ \text{Pa}$$

3.3　风流能量方程

3.3.1　空气流动连续性方程

1. 元流与总流

沿流体运动方向分析其运动要素变化时，常把流体分为元流和总流。图 3-16 所示为由无数流线组成的曲面管，该管称为流管。流管中的流体称为元流。元流的横断面尺寸极小（以 $\text{d}S$ 表示），小到使断面上各点速度和压力均一致且代表该处的真值。总流是由无数元流所组成，其横断面具有一定尺寸，断面上各点

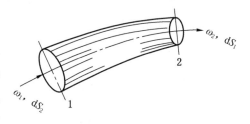

图 3-16　流管

的运动要素不一定相等。对于一维运动，分析总流运动要素在断面上各点的变情况，只能用断面上的平均位来代替。

2. 流量与断面的平均流速

在图 3-16 中，元流断面 $\text{d}S$ 上各点速度均为 ω，其方向与断面垂直。在 $\text{d}t$ 时间内通过的流体体积为 $\omega\text{d}S\text{d}t$，则单位时间内通过的流体体积 $\omega\text{d}S\text{d}t/\text{d}t$ 就是流量 $\text{d}Q$。

$$\text{d}Q = \omega\text{d}S \tag{3-24}$$

总体的流量就是无数元流流量 $\text{d}Q$ 的总和。

$$Q = \int \text{d}Q = \int_S \omega\text{d}S \tag{3-25}$$

由于总流断面上各点速度不相等，故采用一个平均值来代替各点的实际速度，称为断面平均速度，用 V 表示，则

$$Q = \int_S \omega\text{d}S = VS \tag{3-26}$$

或

$$V = \frac{Q}{S} \tag{3-27}$$

3. 连续方程

质量守恒定律是自然界中基本的客观规律之一。在矿井巷道中流动的风流是连续不断的介质，充满它所流经的空间。若流动中没有补给和漏失，根据质量守恒定律：对于稳定流，单位时间内流入某空间的流体质量必然等于流出其空间的流体质量。风流在井巷中的流动可以看作是稳定流，因此这里仅讨论稳定流的情况。图 3-17 所示为一元稳定流动，

在流动过程中不漏风又无补给时，则流过各断面的风流的质量流量相等；巷道风流的质量流量可用式（3－28）表示。

$$\begin{cases} \rho_1 v_1 S_1 = \rho_2 v_2 S_2 = \rho_3 v_3 S_3 \\ \rho_1 Q_1 = \rho_2 Q_2 = \rho_3 Q_3 \\ M = \rho_i v_i S_i = \text{const} \end{cases} \qquad (3-28)$$

式中　　　　　　　M——巷道风流的质量流量，kg/s；

ρ_1、ρ_2、ρ_3——各断面上空气的平均密度，kg/m^3；

v_1、v_2、v_3——各断面上空气的平均流速，m/s；

S_1、S_2、S_3——各断面的断面积，m^2；

Q_1、Q_2、Q_3——流过各断面的体积流量，m^3/s。

这就是空气流动的连续性方程，它适用于可压缩和不可压缩流体。

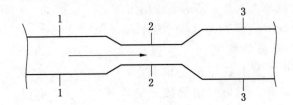

图 3－17　一元稳定流动

对于可压缩流体，根据式（3－28），空气的密度与其流量成反比，也就是密度大的断面上的流量比密度小的断面上的流量要小。这也是通常矿井测风时，总进风量比总回风量大的原因之一。

对于不可压缩流体（密度为常数）$\rho_1 = \rho_2 = \rho_3$，则通过任一断面的体积流量 Q（m^3/s）相等（$Q_1 = Q_2 = Q_3$），即 $Q = v_i S_i = \text{const}$。

井巷断面上风流的平均流速与过流断面的面积成反比。即在流量一定的条件下，空气在断面大的地方流速小，在断面小的地方流速大。在矿井条件下，高差变化不大的相同或相近巷道可以认为风流密度相同。空气流动的连续性方程为井巷风量的测算提供了理论依据。

3.3.2　风流能量方程

能量方程表达了空气在流动过程中的压能、动能和位能的变化规律，是能量守恒和转换定律在矿井通风中的应用。

在地下工程通风中，严格地说空气的密度是变化的，即矿井风流是可压缩的。当外力对它做功增加其机械能的同时，也增加了风流的内（热）能。因此，在研究地下工程风流流动时，风流的机械能加上其内（热）能才能使能量守恒及转换定律成立。

1. 单位质量（1 kg）流体能量方程

1）能量组成（讨论 1 kg 空气所具有的能量）

在地下工程通风中，风流的能量由机械能（静压能、动压能、位能）和内能组成，常用 1 kg 空气或 1 m³ 空气所具有的能量表示。

（1）风流具有的机械能包括动压能、静压能和位能。

由分子热运动产生的分子动能的一部分转化的能够对外做功的机械能称为静压能。单位体积空气的静压能就是绝对静压，用 E_p 表示，J/m³。

（2）风流具有的内能是风流内部储存能的简称，它是风流内部所具有的分子内动能与分子位能之和。

用 u 表示 1 kg 空气所具有的内能，J/kg。

$$u = f(T, \nu) \tag{3-29}$$

式中　　T——空气的温度，K；

　　　　ν——空气的比容，m³/kg。

根据压力（P）、温度（T）和比容（ν）三者之间的关系，空气的内能还可写成：

$$u = f(T, P) = f(P, \nu) \tag{3-30}$$

由式（3-29）、式（3-30）可知，空气的内能是空气状态参数的函数。

2）风流流动过程中能量分析

风流在图 3-18 所示的井巷中流动，设 1、2 断面的参数分别为风流的绝对静压 P_1、P_2（Pa），风流的平均流速 v_1、v_2（m/s），风流的内能 u_1、u_2（J/kg），风流的密度 ρ_1、ρ_2（kg/m³），距基准面的高程 Z_1、Z_2（m）。

下面对风流在 1、2 断面上及流经 1、2 断面时的能量分析如下：

在 1 断面上，1 kg 空气所具有的能量为 $\frac{P_1}{\rho_1}$ +

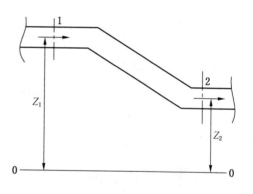

图 3-18　风流在井巷中流动

$\frac{v_1^2}{2} + gZ_1 + u_1$（J/kg）；风流流经 1→2 断面间，到达 2 断面时的能量为 $\frac{P_2}{\rho_2} + \frac{v_2^2}{2} + gZ_2 + u_2$（J/kg）。

1 kg 空气由 1 断面流至 2 断面的过程中，克服流动阻力消耗的能量为 L_R（J/kg）[这部分被消耗的能量将转化成热能 q_R（J/kg），仍存在于空气中]；另外还有地温（通过井巷壁面或淋水等其他途径）、机电设备等传给 1 kg 空气的热量为 q（J/kg）；假设 1→2 断面间无其他动力源（如局部通风机等），这些热量将增加空气的内能并使空气膨胀做功。

3）可压缩空气单位质量（1 kg）流量的能量方程

当风流在井巷中做一维稳定流动时，根据能量守恒及转换定律可得：

$$\frac{P_1}{\rho_1} + \frac{v_1^2}{2} + gZ_1 + u_1 + q_R + q = \frac{P_2}{\rho_2} + \frac{v_2^2}{2} + gZ_2 + u_2 + L_R \tag{3-31}$$

根据热力学第一定律，传给空气的热量 $q_R + q$，一部分用于增加空气的内能，一部分使空气膨胀对外做功。

$$q_R + q = u_2 - u_1 + \int_1^2 P \mathrm{d}\nu \tag{3-32}$$

式中 ν——空气的比容，m^3/kg。

又因为

$$\frac{P_2}{\rho_2} - \frac{P_1}{\rho_1} = P_2\nu_2 - P_1\nu_1 = \int_1^2 d(P\nu) = \int_1^2 Pd\nu + \int_1^2 \nu dP \qquad (3-33)$$

将式（3 – 32）、式（3 – 33）代入式（3 – 31），并整理得：

$$L_R = -\int_1^2 \nu dP + \left(\frac{v_1^2}{2} - \frac{v_2^2}{2}\right) + g(Z_1 - Z_2)$$

$$= \int_2^1 \nu dP + \left(\frac{v_1^2}{2} - \frac{v_2^2}{2}\right) + g(Z_1 - Z_2) \qquad (3-34)$$

式（3 – 34）就是单位质量可压缩空气在无压源的井巷中流动时能量方程的一般形式。如果图 3 – 18 中 1、2 断面间有压源（如局部通风机等）$L_t(J/kg)$ 存在，则其能量方程可用式（3 – 35）表示。

$$L_R = \int_2^1 \nu dP + \left(\frac{v_1^2}{2} - \frac{v_2^2}{2}\right) + g(Z_1 - Z_2) + L_t \qquad (3-35)$$

4）关于单位质量可压缩空气能量方程的讨论

式（3 – 34）和式（3 – 35）中，$\int_2^1 \nu dP = \int_2^1 \frac{1}{\rho} dP$ 称为伯努利积分项，它反映了风流从 1 断面流至 2 断面的过程中的静压能变化，它与空气流动过程的状态密切相关。对于不同的状态过程，其积分结果是不同的。

对于多变过程，过程指数为 n，其多变过程方程式可用式（3 – 36）表示。

$$P\nu^n = const \qquad (3-36)$$

不同的多变过程有不同的过程指数 n，n 值可以在 $0 \sim \pm\infty$ 范围内变化。

当 $n = 0$ 时，$P = const$，即为定压过程，$\int_2^1 \nu dP = 0$。

当 $n = 1$ 时，$P\nu = const$，即为等温过程，$\int_2^1 \nu dP = P_1\nu_1 \ln\frac{P_1}{P_2}$。

当 $n = k = 1.41$ 时，$P\nu^k = const$，即为等熵过程。

当 $n = \pm\infty$ 时，$\nu = const$，即为等容过程，$\int_2^1 \nu dP = \nu(P_2 - P_1)$。

实际多变过程中其值是变化的。在深井的通风中，如果其 n 值变化较大时，可把通风流程分成若干段（各段的 n 值均不相等），在每一段中的 n 值可以近似认为不变。当 n 为定值对式（3 – 36）微分，整理得：

$$nP\nu^{n-1}d\nu + \nu^n dP = 0 \quad 或 \quad \frac{dP}{P} + n\frac{d\nu}{\nu} = 0 \qquad (3-37)$$

整理得：

$$n = -\frac{d\ln P}{d\ln \nu} = -\frac{\Delta\ln P}{\Delta\ln \nu} = \frac{\ln P_1 - \ln P_2}{\ln \nu_2 - \ln \nu_1} = \frac{\ln P_1 - \ln P_2}{\ln \rho_1 - \ln \rho_2} \qquad (3-38)$$

按式（3 – 38）可由临近的两个实测的状态求得此过程的 n 值。

由式（3 – 36）和 $\nu = \frac{1}{\rho}$ 得：

$$Pv^n = \frac{P}{\rho^n} = \frac{P_1}{\rho_1^n} = \frac{P_2}{\rho_2^n} = \cdots = \text{const} \qquad (3-39)$$

整理得：

$$v = \frac{1}{\rho} = \frac{1}{\rho_1}\left(\frac{P_1}{P}\right)^{\frac{1}{n}} = \frac{1}{\rho_2}\left(\frac{P_2}{P}\right)^{\frac{1}{n}} = \cdots = \text{const} \qquad (3-40)$$

将式（3-40）代入积分项并由积分公式 $\int x^\mu dx = \frac{x^{\mu+1}}{\mu+1} + c$ 积分得：

$$\int_2^1 v dP = \int_2^1 \frac{P_1^{\frac{1}{n}}}{\rho_1} \times \frac{1}{P^{\frac{1}{n}}} dP = \frac{P_1^{\frac{1}{n}}}{\rho_1}\int_2^1 \frac{1}{P^{\frac{1}{n}}} dP = \frac{P_1^{\frac{1}{n}}}{\rho_1} \times \frac{n}{n-1}(P_1^{\frac{n-1}{n}} - P_2^{\frac{n-1}{n}})$$

$$= \frac{n}{n-1}\left(\frac{P_1}{\rho_1} - \frac{P_2}{\rho_2}\right) \qquad (3-41)$$

将式（3-41）代入式（3-34）和式（3-35）得：

$$L_R = \frac{n}{n-1}\left(\frac{P_1}{\rho_1} - \frac{P_2}{\rho_2}\right) + \left(\frac{v_1^2}{2} - \frac{v_2^2}{2}\right) + g(Z_1 - Z_2) \qquad (3-42)$$

$$L_R = \frac{n}{n-1}\left(\frac{P_1}{\rho_1} - \frac{P_2}{\rho_2}\right) + \left(\frac{v_1^2}{2} - \frac{v_2^2}{2}\right) + g(Z_1 - Z_2) + L_t \qquad (3-43)$$

令

$$\frac{n}{n-1}\left(\frac{P_1}{\rho_1} - \frac{P_2}{\rho_2}\right) = \frac{P_1 - P_2}{\rho_m} \qquad (3-44)$$

式中 ρ_m——1、2 断面间按状态过程考虑的空气平均密度，kg/m^3。

由式（3-44）和式（3-38）得：

$$\rho_m = \frac{P_1 - P_2}{\frac{n}{n-1}\left(\frac{P_1}{\rho_1} - \frac{P_2}{\rho_2}\right)} = \frac{P_1 - P_2}{\dfrac{\ln\dfrac{P_1}{P_2}}{\ln\dfrac{P_1/\rho_1}{P_2/\rho_2}}\left(\dfrac{P_1}{\rho_1} - \dfrac{P_2}{\rho_2}\right)} \qquad (3-45)$$

则单位质量流量的能量方程又可用式（3-46）、式（3-47）表示。

$$L_R = \frac{P_1 - P_2}{\rho_m} + \left(\frac{v_1^2}{2} - \frac{v_2^2}{2}\right) + g(Z_1 - Z_2) \qquad (3-46)$$

$$L_R = \frac{P_1 - P_2}{\rho_m} + \left(\frac{v_1^2}{2} - \frac{v_2^2}{2}\right) + g(Z_1 - Z_2) + L_t \qquad (3-47)$$

2. 单位体积（$1\ m^3$）流体能量方程

在我国地下通风管理中，习惯使用单位体积（$1\ m^3$）流体的能量方程。在考虑空气的可压缩性时，那么 $1\ m^3$ 空气流动过程中的能量损失（通风阻力）h_R，可由 $1\ kg$ 空气流动过程中的能量损失 L_R 乘以按流动过程状态考虑计算的空气密度 ρ_m。

$$h_R = L_R \rho_m \qquad (3-48)$$

将式（3-46）和式（3-47）代入式（3-48）得：

$$h_{R} = P_1 - P_2 + \left(\frac{v_1^2}{2} - \frac{v_2^2}{2}\right)\rho_{m} + g\rho_{m}(Z_1 - Z_2) \tag{3-49}$$

$$h_{R} = P_1 - P_2 + \left(\frac{v_1^2}{2} - \frac{v_2^2}{2}\right)\rho_{m} + g\rho_{m}(Z_1 - Z_2) + H_t \tag{3-50}$$

式（3-49）和式（3-50）就是单位体积流体的能量方程，其中式（3-50）是有压源（H_t）时的能量方程。下面就单位体积流体能量方程的使用加以讨论：

（1）1 m³ 空气在流动过程中的能量损失（通风阻力）等于两断面间的机械能差，状态过程的影响反映在动压差和位能差中（用 ρ_m 这个参数表示），这是与单位质量流体的能量方程的不同之处，在应用时应给予注意。

（2）$g\rho_{m}(Z_1 - Z_2)$ 或写成 $\int_2^1 \rho g \mathrm{d}Z$ 是 1、2 断面的位能差。在 1、2 断面的标高差较大的情况下，该项数值在方程中往往占有很大的比重，必须准确测算。需要强调的是关于基准面的选择。基准面的选择一般选在所讨论系统的最低水平，亦即保证各点位能值均为正。

如图 3-19 所示的通风系统，如要求 1、2 断面的位能差基准面可选在 2 的位置。

$$E_{P012} = \int_2^1 \rho g \mathrm{d}Z = \rho_{m12} g Z_{12}$$

而要求 1、3 两断面的位能差，其基准面应选在 0—0 位置。

$$E_{P013} = \int_3^1 \rho g \mathrm{d}Z = \rho_{m10} g Z_{10} - \rho_{m30} g Z_{30}$$

对于实际地下通风风流，由于其流动的非均匀性和可压缩性，地下通风风流的密度是变化的，为了减小应用的误差，需要对方程进行适当修正。

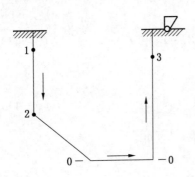

图 3-19　通风系统图

1）风速修正

由于地下空间断面上各点流速并非均匀一致，按平均风速计算的动能与按断面上各点实际流速计算的动能不相等，需用动能系数 K_v 加以修正。动能系数是断面实际总动能与用断面平均风速计算出的总动能的比，可用式（3-51）表示。

$$K_v = \frac{\int_S \rho \frac{u^2}{2} u \mathrm{d}S}{\rho \frac{v^2}{2} v S} = \frac{\int_S u^3 \mathrm{d}S}{v^3 S} \tag{3-51}$$

式中　u——微小面积 $\mathrm{d}S$ 上的风速，m/s；

$\quad\quad\ v$——断面的平均风速 m/s；

$\quad\quad\ S$——断面积，m²。

在地下空间条件下，K_v 一般为 1.01 ~ 1.02。由于动能差项很小，在应用能量方程时，可取 K_v 为 1。只有在进行空气动力学研究时，才实际测定 K_v 值。

2）风流的可压缩性修正

由于流动过程中风流的压缩、膨胀以及与地下空间中各种热源间的热交换，会引起地下空间风流的密度发生变化。因此，对上述能量方程应加以修正：

（1）动能项密度，由于两断面风流的密度是不同的，因此，动能项风流的密度应取各自断面风流的平均密度。

（2）位能项的密度，分两种情况：①对于单倾斜地下空间，计算两断面位能时，密度取两断面间风流的平均密度；②对于中间有起伏的地下空间，计算两断面位能时，应以中间最低（最高）起伏点为界，分别取各侧空气柱的平均密度。

经过修正，地下空间通风中应用的能量方程的形式是：

$$h_{rl12} = \left(P_1 + \frac{1}{2}\rho_1 v_1^2 + \rho_{m1}gZ_1 \right) - \left(P_2 + \frac{1}{2}\rho_2 v_2^2 + \rho_{m2}gZ_2 \right) \qquad (3-52)$$

$$h_{rl12} = (P_1 - P_2) + \left(\frac{1}{2}\rho_1 v_1^2 - \frac{1}{2}\rho_2 v_2^2 \right) + (\rho_{m1}gZ_1 - \rho_{m2}gZ_2) \qquad (3-53)$$

3）能量方程使用说明

（1）能量方程的意义是表示单位体积（1 m³）空气由 1 断面流向 2 断面的过程中所消耗的能量（通风阻力）等于流经 1、2 断面间空气总机械能（静压能、动压能和位能）的变化量。

（2）风流流动必须是稳定流，即断面上的参数不随时间的变化而变化，所研究的始、末断面要选在缓变流场上，这样才能比较准确地确定断面风流的平均参数（如 P、ρ、v 等）。一般取巷道断面中心的静压和位压作为该断面的平均值，如果始、末断面相同，也可以取两断面相同位置（比如巷道底板或轨面）的值进行计算。

（3）风流总是从总能量（机械能）大的地方流向总能量小的地方。在判断风流方向时，应用始、末两断面上的总能量来进行，而不能只看其中的某一项。如不知风流方向，列能量方程时，应先假设风流方向。计算出的能量损失（通风阻力）如果为正，则说明风流方向假设正确；如果为负，则说明风流方向假设错误。

（4）合理选择基准面，才能正确应用，并可简化计算：水平地下空间，基准面应选择地下空间本身；对于单倾斜地下空间，基准面应选择较低的断面；对于中间有起伏的地下空间，基准面应选择中间最低（最高）起伏点所在水平面。

（5）应用能量方程时要注意各项单位的一致性。

（6）在始、末断面间有压源（比如通风机）时，压源的作用方向与风流的方向相同，压源对风流做功；如果两者方向相反，压源为负，则压源成为通风阻力。

（7）当地下空间风流热力状态变化过大，或者风流的密度变化超过 5% ~ 10% 时，因为流体的内能或分子能的变化以及外部的热交换等都参与了风流能量的变化，所以应采用单位质量流体及热力学方法来分析风流能量的变化。

（8）能量方程表示的是单位体积空气由 1 断面流到 2 断面所消耗的能量（通风阻力），若巷道的风量为 Q，则巷道通风单位时间所消耗的总的能量可用式（3-54）表示。

$$N = h_{rl12}Q = \left[\left(P_1 + \frac{1}{2}\rho_1 v_1^2 + \rho_{m1}gZ_1 \right) - \left(P_2 + \frac{1}{2}\rho_2 v_2^2 + \rho_{m2}gZ_2 \right) \right]Q \qquad (3-54)$$

式中　　Q——巷道通过的风量，m³/s；

h_{r12}——通风的能量损失或通风阻力，J/m^3 或 Pa；

N——巷道通风单位时间所消耗的总的能量，即通风的功率，J/s 或 W。

（9）对于静止空气，$h_r = 0$、$v = 0$，则

$$P_1 + \rho_{m1}gZ_1 = P_2 + \rho_{m2}gZ_2 \qquad (3-55)$$

或

$$P_1 = P_2 + \rho_{m12}gZ_{12} \qquad (3-56)$$

式中 ρ_{m12}——1、2 两断面间空气的平均密度，kg/m^3；

Z_{12}——1、2 两断面间垂直高度，m。

式（3-55）、式（3-56）为静止空气中的压力分布规律符合流体静力学基本公式。

3.4 能量方程应用

能量方程是通风工程的理论基础，应用极广。通风工程中的各种技术测定与技术管理无不与其密切相关，正确理解、掌握和应用能量方程是至关重要的。本节将主要从计算井巷通风阻力、判断风流方向，绘制矿井通风系统能量（压力）坡度线两个方面对能量方程进行必要的讨论。

3.4.1 计算井巷通风阻力、判断风流方向

利用能量方程计算井巷通风阻力、判断风流方向可以概括为以下步骤：

（1）明确计算断面，并确定（设定）风流方向。

（2）确定基准面位置。

（3）根据给出条件确定或计算断面风流参数（主要是各断面的 P、v、ρ、Z）。

（4）列出能量方程，计算通风阻力、判断风流方向。

例题 3.3 某倾斜巷道如图 3-20 所示，已知 1—1 断面和 2—2 断面风流参数为：$P_1 = 100421\ Pa$，$P_2 = 100780\ Pa$，$v_1 = 4\ m/s$，$v_2 = 3\ m/s$，$\rho_1 = 1.22\ kg/m^3$，$\rho_2 = 1.20\ kg/m^3$，两断面的高差为 60 m，试求两断面间的通风阻力，并求断风流方向。

解： 设风流方向为从 1—1 断面到 2—2 断面，基准面选为通过低端的 1—1 断面中心的水平面。

两断面风流的平均密度为

$$\rho_{m12} = \frac{1}{2}(\rho_1 + \rho_2) = 1.21\ kg/m^3$$

则由能量方程两断面间的通风阻力为

$$h_{r12} = (P_1 - P_2) + \left(\frac{1}{2}\rho_1 v_1^2 - \frac{1}{2}\rho_2 v_2^2\right) + (Z_1 - Z_2)\rho_{m12}g$$

$$= (100421 - 100780) + \frac{1}{2}(1.22 \times 4^2 - 1.20 \times 3^2) + (-60 \times 1.21 \times 9.8)$$

$$= -1066.12\ Pa$$

计算结果为负值，说明 1—1 断面的总能量小于 2—2 断面的总能量，实际风流方向与原设定的风流方向相反，其通风阻力值为 1066.12 Pa。

例题 3.4 某水平通风巷道如图 3-21 所示，已知 1—1 断面风流静压为 100822 Pa，

断面平均风速为 3.4 m/s，断面积为 8.8 m²，风流密度为 1.24 kg/m³；2—2 断面风流的静压为 100480 Pa，风流的密度为 1.20 kg/m³，断面积为 7.8 m²。试计算巷道的通风阻力，判断风流方向。

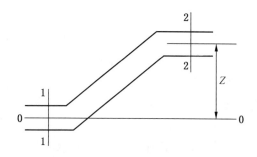

图 3-20　倾斜通风巷道

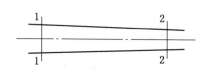

图 3-21　水平通风巷道

解：设风流方向为从 1—1 断面到 2—2 断面。基准面选为通过巷道轴线的水平面，因此两断面的位压差为 0。

根据连续方程 $\rho_1 v_1 S_1 = \rho_2 v_2 S_2$ 可以求得 2—2 断面的风速为

$$v_2 = \frac{\rho_1 v_1 S_1}{\rho_2 S_2} = \frac{1.24 \times 3.4 \times 8.8}{1.20 \times 7.8} = 3.96 \text{ m/s}$$

由能量方程可计算巷道通风阻力为

$$h_{r12} = (P_1 - P_2) + \left(\frac{1}{2}\rho_1 v_1^2 - \frac{1}{2}\rho_2 v_2^2\right) + 0$$

$$= (100822 - 100480) + \frac{1}{2}(1.24 \times 3.4^2 - 1.20 \times 3.96^2) + 0$$

$$= 339.76 \text{ Pa}$$

计算结果为正值，说明 1—1 断面的总能量大于 2—2 断面的总能量，实际风流方向与原设定的风流方向相同，其通风阻力值为 339.76 Pa。

3.4.2　矿井通风系统能量（压力）坡度线

矿井通风系统能量（压力）坡度线是对能量方程的图形描述，从图形上比较直观地反映了空气在流动过程中能量（压力）沿程的变化规律、通风能量（压力）和通风阻力之间的相互关系以及相互转换。正确理解和掌握矿井通风系统能量（压力）坡度线，有助于加深对能量方程的理解。通风能量（压力）坡度线是通风管理和均压防灭火的有力工具。

1. 通风系统风流能量（压力）坡度线

绘制矿井通风系统的能量（压力）坡度线（一般用绝对压力）的方法是沿风流流程布设若干测点，测出各点的绝对静压、风速、温度、湿度、标高等参数，计算出各点的动压、位能和总能量；然后在压力（纵坐标）-风流流程（横坐标）坐标图上描出各测点，将同名参数点用折线连接起来，即是所要绘制的通风系统风流能量（压力）坡度线。

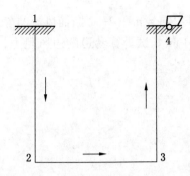

图 3-22 简化的通风系统

下面以图 3-22 所示的简化通风系统为例，说明矿井通风系统中有高度变化的风流路线上能量（压力）坡度线的画法。

（1）确定基准面。在图 3-22 所示的通风系统中，以最低水平 2—3 为基准面。

（2）测算出各断面的总压能（包括静压、动压和相对基准面的位能）列入表 3-2（表中各压力的大小用图 3-23 中的线段表示）中。

（3）选择坐标系和适当的比例。以压能为纵坐标，风流流程为横坐标，把各断面的静压、动压和位能描在图 3-23 的坐标系中，即得 1、2、3、4 断面的总能量，分别用 a、b、c、d 表示；a_1、b_1、c_1、d_1 点分别表示各断面的全压能，其中 b_1、c_1 和 b、c 重合；a_2、b_2、c_2、d_2 点分别表示各断面的静压能。

表 3-2 各断面的总压能

测定	静压 P/Pa	动压 h_v/Pa	位能 $Z\rho g$/Pa	总压能/Pa	阻力 h/Pa
1	$1 \sim a_2$	$a_2 \sim a_1$	$a_1 \sim a_0$	$1 \sim a$	0
2	$2 \sim b_2$	$b_2 \sim b_1$	0	$2 \sim b$	$b \sim b_0$
3	$3 \sim c_2$	$c_2 \sim c_1$	0	$3 \sim c$	$(c \sim c_0) - (b \sim b_0)$
4	$4 \sim d_2$	$d_2 \sim d_1$	$e \sim d_0$	$4 \sim d$	$(d \sim d_0) - (c \sim c_1)$

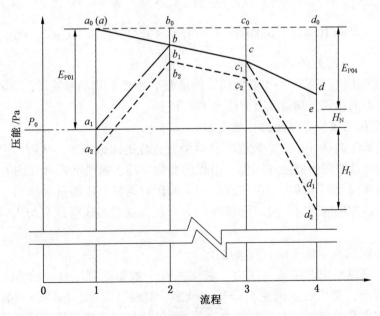

a—b—c—d—全能量坡度线；a_1—b_1—c_1—d_1—全压坡度线；a_2—b_2—c_2—d_2—静压坡度线

图 3-23 矿井通风系统压力坡度线图

（4）把各断面的同名参数点用折线连接起来，即得1—2—3—4流程上的压力坡度线。

2. 矿井通风系统压力坡度线分析

（1）能量（压力）坡度线清楚地反映了风流在流动过程中，沿程各断面上全能量（绝对静压 P、位能 $\rho_m g Z$ 和动能 h_v）与通风阻力 h_R 之间的关系。全能量沿程逐渐下降，从入风口至某断面的通风阻力就等于该断面上全能量的下降值，任意两断面间的通风阻力等于这两个断面全能量下降值的差；全能量坡度线的坡度反映了流动路线上的通风阻力分布状况，坡度越大，单位长度井巷上的通风阻力越大。当风流不流动时，其全能量坡度线为水平直线（图3－23中 a_0—b_0—c_0—d_0）。

（2）绝对全压和绝对静压坡度线的变化与全能量坡度线的变化不同，其坡度线变化有起伏，如1—2段风流由上向下流动，位能逐渐减小，静压逐渐增大；在3—4段其压力坡度线变化正好相反，静压逐渐减小，位能逐渐增大。这充分说明，风流在有高差变化的井巷流动时，其静压和位能之间可以相互转化。

（3）1、2断面的位能差（ $E_{P01}-E_{P04}$ ）是自然风压（ H_N ），自然风压（ H_N ）和通风机全压（ H_t ）共同克服矿井通风阻力和出口动能损失，可用式（3－57）表示。

$$H_N + H_t(d_2 - e) = (d_0 - d) + (d_1 - d_2) \tag{3-57}$$

（4）综上所述，从能量（压力）坡度线可以清楚地看到风流沿程各种能量的变化情况，看出各断面能量的大小及变化趋势。特别是在复杂通风网络中，利用能量（压力）坡度线可以直观地比较任意两点间的能量大小，判断风流方向。这对分析研究局部系统的均压防灭火和控制瓦斯涌出是有力的措施。

例题3.5　如图3－24所示的回采工作面简化系统，风流在1点分为两路，一路流经1—2—3—4(2—3为工作面I)，另一路流经1—5—6—4(5—6为工作面II)。两路风流在回风巷汇合后进入回风上山。如果某一工作面或其采空区出现有害气体是否会影响另一工作面？

解：要回答这一问题，可以借助压力坡度线来进行分析。为了绘制压力坡度线，必须对该局部系统进行有关的测定。根据系统特点，沿风流流经的两条路线分别布量测点，测算出各点的总压能。根据测算的结果即可绘出压力坡度线，如图3－25所示。由压力坡度线可见，1—2—3—4线路上各点风流的全能量大于1—5—6—4线路上各对应点风流的全能量。所以工作面I通过其采空区向工作面II漏风，如果工作面I或其采空区发生火灾时其有害气体将会流向工作面II，影响工作面II的安全生产。

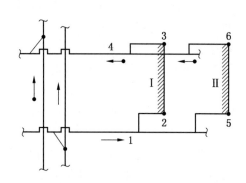

图3－24　回采工作面系统示意图

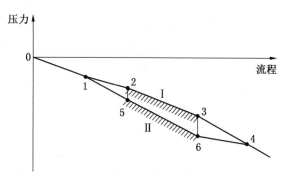

图3－25　回采工作面系统压力坡度线图

3.4.3 其他方面应用

矿井通风阻力测定：对于复杂的矿井通风系统，选定一条由矿井的入风口到出风口的通风路线，依据能量方程测定计算组成该路线的每段巷道的通风阻力，累加处理便可得到矿井的通风阻力及相关参数。通风阻力测定是矿井通风安全管理、技术改造及通风优化的基本依据。

3.5 摩擦阻力

3.5.1 摩擦阻力的意义和理论基础

风流在井巷中做沿程流动时，由于流体层间的摩擦和流体与井巷壁面之间的摩擦所形成的阻力称为摩擦阻力（也叫沿程阻力）。在矿井通风中，克服沿程阻力的能量损失，常用单位体积（1 m³）风流的能量损失 h_f 来表示。由流体力学可知，无论是层流还是紊流，以风流压能损失来反映的摩擦阻力可用式（3－58）计算。

$$h_f = \lambda \frac{L}{D} \times \frac{\rho V^2}{2} \qquad (3-58)$$

式中　　L——风道长度，m；

　　　　D——圆形风道直径，或非圆形风道的当量直径，m；

　　　　V——断面风流平均速度，m/s；

　　　　ρ——空气密度，kg/m³；

　　　　λ——无因次系数（沿程阻力系数），其值通过实验求得。

式（3－58）不是严格的理论式，人们把复杂的能量损失计算问题转化为确定阻力系数 λ。系数 λ 还包含了公式中没有给出的其他影响因素。

实际流体在流动过程中，沿程能量损失一方面（内因）取决于黏滞力和惯性力的比值，用雷诺数 Re 来衡量；另一方面（外因）固体壁面对流体流动的阻碍作用，故沿程能量损失又与管道长度、断面形状及大小、壁面粗糙度有关，其中壁面粗糙度的影响通过 λ 值来反映。

下面重点介绍一下尼古拉兹实验。1932—1933 年间，尼古拉兹把经过筛分、粒径为 ε 的砂粒均匀粘贴于管壁。砂粒的直径 ε 就是管壁凸起的高度，称为绝对粗糙度；绝对粗糙度 ε 与管道半径 r 的比值 ε/r 称为相对粗糙度。以水作为流动介质，对相对粗糙度分别为 1/15、1/30.6、1/60、1/126、1/256、1/507 六种不同的管道进行实验研究。对实验数据进行分析整理，在对数坐标纸上画出 λ 与 Re 的关系曲线，如图 3－26 所示。

根据 λ 与 Re 及 ε/r 的关系，图中曲线可分为 5 个区：

Ⅰ区——层流区。当 $Re < 2320$（$\lg Re < 3.36$）时，不论管道粗糙度如何，其实验结果都集中分布于直线Ⅰ上。这表明 λ 与相对粗糙度 ε/r 无关，只与 Re 有关，且 $\lambda = 64/Re$。这也可解释为：对各种相对粗糙度的管道，当管内为层流时，其层流边层的厚度 $\delta = r$，远远大于各个绝对粗糙度，所以 λ 与 ε/r 无关。

Ⅱ区——过渡流区。$2320 \leqslant Re \leqslant 4000$（$3.36 \leqslant \lg Re \leqslant 3.6$），在此区间内，不同相对粗糙度的管内流体的流态由层流转变为紊流。所有的实验点几乎都集中在线段Ⅱ上。λ 随 Re 增大而增大，与相对粗糙度无明显关系。

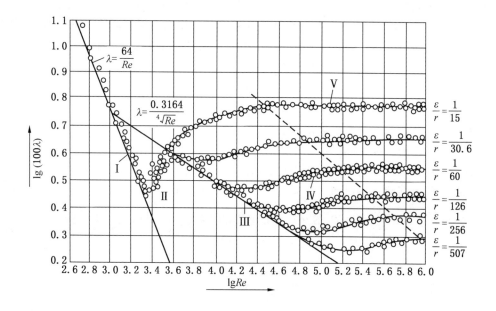

图 3 - 26　尼古拉兹实验结果

Ⅲ区——水力光滑管区。在此区段内，管内流动虽然都已处于紊流状态（$Re >$ 4000），但在一定的雷诺数下，当层流边层的厚度 δ 大于管道的绝对粗糙度 ε（称为水力光滑管）时，其实验点均集中在直线Ⅲ上，表明 λ 与 ε 仍然无关，而只与 Re 有关。随着 Re 的增大，相对粗糙度大的管道，实验点在较低 Re 时就偏离直线Ⅲ，而相对粗糙度小的管道要在 Re 较大时才偏离直线Ⅲ。如 $\varepsilon/r = 1/507$ 的管道，直到 $Re = 100000$ 时，仍能服从 $\lambda = 0.3164/\sqrt[4]{Re}$ 的关系，所以在 $4000 < Re < 100000$ 的范围内，它始终是水力光滑管。

Ⅳ区——由水力光滑管变为水力粗糙管的过渡区，即图中Ⅳ所示区段。在这个区段内，各种不同相对粗糙度的实验点各自分散呈一波状曲线，λ 值既与 Re 有关，也与 ε/r 有关。

Ⅴ区——水力粗糙管区。在该区段，Re 值较大，管内液流的层流边层已变得极薄，有 $\varepsilon \gg \delta$，砂粒凸起高度几乎全暴露在紊流核心中，故 Re 对 λ 值的影响极小，略去不计，相对粗糙度成为 λ 的唯一影响因素。故在该区段，λ 与 Re 无关，而只与相对粗糙度有关。因此，在此区段，对于一定相对粗糙度的管道，λ 为定值。摩擦阻力与流速平方成正比，故此区又称为阻力平方区。在此区内 λ 可用式（3 - 59）计算。

$$\lambda = \frac{1}{\left(1.74 + 2\lg\dfrac{r}{\varepsilon}\right)^2} \qquad (3 - 59)$$

式（3 - 59）应用较为普遍，称为尼古拉兹公式。

尼古拉兹实验比较完整地反映了阻力系数 λ 的变化规律及其主要影响因素，对研究井巷沿程通风阻力问题有重要的指导意义。

3.5.2 层流的摩擦阻力

层流状态下流体的流动阻力主要是由于流体的黏性作用。根据流体力学圆管层流的哈根-泊肃叶（Hagen-Poiseuille）定律，可以得出层流状态下风流的摩擦阻力计算式：

$$h_{\mathrm{f}} = \frac{32\mu L}{D^2}v \qquad (3-60)$$

式中　h_{f}——摩擦阻力，Pa；

　　　μ——空气的动力黏性系数，Pa·s；

　　　L——巷道的长度，m；

　　　D——巷道直径或巷道的当量直径，m；

　　　v——巷道断面平均风速，m/s。

已知 $v = \dfrac{Q}{S}$，$D = \dfrac{4S}{U}$，$U = C\sqrt{S}$（C 为断面形状系数，U 为周长，S 为断面积），代入式（3-60）可得：

$$h_{\mathrm{f}} = \frac{2\mu L C^2}{S^2}Q \qquad (3-61)$$

$$Q = \frac{h_{\mathrm{f}}}{2\mu L C^2}S^2 \qquad (3-62)$$

因为空气的黏性系数 μ 是确定的，式（3-61）表明，在巷道的断面积、形状、巷道的长度 L 确定时，层流摩擦阻力与巷道流量（或平均风速）的一次方成正比。另外，式（3-62）表明，当巷道的阻力或压差一定时，巷道流量与断面积的平方成正比。

3.5.3 紊流的摩擦阻力

1. 摩擦阻力及摩擦阻力系数

紊流状态下流体的流动阻力除由于流体的黏性作用而引起的附加能量损失外，大部分是由于紊流脉动而引起的附加能量损失。根据流体力学计算紊流状态下沿程阻力的达西（Dacy）公式，可以得出井巷风流在紊流状态下的摩擦阻力计算式：

$$h_{\mathrm{f}} = \lambda \frac{L}{D}\rho \frac{v^2}{2} \qquad (3-63)$$

式中　L——巷道长度，m；

　　　D——巷道直径或巷道的当量直径，m；

　　　ρ——空气密度，kg/m；

　　　v——巷道断面平均风速，m/s；

　　　λ——无因次系数（沿程阻力系数），其值通过实验求得。

井下巷道的风流多属完全紊流状态，λ 值只取决于巷道的相对粗糙度。井巷壁的相对粗糙度与井巷断面大小、支护类型、支护材料、施工质量等有关，但在一定时期内，一条井巷的粗糙度可认为是不变的，故井巷的 λ 系数在一定时期内可视为一个常数。

将式（3-63）中的风速、直径表示为 $v = \dfrac{Q}{S}$，$D = \dfrac{4S}{U}$，得到：

$$h_{\mathrm{f}} = \frac{\lambda\rho}{8} \times \frac{LU}{S^3}Q^2 \qquad (3-64)$$

令

$$\alpha = \frac{\lambda\rho}{8} \tag{3-65}$$

式中　α——巷道摩擦阻力系数，kg/m^3。

在完全紊流状态下，α值是巷道的相对粗糙度和风流密度的函数。各种支护形式井巷的 α 值一般是通过实测和模型实验得到。通风设计时，可以通过查表法确定井巷的摩擦阻力系数。查表法是根据巷道的壁面条件、相对粗糙度或纵口径等，可在表 3-3 中查得矿井标准空气状态下（$\rho_0 = 1.2\ kg/m^3$）各类井巷的摩擦阻力系数，即所谓标准值 α_0 值。实际条件下（$\rho \neq 1.2\ kg/m^3$）的摩擦阻力系数与标准摩擦阻力系数的关系为

$$\alpha = \alpha_0 \frac{\rho}{1.2} \tag{3-66}$$

表 3-3　井巷摩擦阻力系数 α 值

序号	巷道支护形式	巷道类别	巷道壁面特征	α	选 取 参 考
1	锚喷支护	轨道平巷	光面爆破，凹凸度小于 150 mm	50～77	断面大、巷道整洁凸凹度小于50 mm、近似砌碹的取小值；新开采区巷道、断面较小的取大值；断面大而成型差、凸凹度大的取大值
			普通爆破，凹凸度大于 150 mm	83～103	巷道整洁、底板喷水泥抹面的取小值；无道砟和锚杆外露的取大值
		轨道斜巷（设有行人台阶）	光面爆破，凹凸度小于 150 mm	81～98	兼流水巷和无轨道的取小值
			普通爆破，凹凸度大于 150 mm	93～121	兼流水巷和无轨道的取小值；巷道成型不规整、底板不平的取大值
		通风行人巷（无轨道/台阶）	光面爆破，凹凸度小于 150 mm	68～75	底板不平、浮矸多的取大值；自然顶板层面光滑和底板积水的取小值
			普通爆破，凹凸度大于 150 mm	75～97	巷道平直、底板淤泥积水的取小值；四壁积尘、不整洁的老巷有少量杂物堆积取大值
		通风行人巷（无轨道/有台阶）	光面爆破，凹凸度小于 150 mm	72～84	兼流水巷的取小值
			普通爆破，凹凸度大于 150 mm	84～110	流水冲沟使底板严重不平的取大值
2	喷砂浆支护	轨道平巷	普通爆破，凹凸度大于 150 mm	78～81	喷砂浆支护与喷混凝土支护巷道的摩擦阻力系数相近，同种类别巷道可按锚喷的选

表 3 – 3（续）

序号	巷道支护形式	巷道类别	巷道壁面特征	α	选 取 参 考
3	料石砌碹支护	轨道平巷	壁面粗糙	49 ~ 61	断面大的取小值；断面小的取大值；巷道洒水清扫的取小值
		轨道平巷	壁面光滑	38 ~ 44	断面大的取小值；断面小的取大值；巷道洒水清扫的取小值
4	毛石砌碹支护	轨道平巷	壁面粗糙	60 ~ 80	
5	混凝土棚支护	轨道平巷	断面 5 ~ 9 m²，纵口径 4 ~ 5	100 ~ 190	依纵口径、断面选取。巷道整洁的完全棚、纵口径小的取小值
6	U 型钢支护	轨道平巷	断面 5 ~ 8 m²，纵口径 4 ~ 8	135 ~ 181	按纵口径、断面选取。纵口径大的、完全棚支护的取小值；不完全棚大于完全棚的取大值
		带式输送机巷（铺轨）	断面 9 ~ 10 m²，纵口径 4 ~ 8	209 ~ 226	
7	工字钢/钢轨支护	轨道平巷	断面 5 ~ 8 m²，纵口径 4 ~ 8	123 ~ 134	包括工字钢与钢轨的混合支架。不完全棚大于完全棚的，纵口径为 9 取小值
		带式输送机巷（铺轨）	断面 5 ~ 8 m²，纵口径 4 ~ 8	209 ~ 2206	工字钢与 U 型钢支架混合支护与第 6 项带式输送机巷近似，单一支护与混合支护近似

将式（3 – 65）代入式（3 – 64）得到紊流状态下的摩擦阻力：

$$h_f = \frac{\alpha L U}{S^3} Q^2 \qquad (3-67)$$

式（3 – 67）即为井巷风流在完全紊流状态下的摩擦阻力计算公式。式（3 – 67）表明，紊流摩擦阻力与巷道摩擦阻力系数、巷道的长度、巷道断面周长成正比，与巷道风量（或平均风速）的平方成正比，与巷道的断面积的三次方成反比。另外，从式（3 – 67）中还可以看出，在其他参数不变时，紊流巷道的风量与断面积的 1.5 次方成正比（$Q = \sqrt{\dfrac{h_f}{\alpha L C}} S^{1.5}$，$C$ 为断面形状系数）。

2. 摩擦风阻及摩擦阻力定律

对于已给定的井巷，α、L、U、S 都为确定的数值，故可把式（3 – 67）中的 α、L、U、S 归结为一个参数 R_f：

$$R_f = \alpha \frac{L U}{S^3} \qquad (3-68)$$

式中　R_f——巷道的摩擦风阻，kg/m^7。

R_f 是空气密度、巷道粗糙程度、断面、周长、沿程长度诸参数的函数。在正常条件下当某一段井巷中的空气密度 ρ 变化不大时，可将 R_f 看作是反映井巷几何特征的参数，即仅与巷道本身特征有关。

将式（3-68）代入式（3-67），计算得：

$$h_f = R_f Q^2 \tag{3-69}$$

式（3-69）称为紊流状态下井巷通风摩擦阻力定律，它反映了摩擦风阻、摩擦阻力和风量三个通风参数的关系。

摩擦阻力是矿井通风阻力的主要组成部分。一般情况下，它占全矿通风阻力的90%左右。

例题3.6　某设计巷道为梯形断面，$S = 8\ m^2$，$L = 500\ m$，采用工字钢棚支护，支架截面高度 $d_0 = 14\ cm$，纵口径 $\Delta = 5$，计划通过风量 $Q = 2400\ m^3/min$。预计巷道中空气密度 $\rho = 1.25\ kg/m^3$。求该段巷道的通风阻力及每年所消耗的通风能量。

解：根据所给的 d_0、Δ、S 值，由表3-3查得：

$$\alpha_0 = 284.2 \times 10^{-4} \times 0.88 = 0.025\ kg/m^3$$

则巷道实际摩擦阻力系数：

$$\alpha = \alpha_0 \frac{\rho}{1.2} = 0.025 \times \frac{1.25}{1.2} = 0.026\ kg/m^3$$

巷道摩擦风阻：

$$R_f = \alpha \frac{LU}{S^3} = \frac{0.026 \times 500 \times 11.77}{8^3} = 0.299\ kg/m^7$$

巷道摩擦阻力：

$$h_f = R_f Q^2 = 0.299 \times \left(\frac{2400}{60}\right)^2 = 478.4\ Pa$$

每年所消耗的通风能量：

$$
\begin{aligned}
E &= h_f Q \times 10^{-3} \times 365 \times 24 \\
&= R_f Q^3 \times 10^{-3} \times 365 \times 24 \\
&= 478.4 \times 40 \times 10^{-3} \times 365 \times 24 \\
&= 167631.36\ kW \cdot h
\end{aligned}
$$

即该巷道因摩擦通风阻力每年消耗 167631.36 kW·h 的能量。

3.6　局部阻力

3.6.1　局部阻力的形式及计算

在风流运动过程中，由于井巷断面、方向变化以及分岔或汇合等局部突变，导致风流速度的大小和方向发生变化，产生冲击、分离等，造成风流的能量损失，这种阻力称为局部阻力，用 h_l 表示。层流状态下风流的分离冲击可以忽略，因此仅讨论紊流的局部通风阻力。

矿井产生局部通风阻力的地点很多，如巷道断面变化处（扩大或缩小，包括风流的入口和出口）、拐弯处、分岔和汇合处，以及巷道的堆积物、停放和行走的矿车、人员、井筒中的装备、调节风窗等处，都会产生局部阻力，巷道局部变化情况如图 3 – 27 所示。

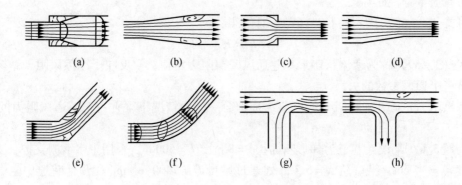

图 3 – 27　巷道局部变化情况

　　由于产生局部阻力地点的风流速度场变化比较复杂，对局部阻力的计算一般采用经验公式，将局部阻力表示为巷道风流动压的倍数：

$$h_1 = \xi \frac{\rho}{2} v^2 \tag{3 – 70}$$

式中　　ξ——局部阻力系数，无因次；

　　　　ρ——风流的密度，kg/m^3；

　　　　v——巷道的平均流速，m/s；

　　　　h_1——局部阻力，Pa。

　　由式（3 – 70）可知，计算局部阻力的关键是确定局部阻力系数 ξ。大量试验表明，紊流局部阻力系数主要取决于巷道局部变化的形状，而边壁的粗糙程度也有一定的影响。

3.6.2　局部阻力系数的计算

　　1. 突然扩大

　　如图 3 – 28 所示，当忽略巷道两断面间的摩擦阻力时，根据流体力学，可采用分析的方法求出突然扩大的局部阻力，计算式为

$$h_1 = \left(1 - \frac{S_1}{S_2}\right)^2 \frac{\rho v_1^2}{2} = \xi_1 \frac{\rho}{2} v_1^2 \quad \text{或} \quad h_1 = \left(\frac{S_1}{S_2} - 1\right)^2 \frac{\rho v_1^2}{2} = \xi_2 \frac{\rho}{2} v_2^2 \tag{3 – 71}$$

$$\xi_1 = \left(1 - \frac{S_1}{S_2}\right)^2 \tag{3 – 72}$$

$$\xi_2 = \left(\frac{S_2}{S_1} - 1\right)^2 \tag{3 – 73}$$

式中　ξ_1、ξ_2——局部阻力系数；

　　　v_1、v_2——小断面和大断面的平均流速，m/s；

S_1、S_2——小断面和大断面的面积，m^2；

ρ——空气平均密度，$\mathrm{kg/m}^3$。

式（3-72）、式（3-73）是计算突然扩大局部阻力系数的公式，可以计算井巷出口的局部阻力系数：$S_2 \to \infty$，则 $\xi_1 = \left(1 - \dfrac{S_1}{S_2}\right)^2 = 1$。

对于粗糙度较大的矿井巷道，可按巷道的摩擦阻力系数 $\alpha(\mathrm{kg/m}^3)$ 值对 ξ 加以修正。修正后的局部阻力系数用 ξ' 表示，经验公式为式（3-74）。

$$\xi' = \xi\left(1 + \frac{\alpha}{0.01}\right) \tag{3-74}$$

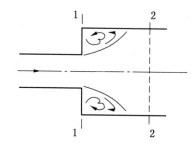

图 3-28 巷道突然扩大

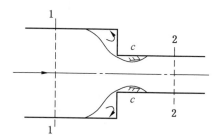

图 3-29 巷道突然缩小

2. 突然缩小

如图 3-29 所示，巷道突然缩小时，风流由于惯性而形成一个收缩断面 c—c，然后再扩展到整个断面上流动，在收缩前后都会产生能量损失。突然缩小的局部阻力系数 ξ 取决于巷道收缩面积比 $\dfrac{S_2}{S_1}$，对应于小断面的动压 $\dfrac{\rho v_2^2}{2}$，ξ 值可按式（3-75）计算。

$$\xi = 0.5\left(1 - \frac{S_2}{S_1}\right) \tag{3-75}$$

由式（3-75）可以计算井巷入口的局部阻力系数：$S_1 \to \infty$，则 $\xi = 0.5\left(1 - \dfrac{S_2}{S_1}\right) = 0.5$。考虑巷道粗糙程度的影响时，突然缩小的局部阻力系数 ξ' 可用式（3-76）计算：

$$\xi' = \xi\left(1 + \frac{\alpha}{0.013}\right) \tag{3-76}$$

3. 逐渐扩大

巷道逐渐扩大的阻力系数比突然扩大的阻力系数小得多，其能量损失可认为由摩擦阻力和扩张损失两部分组成。扩张损失是由涡流区和流速分布改变所形成的。当断面积比 n（$n = S_2/S_1$）一定时，如图 3-30 所示，渐扩段的摩擦损失随扩张角 θ 增大而减小，而扩张损失却随扩张角 θ 增大而增大。扩张角 θ 在 $5° \sim 8°$ 范围内，逐扩段的能量损失最小。扩张角 θ 小于 $20°$ 时，对应于小断面的动压 $\dfrac{\rho v_1^2}{2}$，渐扩段的局部阻力系数 ξ 可用式（3-77）

计算。

$$\xi = \frac{\alpha}{\rho \sin \frac{\theta}{2}} \left(1 - \frac{1}{n^2} \right) + \sin\theta \left(1 - \frac{1}{n} \right)^2 \qquad (3-77)$$

式中 α——风道的摩擦阻力系数，kg/m^3；

n——风道大、小断面积之比，即 S_2/S_1；

θ——扩张角，（°）。

考虑巷道粗糙程度的影响时，逐渐扩大的局部阻力系数 ξ' 可用式（3-78）计算。

$$\xi' = \xi \left(1 + \frac{\alpha}{0.01} \right) \qquad (3-78)$$

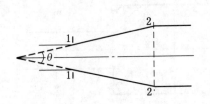

图 3-30 巷道逐渐扩大

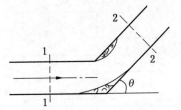

图 3-31 巷道转弯

4. 转弯

巷道转弯（图 3-31）时的局部阻力系数（考虑巷道粗糙程度）ξ' 可按式（3-79）计算。

当巷高与巷宽之比 $\frac{H}{b} = 0.2 \sim 1.0$ 时：

$$\xi' = (\xi_0 + 28\alpha) \frac{1}{0.35 + 0.65 \frac{H}{b}} \beta \qquad (3-79)$$

当巷高与巷宽之比 $\frac{H}{b} = 1.0 \sim 2.5$ 时：

$$\xi' = (\xi_0 + 28\alpha) \frac{b}{H} \beta \qquad (3-80)$$

式中 ξ_0——假定边壁完全光滑时，转弯的局部阻力系数，其值见表 3-4；

α——巷道的摩擦阻力系数，kg/m^3；

β——巷道的转弯角度影响系数，见表 3-5。

表 3-4 局部阻力系数 ξ_0 值

r_1/b	0	0.1	0.2	0.3	0.4	0.5	0.6	0.7	0.75
ξ_0	0.93	0.8	0.68	0.58	0.49	0.45	0.41	0.39	0.38

注：r_1 为转弯处内角的曲率半径，b 为巷道宽度。

表3-5 巷道转弯角度影响系数

转弯角 $\theta/(°)$	10	20	30	40	50	60	70
β	0.05	0.12	0.19	0.28	0.38	0.51	0.63
转弯角 $\theta/(°)$	80	90		100	110	120	140
β	0.80	1.00		1.32	1.63	1.98	2.43

5. 巷道分岔与交汇

在矿井通风系统中的风流在巷道的分岔与交汇处，也产生局部阻力。由于主干、分支巷道断面不同，分配的风量不同，而有不同的风速，不能像前述局部阻力物那样用一个局部阻力系数值反映其阻力特征，而要考虑各巷道的风速及几何特征，对各分支分别计算其局部阻力。

1）巷道分岔处的局部阻力

分岔巷道如图3-32所示，1—2 段的局部阻力 h_{l1} 和 1—3 段的局部阻力 h_{l2} 分别用式（3-81）、式（3-82）计算。

$$h_{l1} = K_\alpha (v_1^2 - 2v_1 v_2 \cos\theta_1 + v_2^2) \tag{3-81}$$

$$h_{l2} = K_\alpha \frac{\rho}{2} (v_1^2 - 2v_1 v_3 \cos\theta_2 + v_3^2) \tag{3-82}$$

式中 K_α ——巷道粗糙度的影响系数，根据巷道摩擦阻力系数 α 值在表3-6中选取。

表3-6 巷道粗糙度影响系数 K_α

$\alpha/(kg \cdot m^{-3})$	0.002~0.005	0.005~0.010	0.010~0.015	0.015~0.020	0.020~0.025	0.025~0.030
K_α	1.0	1.1~1.25	1.25~1.35	1.35~1.50	1.50~1.65	1.65~1.80

2）巷道交汇处的局部阻力

如图3-33所示，巷道交汇处 1—3 段的局部阻力 h_{l1} 和 2—3 段的局部阻力 h_{l2} 分别按式（3-83）、式（3-84）计算。

$$h_{l1} = K_\alpha \frac{\rho}{2} (v_1^2 - 2v_3 \omega + v_3^2) \tag{3-83}$$

$$h_{l2} = K_\alpha \frac{\rho}{2} (v_2^2 - 2v_3 \omega + v_3^2) \tag{3-84}$$

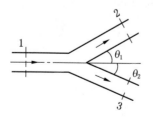

图3-32 巷道分叉

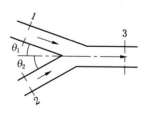

图3-33 巷道交汇

其中

$$\omega = \frac{Q_1}{Q_3}v_1\cos\theta_1 + \frac{Q_2}{Q_3}v_2\cos\theta_2 \qquad (3-85)$$

K_α 值见表 3-5。

当井巷中存在有罐笼、矿车、采煤机等阻碍物时，它们对风流运动也产生阻力，这种阻力称为正面阻力，它也是局部阻力的一种形式。由于阻碍物的形式多种多样，通常只能用实测的方法把它们的影响包含在局部阻力系数之中。至于井筒中的罐道梁、运输巷道中的输送机等阻碍物，在实测井巷通风阻力时，一般都把它们的影响包括在摩擦阻力系数内，不另行计算。

3.6.3 局部风阻

将 $v = \dfrac{Q}{S}$ 代入式（3-70），整理得：

$$h_1 = \xi\frac{\rho}{2S^2}Q^2 \qquad (3-86)$$

令 $R_1 = \xi\dfrac{\rho}{2S^2}$，则

$$h_1 = R_1 Q^2 \qquad (3-87)$$

式中　R_1——局部风阻，kg/m^7。

式（3-87）称为紊流状态下局部通风阻力定律，它反映了局部风阻、局部阻力和风量三个通风参数的关系。式（3-87）表明，在紊流条件下局部阻力也与风量的平方成正比。

以上对局部阻力的分析讨论主要是给通风技术改造和通风管理提供指导。由于局部通风阻力复杂多样，并且正常通风中所占比例较小，因而在通风设计计算时一般不单独计算局部通风阻力，而是在总的摩擦阻力上乘以一个系数加以考虑（见5.2.3 矿井通风系统与通风设计）。但是，必须明确，如果不注意对局部通风阻力加强管理，也会给矿井通风造成困难。

3.7　通风阻力

3.7.1 井巷通风阻力定律

尽管引起摩擦阻力与局部阻力的原因不同，但是在紊流条件下，摩擦阻力定律 $h_f = R_f Q^2$ 和局部阻力定律 $h_1 = R_1 Q^2$ 的表达式形式相同，即摩擦阻力和局部阻力均与风量的平方成正比。对于一条实际井巷，其通风阻力（或能量损失）既有摩擦阻力也有局部阻力 $h_r = h_f + h_1$，可用式（3-88）表示。

$$h_r = R_f Q^2 + R_1 Q^2 = (R_f + R_1)Q^2 \qquad (3-88)$$

令 $R = R_f + R_1$，则

$$h_r = RQ^2 \qquad (3-89)$$

式中　R——巷道风阻（包括摩擦风阻和局部风阻），kg/m^7；

　　　h_r——巷道通风阻力（巷道的摩擦阻力和局部阻力之和），Pa。

式（3-89）称为井巷通风阻力定律，是矿井通风的基本规律之一。

对于特定井巷，其形式和尺寸是确定的，当风流密度不变时，则其风阻是确定值。通风阻力定律反映的是该井巷中通风阻力与风量间的变化关系，即该井巷的通风特性。用横坐标表示巷道通过的风量，纵坐标表示通风阻力，依据阻力定律可以画出该井巷的 $h_r - Q$ 曲线，为一条抛物线。如图 3-34 所示，R 越大，曲线越陡，该曲线叫作井巷风阻特性曲线或通风特性曲线，一般可采用描点法绘制。

3.7.2 矿井通风特性

矿井通风特性指的是矿井的风量与矿井通风阻力之间的变化关系。

矿井风量是指矿井的总进风量或总回风量，在不考虑外部漏风和风流密度及成分变化时，两者相同，用 Q_m 表示，单位为 m^3/s。矿井通风阻力是指单位体积空气由进风井口进入矿井，流经井下巷道到达出风口克服摩擦阻力和局部阻力所消耗的总能，用 h_{R_m} 表示，单位为 Pa。对于一个确定的矿井，其各条巷道的风阻值及巷道间的连接关系也都是确定的。单风井且无内部通风动力的矿井，其通风巷道系统可以用一个等效风阻 R_m 来表示。矿井通风阻力 h_{R_m} 与矿井风量 Q_m 通过阻力定律表示为

$$h_{R_m} = R_m Q_m^2 \tag{3-90}$$

式中　R_m——矿井总风阻，kg/m^7。

式（3-90）反映了一个矿井的通风特性。依此绘制成 $h_{R_m} - Q_m$ 曲线，便得到矿井通风特性曲线（或称矿井风阻特性曲线），如图 3-35 所示。矿井通风特性曲线是选择通风机和分析通风机工况的必要资料。

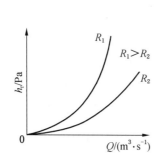
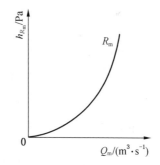

图 3-34　井巷风阻特性曲线图　　　图 3-35　矿井通风特性曲线

多通风机及内部有通风动力的矿井，矿井总风阻 R_m 不是一个定值，其大小除了取决于各条巷道的风阻值及巷道间的连接关系，还要受到各通风动力的影响。因此，矿井风阻特性曲线不是抛物线，应该根据试验测算或计算模拟来确定。

矿井的风阻 R_m 值不同，供给相同风量时所需要克服的矿井通风阻力不同。R_m 越大，矿井通风越困难；反之，则较容易。或者，当矿井通风阻力相同时，风阻大的矿井，其风量必小，表示通风困难，通风能力小；风阻小的矿井，其风量大，表示通风容易，通风能力大。所以，通常根据矿井风阻值 R_m 的大小来判断矿井通风难易程度。

3.7.3 矿井等积孔

矿井等积孔是用来衡量矿井通风难易程度的一个形象化指标。假定在无限空间有一

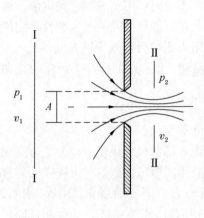

图 3 - 36 等积孔

薄壁，在薄壁上开一面积为 $A(m^2)$ 的孔口，如图 3 - 36 所示。当孔口通过的风量等于矿井风量，而且孔口两侧的风压差等于矿井通风阻力时，则孔口面积 A 称为该矿井的等积孔。

等积孔属于流体力学中的薄壁孔口的定常出流。在孔口左侧距孔口足够远处（风速 $v_1 \approx 0$）取截面 I—I，在孔口右侧风流收缩断面最小处取截面 II—II，该处风速 v_2 达最大值。忽略流动过程中的能量损失，可列出两截面的能量方程：

$$p_1 + \frac{\rho}{2}v_1^2 = p_2 + \frac{\rho}{2}v_2^2 \qquad (3 - 91)$$

整理得：

$$p_1 - p_2 = \frac{\rho}{2}v_2^2 = h_{R_m} \qquad (3 - 92)$$

$$v_2 = \sqrt{\frac{2}{\rho}h_{R_m}} \qquad (3 - 93)$$

风流收缩处断面面积 A_2 与孔口面积 A 之比称为收缩系数 φ，由流体力学可知，一般 $\varphi = 0.65$，故 $A_2 = 0.65A$。则 $v_2 = Q/A_2 = Q/0.65A$，代入式（3 - 93）整理得：

$$A = \frac{Q}{0.65\sqrt{\frac{2}{\rho}h_{R_m}}} \qquad (3 - 94)$$

取井下标准空气状态 $\rho = 1.2\ kg/m^3$，则

$$A = 1.19\frac{Q}{\sqrt{h_{R_m}}} \qquad (3 - 95)$$

因 $R_m = \frac{h_{R_m}}{Q^2}$，故

$$A = \frac{1.19}{\sqrt{R_m}} \qquad (3 - 96)$$

由此可见，A 是 R_m 的函数，A 与 R_m 是一一对应的。故可以用矿井等积孔面积的大小来表示矿井通风的难易程度，单位简单，又比较形象。同理，矿井中任一段井巷的风阻也可换算为等积孔，但实际意义不大。根据矿井总风阻或等积孔，通常把矿井按通风难易程度分为三级，见表 3 - 7。

表 3 - 7 矿井通风难易程度分级

矿井通风难易程度	矿井总风阻 $R_m/(kg \cdot m^{-7})$	等积孔 A/m^2
容易	<0.355	>2
中等	0.355 ~ 1.420	1 ~ 2
困难	>1.420	<1

用矿井总风阻来表示矿井通风难易程度，不够形象，且单位复杂。因此，常用矿井等积孔作为衡量矿井通风难易程度的指标。

例题 3.7 某矿井通风系统，测得矿井通风总阻力 $h_{R_m}=1800$ Pa，矿井总风量 $Q=60$ m³/s，求矿井总风阻 R_m 和等积孔 A，并评价其通风难易程度。

解：

$$R_m = \frac{h_{R_m}}{Q^2} = \frac{1800}{60^2} = 0.5 \text{ kg/m}^7$$

$$A = \frac{1.19}{\sqrt{R_m}} = \frac{1.19}{\sqrt{0.5}} = 1.68 \text{ m}^2$$

对照表 3-7 可知，该矿井通风难易程度属中等。

实践表明，以表 3-7 所列衡量矿井通风系统难易程度的等积孔值，对于中小型矿井比较适用。对于现代大型矿井和多通风机的矿井，衡量通风难易程度的指标还有待进一步研究。《煤矿井工开采通风技术条件》（AQ 1028—2006）规定矿井通风系统阻力应满足表 3-8 的要求。

表 3-8 矿井通风阻力要求

矿井通风系统风量/(m³·min⁻¹)	系统的通风阻力/Pa	矿井通风系统风量/(m³·min⁻¹)	系统的通风阻力/Pa
<3000	<1500	10000~20000	<2940
3000~5000	<2000	>20000	<3920
5000~10000	<2500		

3.7.4 多风机矿井通风特性

如图 3-37 所示的对角抽出式通风矿井，在两翼通风机 Ⅰ、Ⅱ 的作用下，矿井由进风井 1—2 进风经由两翼巷道 2—3 和 2—4 排出矿井。两风机的风量分别为 Q_1 和 Q_2，则风机 Ⅰ 克服的通风阻力为

$$h_{RⅠ} = h_{r12} + h_{r23} \qquad (3-97)$$

风机 Ⅱ 克服的通风阻力为

$$h_{RⅡ} = h_{r12} + h_{r24} \qquad (3-98)$$

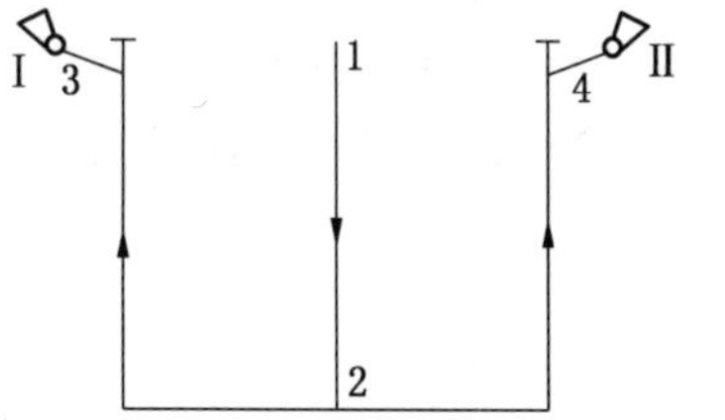

图 3-37 对角式通风矿井

则单位时间内矿井通风消耗的总能量（通风功率）为 $h_{RⅠ}Q_1 + h_{RⅡ}Q_2$。因为矿井通风阻力是指单位体积空气的能量损失，矿井总风量为 $Q=Q_1+Q_2$，所以对角式通风矿井的通风阻力为

$$h_{R_m} = \frac{h_{RⅠ}Q_1 + h_{RⅡ}Q_2}{Q_1 + Q_2} \qquad (3-99)$$

同理，对于多风机通风的矿井，矿井的通风阻力可表示为

$$h_{R_m} = \frac{\sum h_{Ri}Q_i}{\sum Q_i} \qquad (3-100)$$

矿井风阻可表示为

$$R_{\mathrm{m}} = \frac{h_{R_{\mathrm{m}}}}{Q^2} = \frac{\sum h_{Ri} Q_i}{\left(\sum Q_i \right)^3} \tag{3-101}$$

矿井通风等积孔可表示为

$$A = \frac{1.19}{\sqrt{R_{\mathrm{m}}}} = \frac{\left(\sum Q_i \right)^{3/2}}{\sqrt{\sum h_{Ri} Q_i}} \tag{3-102}$$

式中 h_{Ri}、Q_i——各通风机克服的通风阻力及通过的风量。

由式（3-100）至式（3-102）可知，对于多风机通风，其矿井风阻及等积孔不是常数，随各风机的风量不同而变化。

参考习题

1. 简述空气静压的特点、影响因素和主要单位。

2. 用风表法测风时为什么要校正其读数？用迎面法与侧身法测风时其校正系数为什么不同？

3. 说明风流压力的种类、各种压力的特点及测算方法。

4. 试述能量方程中各项的物理意义。

5. 用风表在断面积为 8.2 m² 的巷道中侧身法测风 1 min 后，风表的读数为 420 m/s，若该风表的校正曲线为 $v_{\mathrm{t}} = 2 + 0.9 v_{\mathrm{s}}$，试求该巷道的风速和风量各为多少？

6. 用皮托管、压差计测风筒中的点压力，各压差计的液面位置如图 3-38 所示。

（1）说明风筒的通风方式，标出风机的位置。

（2）标明皮托管的"＋""－"端，说明三个压差计各测什么压力。

（3）已知压差计的读数：$h_A = 300$ Pa，$h_B = 120$ Pa。求 C 的读数 h_C。

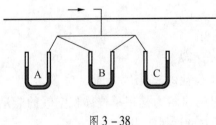

图 3-38

7. 如图 3-39 所示，试判断通风方式，标出风机的位置及皮托管的"＋""－"端，说明各压差计测得的是什么压力，并填写空白压差计的读数。

8. 某倾斜巷道如图 3-40 所示，测得 Ⅰ—Ⅰ、Ⅱ—Ⅱ 两断面处的平均风速分别为 4 m/s 和 2 m/s，两断面间高差 $Z = 100$ m，空气平均密度 $\rho = 1.20$ kg/m³。用胶皮管和压差

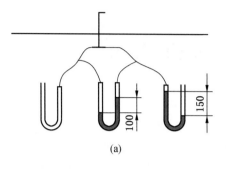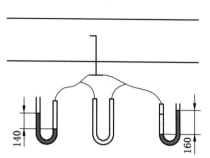

图 3 - 39

计连接 I—I、II—II 两断面上的皮托管的静压端，压差计的读数为 100 Pa。求 I—I、II—II 两断面间的通风阻力，并判断风流方向；若 $P_2 = 750$ mmHg，求点 1 的气压 P_1。

9. 如图 3 - 41 所示，等直径水平风筒，风机为压入式通风，风筒断面积为 0.5 m^2，风量为 240 m^3/min，$h_i = 900$ Pa，风流的密度 $\rho = 1.2$ kg/m^3，风筒外的大气压为 101320 Pa，求：

（1）风筒的通风阻力 $h_{ri—0}$。

（2）若改为抽出式通风，假定差压计读数的绝对值及其他各参数不变，求这时的通风阻力 $h_{r0—0}$。

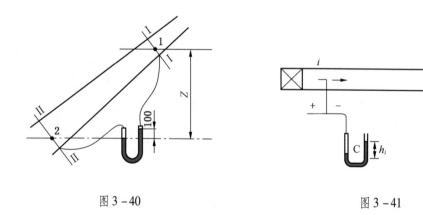

图 3 - 40   图 3 - 41

4 地下工程掘进通风

4.1 地下掘进通风方法

利用局部通风机作动力，通过风筒导风的通风方法称为局部通风机通风，这是目前掘进通风最主要的方法。局部通风机的常用通风方式有压入式、抽出式和压抽混合式三种。

4.1.1 压入式通风

压入式通风布置如图 4-1 所示。局部通风机及其附属装置安装在离掘进巷道口 10 m 以外的进风侧，将新鲜风流经风筒输送到掘进工作面，乏风风流沿掘进巷道排出。新鲜风流出风筒形成的射流属于末端封闭的有限贴壁射流，如图 4-2 所示。离开风筒出口后的有限贴壁射流，由于卷吸作用，其射流断面逐渐扩张，直至射流的断面达到最大值，此段称为扩张段，用 L_e 表示；然后，射流断面逐渐减小，直至为零，此段称为收缩段，用 L_a 表示。在收缩段，射流一部分经巷道排出，另一部分又被扩张段射流所卷吸。从风筒出口至射流反向的最远距离（扩张段和收缩段总长）称为射流有效射程，以 L_s 表示。在射流的有效射程 L_s 以外，还存在着一个由射流反向流动引起的循环涡流区，以 L_v 表示其长度。显然，在巷道边界条件下，有限贴壁射流的有效射程可用式（4-1）表示。

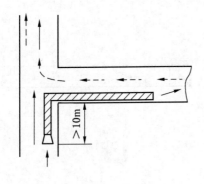

图 4-1 压入式通风

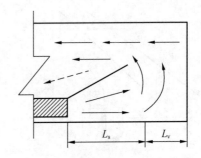

图 4-2 有限贴壁射流的有效
射程和涡旋扰动区

$$L_s = L_e + L_a \qquad (4-1)$$

式中　L_s——射流的有效射程，m；

　　　L_e——射流的扩张段距离，m；

　　　L_a——射流的收缩段距离，m。

在巷道边界条件下，L_s 可用式（4-2）计算。

$$L_s = (4 \sim 5)\sqrt{S} \qquad (4-2)$$

式中 S——巷道的断面积，m^2。

在有效射程以外的独头巷道中会出现循环涡流区，如图 4-3 所示。在此区域内，大部分空气沿巷道周壁流动，其范围在光滑巷道中 $L_v = 2.5\sqrt{S}$。如果风筒口距工作面更远，还可出现第二个循环涡流区，循环涡流区的空气不能被排出。当工作面爆破或掘进落岩后，烟尘充满迎头形成一个炮烟抛掷区和粉尘分布集中带。风流由风筒射出后，由于射流的紊流扩散和卷吸作用，使迎头炮烟与新鲜风流发生强烈掺混，并沿着巷道向外推移。所以，为了有效地排出炮烟，风筒出口与工作面的距离必须小于有效射程 L_s。压入式通风排炮烟过程如图 4-4 所示。

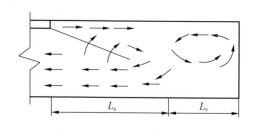 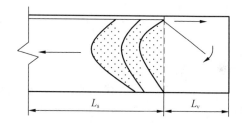

图 4-3 有效射程示意图   图 4-4 压入式通风排炮烟过程

此外，压入式通风要求 $Q_局 \leqslant 0.7 Q_巷$（$Q_局$ 和 $Q_巷$ 分别为局部通风机和局部通风机所在巷道的风量），以避免产生循环风流。

4.1.2 抽出式通风

局部通风机和启动装置安设在离掘进巷道口 10 m 以外的回风侧，新鲜风流沿掘进巷道流入工作面，而乏风风流经风筒由局部通风机排出。通风时，在风筒吸入口附近形成一股流入风筒的风流，距离风筒口越远风速越小。所以，只有在距风口一定距离以内才有吸入炮烟的作用，此段距离称为有效吸程，用 L_e 表示。

在巷道边界条件下，有效吸程 L_e 一般可用式（4-3）计算。

$$L_e = 1.5\sqrt{S} \qquad (4-3)$$

当工作面掘进爆破落岩后，形成一个污染物分布集中带，在抽出式通风的有效射程范围内，借助紊流扩散作用使污染物与新鲜风流掺混并被吸出。实践证明，只有当吸风口离工作面距离小于有效吸程时，才有良好的吸出炮烟效果。在有效吸程以外的独头巷道中会出现循环涡流区。理论和实践证明，抽出式通风的有效吸程比压入式通风的有效吸程要小得多，即 $L_e < L_s$。

压入式通风和抽出式通风的优缺点及适用条件：

（1）压入式通风时，局部通风机及其附属电气设备均布置在新鲜风流中，乏风风流不通过局部通风机，安全性好；抽出式通风时，含有可爆炸性气体的乏风风流通过局部通风机，若局部通风机防爆性能出现问题，则非常危险。

（2）压入式通风风筒出口风速和有效射程均较大，可防止有害气体层状积聚，提高散热效果。而抽出式通风有效射程小，掘进施工中难以保证风筒吸入口到工作面的距离在有效吸程之内。与压入式通风相比，抽出式通风的风量小，工作面排放乏风风流所需时间长、速度慢。

（3）压入式通风时，掘进巷道涌出的瓦斯向远离工作方向排走；而用抽出式通风时，巷道壁面涌出的有害气体随着风流流向工作面，安全性较差。

（4）抽出式通风时，新鲜风流沿巷道进入工作面，整个井巷空气清新，工作环境好；而压入式通风时，乏风风流沿巷道缓慢排出，当掘进巷道较长时，排放乏风风流速度慢，受污染时间越久，这种状况在大断面长距离巷道掘进中尤为突出。

（5）压入式通风可以用柔性风筒，其非导体低、质量轻，便于运输；而抽出式通风的风筒承受负压作用，必须使用刚性或带刚性骨架的可伸缩风筒，成本高、笨重、运输不便。

基于上述分析，当以排除有害气体为主的岩石掘进时，应采用压入式通风；而当以排除粉尘为主的巷道掘进时，宜采用抽出式通风。

4.1.3 混合式通风

混合式通风是压入式和抽出式两种通风方式的联合运用，兼有压入式与抽出式通风两者的优缺点，其中压入式向工作面供新鲜风流，抽出式从工作面排出乏风风流，其布置方式取决于掘进工作面空气中污染物的空间分布，以及掘进、装载机械的位置。按照局部通风机和风筒的布置位置，分为长压短抽、长抽短压和长抽长压三种；按抽压风筒口的位置关系，每种方式又可分为前压后抽和前抽后压两种布置形式。

1. 长抽短压（前压后抽）

工作面的乏风风流由压入式风筒压入的新鲜风流予以冲淡和稀释，由抽出式主风筒排出。抽出式风筒吸风口与工作面的距离应不小于污染物分布集中带长度，与压入式风机的吸风口距离应大于 10 m 以上；抽出式风机的风量应大于压入式风机的风量；压入式风筒的出口与工作面间的距离应在有效射程以内。采用长抽短压式通风时，抽出式风筒须用刚性风筒或带刚性骨架的可伸缩风筒；若采用柔性风筒，则可将抽出式局部通风机移至风筒入风口，改为压入式，由里向外排出乏风风流。

2. 长压短抽（前抽后压）

新鲜风流经压入式长风筒送入工作面，工作面乏风风流经抽出式通风除尘系统净化，净化后的风流沿巷道排出。抽出式风筒吸风口与工作面的距离应小于有效吸程，对于综合机械化掘进，应尽可能靠近最大产尘点。压入式风筒出口应超前抽出式出风口 10 m 以上，它与工作面的距离应不超过有效射程。压入式风机的风量应大于抽出式风机的风量。

混合式通风兼有抽出式与压入式通风的优点，通风效果好，是大断面长距离岩巷掘进的较好通风方式。混合式通风的主要缺点：一是增加了一套通风设备，电能消耗较大，管理比较复杂；二是降低了压入式与抽出式两列风筒重叠段巷道内的风量，当掘进巷道断面大时，风速就更小，则此段巷道顶板附近易形成有害气体层状积聚，因此，两台风机之间的风量要合理匹配，以免发生循环风，并使风筒重叠段内的风速大于最低风速。机掘工作面多采用与除尘风机配套的长压短抽混合式。目前，AM-50 型综掘机采用了此种方式。

4.1.4 可控循环通风

当压入式局部通风机的吸入风量既大于地下空间工程总风压供给设置压入式局部通风机巷道的风量，又大于抽出式局部通风机的风量，则从掘进工作面排出的部分乏风风流，会再次经压入式局部通风机送往用风地点，故称其为循环风。

按是否掺有适量外界新鲜风流分，循环通风分可控循环通风（开路循环通风）和闭路循环通风。掺有适量外界新鲜风流的循环通风称为闭路循环通风。可控循环局部通风多使用空气净化装置或空气调节装置，根据污染源产生方式不同，可控循环局部通风所需的风量也不同。

1. 可控循环局部通风的优点

（1）采用混合式可控循环通风时，掘进巷道风流循环区内侧的风速较高，避免了有毒有害性气体的积聚，同时也降低了等效温度，改善了掘进巷道中的气候条件。当在局部通风机前配置除尘器时，可降低矿尘浓度。

（2）在供给掘进工作面相同风量条件下，可降低通风能耗。

2. 可控循环局部通风的缺点

（1）对于地下空间工程，由于流经局部通风机的风流中含有一定浓度的粉尘，必须应用防爆除尘通风机。

（2）循环风流通过运转通风机后得到不同程度的加热，再返回掘进工作面，使工作面温度上升。

（3）当工作面附近发生火灾时，烟流会返回掘进工作面，故安全性差，抗灾能力弱。因此，要求有循环风流通过的局部通风机在掘进工作面灾变时，必须能立即进行控制，以停止循环通风，恢复常规通风。

3. 使用可控循环通风要求

（1）在可控循环通风系统中，必须装有毒有害气体、风量、粉尘等自动监测装置及可靠的报警装置，同时必须进行常规环境检测分析。

（2）对循环通风机实现自动开关和风量控制。对使用可控循环风的混合式通风，抽出式与压入式通风机间必须设置闭锁装置，保证主要的局部通风机启动后，有循环风通过的局部通风机再启动，以免形成闭路循环风流。同时，必须适当地控制抽出式与压入式通风机的风量比，以获得可控循环通风的最佳除尘和降温效果。

4.1.5　全风压通风

全风压通风是利用地下工程主要通风机的风压，借助导风设施把主导风流的新鲜空气引入掘进工作面。其通风量取决于可利用的风压和风路风阻。按照导风设施的不同，可分为风障导风、风筒导风、平行巷道导风等。

1. 风障导风

在巷道内设置纵向风障，把风障上游一侧的新鲜风流引入掘进工作面，清洗后的乏风风流从风障下游一侧排出。在短巷掘进时，根据建筑材料的不同，风障可分为砖风障、木板风障、柔性（如帆布、塑料布等）风障等。长巷掘进时，可用砖、石、混凝土等材料构筑风障。这种导风方法，其构筑和拆除风障的工程量大，适用于短距离或无其他好方法可用时采用。

在主要通风机正常运转，并有足够的全风压克服导风设施的阻力时，全风压通风能连续供给掘进工作面所需要的风量，而无须附加通风动力，管理方便，但其工程量大，使用风障有碍运输。因此，在施工中有害气体逸出量大，使用通风设备不安全或技术不可行的局部地点，可以使用全风压通风。但是，如果全风压通风技术上不可行或经济上不合理，则必须借助专门的通风动力设备，对掘进工作面进行局部通风。

2. 风筒导风

在巷道内设置挡风墙截断主导风流，用风筒把新鲜空气引入掘进工作面，污浊空气从独头掘进巷道中排出。这种方法辅助工程量小，风筒安装、拆卸比较方便，通常用于需风量不大的短巷道掘进通风中。

3. 平行巷道导风

在掘进主巷的同时，在附近与其平行掘一条配风巷。每隔一定的距离在主、配巷间开掘联络巷，形成贯穿风流。当新的联络巷沟通后，旧联络巷即封闭。两条平行巷的独头部分可用风障或风筒导风，巷道的其余部分用主巷进风、配巷回风。

4. 钻孔导风

离地表较近处掘进时，可用钻孔提前沟通掘进巷道，以形成贯穿风流。为了克服钻孔阻力，增大风量，可用大直径钻孔（300～400 mm）或在钻孔口安装风机。

5. 引射器通风

利用引射器产生的通风负压，通过风筒导风的通风方法称为引射器通风。引射器通风一般都采用压入式。为了加大供风量和送风距离，除提高引射器的射流压力外，还可采取多台引射器分散串联作业。两台引射器串联间距至少应大于其引射流场的影响长度。引射器通风的优点是无电气设备、无噪声，具有降温、降尘作用。

4.2 地下掘进通风设备

掘进通风设备是由掘进通风动力设备（掘进通风机和引射器）、风筒及其附属装置组成。

4.2.1 掘进通风机

地下空间工程掘进地点通风所用的通风机称为掘进通风机，掘进工作面通风要求掘进通风机体积小、风压高、效率高、噪声低、性能可靠、坚固防爆。

掘进通风机按其通风方式的不同，可分为压入式和抽出式两种；按其结构的不同，可分为离心式和轴流式两类，其中轴流式又分为普通轴流式和对旋轴流式两种，同时以压入式对旋轴流局部通风机最为常用。按其动力驱动方式的不同，可分为电动、水力和压气掘进通风机，其中以电动机驱动最为常用。按其防爆性能不同，可分为防爆型和非防爆型掘进通风机。

1. JBT 系列掘进通风机

JBT 系列掘进通风机是 20 世纪 60 年代研制的，这种通风机全风压效率只有 60%～70%，风量风压偏低，尤其噪声高达 103～108 dB(A)，目前在掘进通风中还占有相当的比例。该系列通风机还有部分的单级和双级掘进通风机，因具有价格优势占领了部分市场。

2. BKJ66 - 11 系列掘进通风机

BKJ66 - 11 系列地下工程掘进通风机是由沈阳鼓风机厂生产的，其结构如图 4 - 5 所示。该系列通风机有 No.3.6、No.4.0、No.4.5、No.5.0、No.5.6、No.6.3 六种规格。其性能见表 4-1，性能曲线如图 4-6 所示。

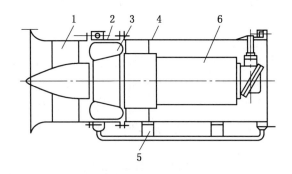

1—前风筒；2—主风筒；3—叶轮；4—后风筒；5—滑架；6—电动机

图 4-5　BKJ 系列掘进通风机结构图

表 4-1　BKJ66-11 系列掘进通风机性能参数表

型　　号	风量/(m³·min⁻¹)	全风压/Pa	功率/kW	转速/(r·min⁻¹)	动轮直径/m
BKJ66-11No.3.6	80~150	600~1200	2.5	2950	0.36
BKJ66-11No.4.0	120~210	800~1500	5.0	2950	0.40
BKJ66-11No.4.5	170~300	1000~1900	8.0	2950	0.45
BKJ66-11No.5.0	240~420	1200~2300	15	2950	0.50
BKJ66-11No.5.6	330~570	1500~2900	22	2950	0.56
BKJ66-11No.6.3	470~800	2000~3700	42	2950	0.63

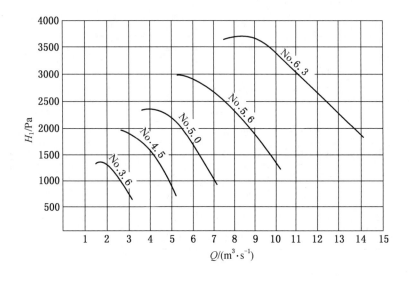

图 4-6　BKJ66-11 系列掘进通风机全压特性曲线

BKJ66 – 11 系列掘进通风机效率高，其最高效率可达 90%，与 JBT 系列掘进通风机相比，效率提高了 15% ~ 30%，如用 BKJ66 – 11 No. 4. 5 型代替 JBT52 – 2 型，电动机可由 11 kW 降至 8 kW；常用工作区的噪声为 98 ~ 99 dB(A)，比 JBT 系列掘进通风机降低 6 ~ 8 dB(A)。

3. FDⅡ系列对旋式掘进通风机

FDⅡ系列对旋式掘进通风机适用于压入式通风，其结构如图 4 – 7 所示。功率为 (2×4) ~ (2×55) kW，叶轮直径为 400 ~ 800 mm，额定风量为 150 ~ 800 m³/min，额定风压为 2400 ~ 7100 Pa，最高效率为 0. 8 ~ 0. 85，送风距离为 1000 ~ 4500 m，运行效率为 0. 5 ~ 0. 82，综合效率较单级和双级通风机高 20%，噪声小，具体技术指标见表 4 – 2。

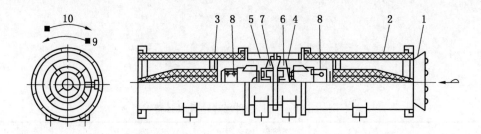

1—集流器；2—电动机；3—机壳；4—一级叶轮；5—二级叶轮；6—扩散器；7—消声器；
8—电动机；9—一级叶轮旋转方向；10—二级叶轮旋转方向

图 4 – 7　FDⅡ系列对旋式局部通风机结构图

表 4 – 2　FDⅡ系列对旋式掘进通风机技术指标

型　号	动轮直径/mm	风量/(m³·min⁻¹)	风压/Pa	效率/%	比 A 声级/dB	电动机功率/kW	推荐使用风筒直径/mm
No. 4	400	120 ~ 260	2600 ~ 300	80	< 10	24	450(400)
No. 5	500	150 ~ 280	3000 ~ 350	82	< 10	2 × 5. 5	500(450)
		170 ~ 300	3550 ~ 400	82	< 10	2 × 7. 5	
No. 5. 6	560	220 ~ 380	4000 ~ 450	83	< 10	2 × 11	600(500)
		235 ~ 390	5000 ~ 550	85. 7	< 12	2 × 15	600
No. 6	600	285 ~ 465	5700 ~ 650	83. 2	< 12	2 × 18. 5	600
No. 6. 3	630	300 ~ 465	5600 ~ 700	80. 5	< 12	2 × 22	700(600)
No. 6. 7	670	420 ~ 600	6300 ~ 1000	83	< 12	2 × 30	800
		420 ~ 600	6700 ~ 1000	83	< 12	2 × 37	
No. 7. 5	750	540 ~ 800	7000 ~ 1500	8. 3	< 15	2 × 45	1000
No. 8	800	660 ~ 950	7100 ~ 1500	80. 5	< 16	2 × 55	1200(1000)

4.2.2　风筒

风筒是最常见的导风装置。对风筒的基本要求是漏风小、阻力小、质量轻、拆装简便。

1. 风筒的种类

风筒按其材质分为刚性风筒、柔性风筒和带刚性骨架的可伸缩性风筒三类。

1) 刚性风筒

刚性风筒是用金属板或玻璃钢制成的。常用的铁风筒规格见表4-3。刚性风筒的优点是坚固耐用，使用时间长，适用于各种通风方式；其缺点是成本高，易腐蚀，笨重，拆、装、运不方便，在弯曲巷道中使用比较困难。玻璃钢风筒比金属风筒轻便、对酸与碱的腐蚀性强以及通风的摩擦阻力系数小，但其制造成本比铁风筒高。

表4-3 铁风筒规格参数表

风筒直径/mm	风筒节长/m	壁厚/mm	垫圈厚/mm	风筒每延米质量/(kg·m^{-1})
400	2、2.5	2	8	23.4
500	2.5、3	2	8	28.3
600	2.5、3	2	8	34.8
700	2.5、3	2.5	8	46.1
800	3	2.5	8	54.5
900	3	2.5	8	60.8
1000	3	2.5	8	68.0

2) 柔性风筒

柔性风筒是应用更广泛的一种风筒，通常用橡胶、塑料制成，主要有帆布风筒、胶布风筒和人造革风筒三类。常用的胶布风筒规格见表4-4。柔性风筒的优点是轻便，可伸缩，拆、装、运、搬方便，接头少；其缺点是强度低，易损坏，使用时间短，且只能用于压入式通风中。目前，压入式局部通风时均采用柔性风筒。

表4-4 胶布风筒规格参数表

风筒直径/mm	风筒节长/m	壁厚/mm	风筒断面面积/m²	风筒每延米质量/(kg·m^{-1})
300	10	1.2	0.071	1.3
400	10	1.2	0.126	1.6
500	10	1.2	0.196	1.9
600	10	1.2	0.283	2.3
800	10	1.2	0.503	3.2
1000	10	1.2	0.785	4.0

3) 带刚性骨架的可伸缩性风筒

带刚性骨架的可伸缩性风筒就是在柔性风筒内每隔一定的距离加一个钢丝圈或螺旋弹簧钢丝圈。目前，随着大断面巷道机械化掘进的增多，混合式掘进通风除尘技术得到广泛应用。为了满足其抽出式掘进通风的要求，带刚性骨架的可伸缩性风筒使用不断增多，它既可承受一定的负压，又具有可伸缩的特点，比铁风筒质量轻，使用方便。风筒直径有

300 mm、400 mm、500 mm、600 mm 和 800 mm 等规格。KSS 系列可伸缩风筒由聚氯乙烯制成的柔性风筒和用于支撑风筒的螺旋弹簧钢丝圈组成，如图 4-8a 所示；图 4-8b 所示为其快速接头软带。

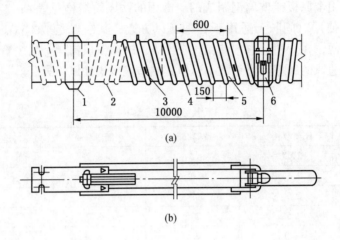

1—圈头；2—螺旋弹簧；3—吊钩；4—塑料压条；5—风筒布；6—快速弹簧接头

图 4-8　可伸缩风筒

4）新型组合式负压风筒

新型组合式负压风筒吸取了刚性风筒和柔性风筒的长处，实现了通风阻力小、易于拆装和运输、可多次重复使用的目的，完全可以代替刚性和柔性这两种风筒。

组合式风筒是由风筒体、风筒接头、风筒布、连接螺栓、吊挂装置、风筒布接头等部分组成。风筒内径为 600 mm，内部骨架每一截长为 1500 mm。

图 4-9　组合式负压
风筒的内部骨架

组合式负压风筒的内部骨架如图 4-9 所示。风筒体由三片相同的不锈钢片组成，这三片风筒体可组成一个完整的圆筒，每片风筒体的两端都有钻孔，可用螺栓固定在风筒接头上，为增加其强度可以在它上面制出加强筋。风筒接头的两端均钻有安装螺栓的孔，一端用螺栓固定一个风筒体，另一端再用螺栓固定另一个风筒体，这样一直循环下去，直至达到所需要的长度为止；然后用直径也为 600 mm 的柔性风筒布套到连接成的风筒体上，如柔性风筒不够长，则可用柔性风筒的快速接头进行连接；最后用吊挂装置将风筒体吊挂在巷道壁上。为了防止风筒骨架在吊挂中变形，可在风筒骨架的接头处吊挂，这样就组成了一个组合式负压风筒。当风筒内部传递负压时，在大气压力作用下风筒布紧箍的风筒体上，能够防止漏风现象的发生，气流则在风筒骨架内部流动。

组合式负压风筒可进行完全的分解和组装，所以在井下运输非常方便。由于在风筒体外部罩上了完整风筒布，所以漏风量很小，而且其内部完全由组装成的钢质圆风筒组成，内壁光滑，风阻很小。

2. 风筒的接头

刚性风筒一般采用法兰盘连接方式。柔性风筒的接头方式有插接（图4-8b）、单反边接头（图4-10）、双反边接头（图4-11）、活三环双反边接头（图4-12）、螺圈接头等多种形式。插接方式最简单，但漏风大；反边接头漏风较小，不易胀开，但局部风阻较大；后两种接头漏风小，风阻小，但易胀开，拆装比较麻烦，通常在长距离掘进通风时采用。

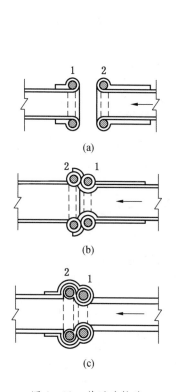

图4-10　单反边接头

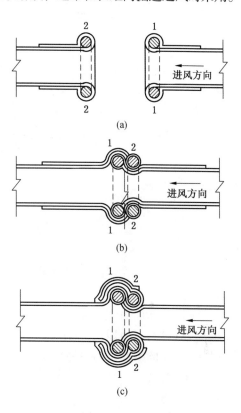

图4-11　双反边接头

3. 风筒的风阻

风筒的风阻由摩擦风阻和局部风阻组成，可用式（4-4）表示。

$$R = R_f + R_e \qquad (4-4)$$

$$R_f = \alpha \frac{L_0 P}{S_0^3} \qquad (4-5)$$

$$R_e = R_a + R_b = \frac{\rho}{2S_0^2}\left(n\xi_a + \sum_{j=1}^{k}\xi_{bj}\right) \qquad (4-6)$$

式中　　R——风筒的风阻，$N \cdot s^2/m^8$；

R_f——风筒的摩擦风阻，$N \cdot s^2/m^8$；

R_e——风筒的局部风阻，$N \cdot s^2/m^8$；

R_a——风筒所有接头的局部风阻，$N \cdot s^2/m^8$；

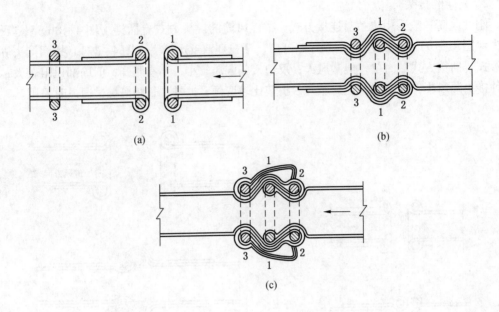

图 4-12　活三环双反边接头

R_b——风筒所有拐弯的局部风阻，$N \cdot s^2/m^8$；

L_0——风筒长度，m；

S_0——风筒断面面积，m^2；

P——风筒的断面周长，m；

α——风筒的摩擦阻力系数，$N \cdot s^2/m^4$；

ρ——空气密度，kg/m^3；

n——风筒的接头数；

ξ_a——风筒的接头局部阻力系数；

ξ_{bj}——风筒第 j 个拐弯的局部阻力系数，可根据拐弯角度 β 从图 4-13 中查出；

k——风筒的拐弯数。

将式（4-5）和式（4-6）代入式（4-4），整理得：

$$R = \alpha \frac{L_0 P}{S_0^3} + \frac{\rho}{2S_0^2} \left(n\xi_a + \sum_{j=1}^{k} \xi_{bj} \right) \tag{4-7}$$

对于圆形风筒，$R_f = \alpha \dfrac{L_0 P}{S_0^3} = \dfrac{64\alpha L_0}{\pi^2 D^5}$，故

$$R = \frac{64\alpha L_0}{\pi^2 D^5} + \frac{\rho}{2S_0^2} \left(n\xi_a + \sum_{j=1}^{k} \xi_{bj} \right) \tag{4-8}$$

式中　D——风筒直径，m。

1）风筒的摩擦阻力系数 α

同直径的刚性风筒，α 可视为常数，金属风筒内壁粗糙度大致相同，所以 α 只与风筒直径有关，其值参考表 4-5 选取。

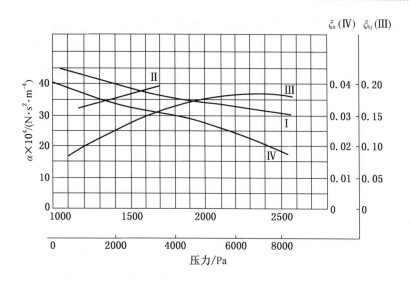

图4-13 风筒摩擦及接头阻力系数曲线

表4-5 金属风筒摩擦阻力系数

风筒直径/mm	200	300	400	500	600	800
$\alpha \times 10^4/(N \cdot s^2 \cdot m^{-4})$	49	44.1	39.2	34.3	29.4	24.5

玻璃钢 JZK 系列风筒的摩擦阻力系数可按表4-6选取。

表4-6 玻璃钢 JZK 系列风筒的摩擦阻力系数

风筒型号	JZK-800-42	JZK-800-50	JZK-700-36
$\alpha \times 10^4/(N \cdot s^2 \cdot m^{-4})$	19.6~21.6	19.6~21.6	19.6~21.6

由于风压的大小影响柔性风筒和带刚性骨架的柔性风筒壁的绷紧程度，而壁面的绷紧程度可导致风筒内壁粗糙度的改变。因而柔性风筒和带刚性骨架的柔性风筒的摩擦阻力系数皆与其壁面承受的风压有关。图4-13中曲线 I 所示为开滦赵各庄煤矿对柔性压入式 $\phi460$ mm 橡胶风筒测定的 α 值随风压增大而减小的情况，表明随着压入式通风风压的提高，由于柔性壁面进一步鼓胀其 α 值略有减小。对 KSS600-X 型带刚性骨架的柔性风筒的抽出式通风测定表明，带刚性骨架的柔性风筒的 α 值随抽出式通风负压的增大而略有增大，如图4-13中曲线 II 所示。

2）风筒的接头局部阻力系数 ξ_a

当金属风筒用法兰盘连接其内壁较光滑时，ξ_a 可以忽略不计。但柔性风筒的接头套圈向内凸出，风压大，风筒壁鼓胀。接头套圈向内凸出越多，其 ξ_a 值也就越大，如图4-13中曲线 III 所示。带刚性骨架的柔性风筒快速接头软带时，其 ξ_a 值随压力的增大而略有减少，如图4-13中曲线 IV 所示。

在实际应用中，整列风筒风阻除与长度和接头等有关外，还与风筒的吊挂、维护等管理质量密切相关，即很难用式（4-7）或式（4-8）进行精确计算，一般都根据实测风筒百米风阻（摩擦风阻和局部风阻）作为衡量风筒管理质量和设计的数据。表4-7所列为开滦和重庆煤炭科学研究分院实测的风筒百米风阻值。

表4-7 开滦和重庆煤炭科学研究分院实测的风筒百米风阻值

风筒类型	风筒直径/mm	接头方法	百米风阻/($N \cdot s^2 \cdot m^{-8}$)	备 注
胶布风筒	400	单反边	131.32	10 m 节长
	400	双反边	121.72	10 m 节长
	500	多反边	54.20	50 m 节长
	600	双反边	23.33	10 m 节长
	600	双反边	15.88	30 m 节长

当缺少实测材料时，胶布风筒的摩擦阻力系数 α 与百米风阻（吊挂质量一般）R_{100}可参照表4-8选取。

表4-8 胶布风筒的摩擦阻力系数与百米风阻值

风筒直径/mm	300	400	500	600	700	800	900	1000
$\alpha \times 10^4/(N \cdot s^2 \cdot m^{-4})$	53	49	45	41	38	32	30	29
$R_{100}/(N \cdot s^2 \cdot m^{-8})$	412	314	94	34	14.7	6.5	3.3	2.0

正常情况下，金属和玻璃钢风筒的漏风主要发生在接头处。胶布风筒不仅在接头处，而且在全长的壁面和缝合的针眼处都漏风，所以胶布风筒漏风属于连续的均匀漏风。漏风使掘进通风机风量 Q_a（风量与通风机连续连接端风量，又称为风筒末端风量）与掘进工作面获得的风量 Q_b（风量靠近工作面一端风量，又称为风筒始端风量）不等。因此，用风筒始、末两端风量的几何平均值作为通过风筒的平均风量 Q，可用式（4-9）表示。

$$Q = \sqrt{Q_a Q_b} \qquad (4-9)$$

显然，Q_a 与 Q_b 之差就是风筒的漏风量 Q_L，它与风筒的种类、接头数目、接头方法和质量、风筒直径以及风压等有关，但更主要的是与风筒的维护和管理密切相关。反映风筒漏风程度的指标参数如下：

（1）风筒的漏风率，风筒的漏风量占掘进通风机工作风量的百分数称为风筒的漏风率，用 η_L 来表示。

$$\eta_L = \frac{Q_L}{Q_a} \times 100\% = \frac{Q_a - Q_b}{Q_a} \times 100\% \qquad (4-10)$$

η_L 虽能反映风筒的漏风情况，但不能作为对比指标。故常用的是风筒的百米漏风率 η_{100} 这个指标。

$$\eta_{100} = \frac{\eta_L}{L_0} \times 100\% \tag{4-11}$$

柔性风筒的百米漏风率一般可从表4-9的现场实测数据中查取。在使用中，一般柔性风筒的百米漏风率应符合表4-10要求的标准。

表4-9 柔性风筒百米漏风率

风筒接头类型	胶接	双反边	多层反边	插接
$\eta_{100}/\%$	0.1~0.4	0.6~4.4	3.05	12.8

表4-10 柔性风筒的百米漏风率应符合的标准

通风距离/m	<200	200~500	500~1000	1000~2000	>2000
$\eta_{100}/\%$	<15	<10	<3	<2	<1.5

（2）风筒的有效漏风率，掘进工作面获得的风量 Q_b，占掘进通风机工作风量 Q_a 的百分数，称为风筒的有效风量率 P_e，其可用式（4-12）表示。

$$P_e = \frac{Q_b}{Q_a} \times 100\% = \frac{Q_a - Q_L}{Q_a} \times 100\% = (1 - \eta_L) \times 100\% \tag{4-12}$$

（3）风筒漏风的备用系数 φ 可用式（4-13）表示。

$$\varphi = \frac{Q_a}{Q_b} = \frac{1}{P_e} \tag{4-13}$$

风筒漏风的备用系数 φ 大于1，该值越大，表明风筒漏风越严重。

金属风筒的漏风主要发生在连接处，若把风筒的漏风看作是连续的，且漏风状态是紊流的，则金属风筒的漏风备用系数 φ 值为

$$\varphi = \left(1 + \frac{1}{3}KDn\sqrt{R_1 L_0}\right)^2 \tag{4-14}$$

式中　　K——相当于直径为1 m的金属风筒每个接头的漏风率，与风筒的连接质量和方式有关，如插接时 $\varphi = 0.0026 \sim 0.0032$，法兰盘连接用草绳垫圈时 $\varphi = 0.002 \sim 0.0026$，法兰盘连接用胶质垫圈时 $\varphi = 0.003 \sim 0.0016$；

　　　　n——风筒的接头数；

　　　　R_1——每米风筒的风阻，$N \cdot s^2/m^8$；

　　　　D——风筒直径，m；

　　　　L_0——风筒长度，m。

柔性风筒不仅接头漏风，在风筒全长上都有漏风，且漏风风量随风筒内风压增大而增大。将式（4-12）和式（4-13）代入式（4-14），得柔性风筒的 φ 值计算式为

$$\varphi = \frac{1}{1 - \eta_L} = \frac{1}{1 - \eta_{100} \times \frac{L_0}{100}} \tag{4-15}$$

柔性风筒的漏风若仅考虑接头漏风而忽略在风筒全长其他各处的漏风，则 $\eta_L \approx n\eta_j$，将其代入式（4-15），得到柔性风筒 φ 值的近似计算式：

$$\varphi \approx \frac{1}{1 - n\eta_j} \qquad (4-16)$$

式中　η_j——柔性风筒每个接头的漏风率，插接时，$\eta_j = 0.01 \sim 0.02$；螺圈反边接触时，$\eta_j = 0.005$。

4.2.3　引射器

引射器是一种输送流体的装置。如图 4-14 所示，引射器由喷管、引射管、混合管及扩散器所组成。高压流体从喷嘴喷出形成射流，卷吸周围部分空气一起前进，在引射管内形成一个低压区，使被引射的空气连续被吸进，与射流共同进入混合管，再经扩散器流出，此过程称为引射作用。显然，引射作用的实质是高压射流将自身的部分能量传递给被引射的流体。

地下空间工程中应用的引射器有水力引射器和压气引射器两种。水力引射器的结构如图 4-15 所示，工作水压一般在 1.5~3.0 MPa，超过 3.0 MPa 经济效益差，低于 0.5 MPa 引射效果差。压气引射器有两种：一种是中心喷嘴式引射器，另一种是环隙式引射器。

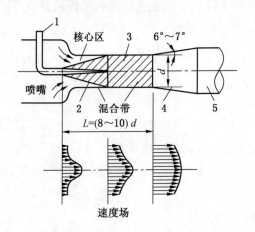

1—喷管；2—引射管；3—混合管；4—扩散器；5—风筒

图 4-14　引射器原理示意图

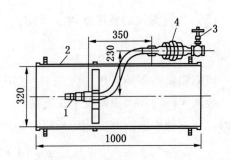

1—喷嘴；2—混合器；3—阀门；4—过滤网

图 4-15　水力引射器结构图

环隙式引射器的结构如图 4-16 所示，由压气接头、集风器、环形气室、凸缘、喷头和扩散器等组成。压气经过滤后，由进气管进入环形气室，从环缝喷口喷出，沿凸缘表面流动，并在凸缘表面附近产生负压区，使外界空气沿集风器流入，与高速射流混合后，通过扩散器，使动能大部分转化为压能，用以克服风筒阻力。环隙式引射器的工作气压一般在 0.4~0.5 MPa，环缝间隙宽度为 0.09~0.15 mm。引射风量为 40~140 m³/min，通风压力为 255~1080 Pa，耗气量 3~6 m³/min。

引射器的引射特性与射流的压力及喷口的结构和大小有关，射流压力升高，引射的风量和压力均增加，耗水（气）量也增加，为加大供风量和送风距离，除提高引射器的射流压力外，还可采取多台引射器分散串联工作。两台引射器串联间距至少应大于引射流场影响的长度。

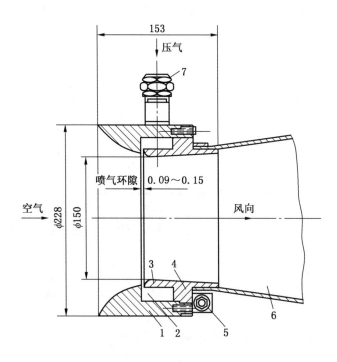

1—集风器；2—环形气室；3—凸缘；4—喷头；5—卡箍；6—扩散器；7—压气接头

图 4-16　环隙式引射器结构图

4.3　地下掘进工作面风量计算

地下空间工程独头工作面污浊空气的主要成分是爆破后炮烟及各种作业工序所产生的粉尘，故掘进工作面所需风量也就以排出炮烟及粉尘作为计算依据。

4.3.1　采煤工作面需风量

采煤工作面需风量应按瓦斯涌出量和爆破后的有害气体产生量以及工作面气象条件、风速和人数等规定分别进行计算，取其最大值。

1. 按照瓦斯涌出量计算

根据《煤矿安全规程》规定，按采煤工作面回风流中瓦斯浓度不超过 1% 的要求，采煤工作面需风量按式（4-17）计算。

$$Q_{fi} = 100 q_{gfi} k_{gfi} \tag{4-17}$$

式中　Q_{fi}——第 i 个采煤工作面需要风量，m^3/min；

q_{gfi}——第 i 个采煤工作面瓦斯的平均绝对涌出量，m^3/min，可根据该采煤工作面的煤层埋藏条件、地质条件、开采方法、顶板控制、瓦斯含量、瓦斯来源等因素进行计算。抽放矿井的瓦斯涌出量，应扣除瓦斯抽放量进行计算。生产矿井可按条件相似的工作面推算或按实际涌出量计算；

k_{gfi}——第 i 个采煤工作面瓦斯涌出不均衡的备用风量系数，它是该采煤工作面瓦斯绝对涌出量的最大值与平均值之比。生产矿井应在工作面正常生产条件下，观测 1 个月，取日最大绝对瓦斯涌出量与月平均日瓦斯绝对涌出量比值。新井设计、新采区等参考表 4-11 选取。

表4-11　各种采煤工作面瓦斯涌出不均匀的备用风量系数

采煤工作面	采煤工作面瓦斯涌出不均匀的备用风量系数
综采工作面	1.2 ~ 1.6
炮采工作面	1.4 ~ 2.0
水采工作面	2.0 ~ 3.0

当采煤工作面有其他有害气体涌出时，也应按有害气体涌出量和不均匀系数，使其稀释到《煤矿安全规程》规定的最高允许浓度进行计算。

2. 按照气象条件计算

根据采煤工作面空气温度选取适宜风速，采煤工作面需风量按式（4-18）计算。

$$Q_{fi} = 60 v S_v k_{fhi} k_{fli} \times 70\% \tag{4-18}$$

式中　Q_{fi}——第 i 个采煤工作面需要风量，m^3/min；

　　　v——采煤工作面适宜风速，m/s，见表 4-12；

　　　S_v——采煤工作面平均断面积，为最大和最小控顶断面的平均值，m^2；

　　　k_{fhi}——采煤工作面采高风量系数，参照《煤矿通风能力核定标准》（AQ 1056），见表 4-13；

　　　k_{fli}——采煤工作面长度风量系数参照《煤矿井工开采通风技术条件》（AQ 1028），见表 4-14；

　　　70%——采煤工作面有效通风断面系数。

表4-12　采煤工作面空气温度与风速对应表

采煤工作面温度/℃	采煤工作面风速/(m·s⁻¹)	采煤工作面温度/℃	采煤工作面风速/(m·s⁻¹)
<20	1.0	26 ~ 28	1.8 ~ 2.5
20 ~ 30	1.0 ~ 1.5	28 ~ 30	2.5 ~ 3.0
23 ~ 26	1.5 ~ 1.8		

表4-13　采煤工作面采高风量系数

采煤工作面采高/m	采煤工作面采高风量系数	采煤工作面采高/m	采煤工作面采高风量系数
<2.0	1.0	2.5 ~ 5.0 及放顶煤工作面	1.2
2.0 ~ 2.5	1.1		

表4-14　采煤工作面长度风量系数

采煤工作面长度/m	采煤工作面采高风量系数	采煤工作面长度/m	采煤工作面采高风量系数
<150	1.0	200~250	1.3~1.5
150~200	1.0~1.3	>250	1.5~1.7

3. 按使用炸药量计算

（1）每千克一级煤矿许用炸药爆破后稀释炮烟所需的新鲜风量最小为 25 m³/min，采煤工作面需风量，按式（4-19）计算。

$$Q_{fi} = 25A_i \tag{4-19}$$

式中　A_i——第 i 个采煤工作面一次爆破所用的最大一级煤矿许用炸药量。

（2）每千克二、三级煤矿许用炸药爆破后稀释炮烟所需的新鲜风量最小为 10 m³/min，采煤工作面需风量按式（4-20）计算。

$$Q_{fi} = 10A_i \tag{4-20}$$

式中　A_i——第 i 个采煤工作面一次爆破所用的最大二、三级煤矿许用炸药量。

4. 工作人员数量计算

每人应供给 4 m³/min 新鲜风量，采煤工作面需风量按式（4-21）计算。

$$Q_{fi} = 4N_i \tag{4-21}$$

式中　N_i——第 i 个采煤工作面同时工作的最多人数。

5. 按风速进行验算

按《煤矿安全规程》规定的最低和最高风速，采煤工作面需风量按式（4-22）验算需风量。

$$15S_i \leqslant Q_{fi} \leqslant 240S_i \tag{4-22}$$

式中　S_i——第 i 个采煤工作面的平均有效断面积。

采煤工作面有串联通风时，应满足《煤矿安全规程》的技术要求，并按上述规定分别进行计算取其最大值。

备用工作面需风量一般不得低于其采煤时需风量的 50%，且满足稀释瓦斯、其他有害气体和风速等《煤矿安全规程》规定的要求。

4.3.2　掘进工作面需风量

煤巷、半煤岩巷和岩巷掘进工作面的需风量，应按式（4-23）至式（4-31）分别计算，取其最大值。

1. 瓦斯涌出量

按瓦斯涌出量，掘进工作面需风量按式（4-23）计算。

$$Q_{di} = 100q_{gdi}k_{gdi} \tag{4-23}$$

式中　Q_{di}——第 i 个掘进工作面的需风量，m³/min；

q_{gdi}——第 i 个掘进工作面回风流中瓦斯的平均绝对瓦斯涌出量，m³/min。按该工作面煤层的地质条件、瓦斯含量和掘进方法等因素进行计算，抽放矿井的瓦斯涌出量，应扣除瓦斯抽放量。生产矿井可按条件相似的掘进工作面进

行计算;

k_{gdi}——第 i 个掘进工作面瓦斯涌出不均匀的备用风量系数,其含义和观测计算方法与采煤工作面的瓦斯涌出不均匀的备用风量系数相似。通常,综掘工作面取 $k_{gdi}=1.5\sim2.0$,炮掘工作面取 $k_{gdi}=1.8\sim2.5$。

当掘进工作面有其他有害气体时,应根据《煤矿安全规程》规定的允许浓度按式(4-23)计算所需风量。

2. 按使用炸药量计算

(1)每千克一级煤矿许用炸药爆破后稀释炮烟所需的新鲜风量最小为 25 m³/min,掘进工作面需风量按式(4-24)计算。

$$Q_{di}=25A_i \qquad (4-24)$$

式中 A_i——第 i 个掘进工作面一次爆破所用的最大一级煤矿许用炸药量。

(2)每千克二、三级煤矿许用炸药爆破后稀释炮烟所需的新鲜风量最小为 10 m³/min,掘进工作面需风量按式(4-25)计算。

$$Q_{di}=10A_i \qquad (4-25)$$

式中 A_i——第 i 个掘进工作面一次爆破所用的最大炸药量。

3. 按工作人员数量计算

每人应供给 4 m³/min 新鲜风量,掘进工作面需风量按式(4-26)计算。

$$Q_{di}=4N_i \qquad (4-26)$$

式中 N_i——第 i 个掘进工作面同时工作的最多人数。

4. 安装局部通风机巷道按岩巷、煤巷和半煤巷掘进计算需要风量

(1)岩巷掘进,掘进工作面需风量按式(4-27)计算。

$$Q_{di}=Q_{si}I_i+9S_i \qquad (4-27)$$

(2)煤巷和半煤巷掘进,掘进工作面需风量按式(4-28)计算。

$$Q_{di}=Q_{si}I_i+15S_i \qquad (4-28)$$

式中 Q_{si}——第 i 个掘进工作面局部通风机实际吸风量,m³/min。安设局部通风机的巷道中的风量,除满足局部通风机的吸风量外,还应保证局部通风机吸入口至掘进工作面之间的风速岩巷不小于 0.15 m/s、煤巷和半煤巷不小于 0.25 m/s,以防止局部通风机吸入循环风和这段距离内风流停滞,造成瓦斯积聚;

I_i——第 i 个掘进工作面同时通风的局部通风机台数;

S_i——第 i 个掘进工作面局部通风机至掘进工作面回风口之间巷道的净断面积。

5. 按风速进行验算

(1)按《煤矿安全规程》规定的最低风速,掘进工作面需风量分别按式(4-29)、式(4-30)验算最小风量。

无瓦斯涌出的岩巷:

$$Q_{di}\geqslant9S_i \qquad (4-29)$$

有瓦斯涌出的岩巷、半煤岩巷和煤巷:

$$Q_{di}\geqslant15S_i \qquad (4-30)$$

(2)按《煤矿安全规程》规定的最高风速,掘进工作面需风量按式(4-31)验算

最大风量。

$$Q_{di} \le 240 S_i \qquad (4-31)$$

式中 S_i——第 i 个掘进工作面巷道的净断面积。

4.3.3 硐室需风量

各个独立通风硐室的供风量，应根据不同类型的硐室分别进行计算。

1. 机电硐室

采区小型机电硐室，按经验值确定需风量可取 $60 \sim 80$ m³/min；发热量大的机电硐室，按硐室中运行的机电设备发热量按式（4-32）计算掘进工作面需风量。

$$Q_{ri} = \frac{3600 \sum W\theta}{\rho C_p \times 60 \Delta t} \qquad (4-32)$$

式中 Q_{ri}——第 i 个机电硐室的需风量，m³/min；

  $\sum W$——机电硐室中运转的电动机（或变压器）总功率（按全年中最大值计算），kW；

  θ——机电硐室的发热系数，可根据实际考察由机电硐室内机械设备运转时的实际热量转换为相当于电气设备容量做无用功的系数确定，也可按表4-15选取；

  ρ——空气密度，kg/m³，一般取 1.2 kg/m³；

  C_p——空气的定压比热，一般可取 1.0006 kJ/(kg·K)；

  Δt——机电硐室进、回风流的温度差，K。

表4-15 机电硐室发热系数（θ）表

机电硐室名称	发热系数	机电硐室名称	发热系数
空气压缩机房	0.20 ~ 0.23	变电所、绞车房	0.02 ~ 0.04
水泵房	0.01 ~ 0.03		

2. 爆破材料库

大型爆破材料库不得小于 100 m³/min，中小型爆破材料库不得小于 60 m³/min，且按库内空气每小时更换 4 次按式（4-33）计算掘进工作面需风量。

$$Q_{ri} = 4 \times \frac{V}{60} \qquad (4-33)$$

式中 Q_{ri}——第 i 个爆破材料库的需风量，m³/min；

  V——库房容积。

3. 充电硐室

按其回风流中氢气体积浓度不大于 0.5%，掘进工作面需风量按式（4-34）计算，但供风量不得小于 100 m³/min。

$$Q_{ri} = 200 q_{ri} \qquad (4-34)$$

式中 Q_{ri}——第 i 个充电硐室的需风量，m³/min；

q_{ri}——第 i 个充电硐室在充电时产生的氢气量，m^3/min。

4. 其他硐室

绞车房等其他独立通风硐室的需风量可取 $60 \sim 80\ m^3/min$，或按经验值选取。

4.3.4 其他用风巷道的需风量

其他用风巷道的需风量，应根据瓦斯涌出量、风速和煤矿用防爆型柴油动力装置机车功率分别进行计算，采用其最大值。

1. 按瓦斯涌出量计算

（1）采区内的其他用风巷道风量按式（4-35）计算。

$$Q_{ei} = 100 q_{gei} k_{gei} \qquad (4-35)$$

（2）采区外的其他用风巷道（总回风巷或一翼回风巷）风量按式（4-36）计算。

$$Q_{ei} = 135 q_{gei} k_{gei} \qquad (4-36)$$

式中　Q_{ei}——第 i 个其他用风巷道需风量，m^3/min；

　　　q_{gei}——第 i 个其他用风巷道的平均瓦斯绝对涌出量，m^3/min；

　　　k_{gei}——第 i 个其他用风巷道瓦斯涌出不均匀的风量备用系数，一般可取 $1.2 \sim 1.3$。

2. 按风速验算

（1）一般巷道风量，按式（4-37）验算。

$$Q_{ei} \geqslant 60 \times 0.15 S_{ei} \qquad (4-37)$$

（2）有瓦斯涌出的架线机车行走的巷道风量，按式（4-38）验算。

$$Q_{ei} \geqslant 60 \times 1.0 S_{ei} \qquad (4-38)$$

（3）无瓦斯涌出的架线机车行走的巷道风量，按式（4-39）验算。

$$Q_{ei} \geqslant 60 \times 0.5 S_{ei} \qquad (4-39)$$

（4）架线机车行走的巷道最高风量，按式（4-40）验算。

$$Q_{ei} \leqslant 60 \times 8 S_{ei} \qquad (4-40)$$

式中　S_{ei}——第 i 个其他用风巷道净断面积。

3. 按煤矿用防爆型柴油动力装置机车功率验算

煤矿用防爆型柴油动力装置机车行驶巷道的风量应当不小于 $4\ m^3/min$，按式（4-41）验算。

$$Q_{ei} = \sum 4 P_i \qquad (4-41)$$

式中　P_i——每台煤矿用防爆型柴油动力装置机车功率。

4.3.5 采区需风量

采区所需的总风量是采区内各用风地点需风量之和，并考虑适当的备用系数，按式（4-42）进行计算。

$$Q_p = \left(\sum Q_{pfi} + \sum Q_{pdi} + \sum Q_{pri} + \sum Q_{pei} \right) k_p \qquad (4-42)$$

式中　　　Q_p——采区所需总风量，m^3/min；

　　$\sum Q_{pfi}$——该采区内各采煤工作面和备用工作面所需风量之和，m^3/min；

　　$\sum Q_{pdi}$——该采区内各掘进工作面所需风量之和，m^3/min；

$\sum Q_{pri}$——该采区内各硐室所需风量之和，m^3/min；

$\sum Q_{pei}$——该采区内其他用风巷道风量之和，m^3/min；

k_p——采区漏风和配风不均匀等因素的备用风量系数，应从实测中统计求得，一般可取 $1.1 \sim 1.2$。

4.3.6 矿井总需风量

（1）矿井所需总风量是矿井井下各个用风地点需风量之和，并考虑漏风和配风不均匀等的备用风量系数，按式（4-43）进行计算。

$$Q_m = \left(\sum Q_{mfi} + \sum Q_{mdi} + \sum Q_{mri} + \sum Q_{mei} \right) k_m \tag{4-43}$$

式中　　Q_m——矿井所需总风量，m^3/min；

$\sum Q_{mfi}$——各采煤工作面和备用工作面所需风量之和，m^3/min；

$\sum Q_{mdi}$——各掘进工作面所需风量之和，m^3/min；

$\sum Q_{mri}$——各硐室所需风量之和，m^3/min；

$\sum Q_{mei}$——其他用风巷道所需风量之和，m^3/min；

k_m——矿井内部漏风和调风不均匀等因素的备用风量系数，通常可取 $1.15 \sim 1.25$。

（2）设计新井时，其他用风巷道所需风量难以计算时，也可以采取按采煤、掘进和硐室需风量总和的 0.05 进行计算，则矿井的总风量也可按式（4-44）进行计算。

$$Q_m = \left(\sum Q_{mfi} + \sum Q_{mdi} + \sum Q_{mri} + \sum Q_{mei} \right) k_m \times 1.05 \tag{4-44}$$

4.4 局部通风机选择

4.4.1 局部通风机供风量

由于风筒存在漏风，局部通风机供风量 Q_t 应按式（4-45）计算。

$$Q_t = \varphi Q_0 \tag{4-45}$$

式中　φ——漏风风量备用系数；

Q_0——风筒末端风量，m^3/s。

4.4.2 局部通风机风压

局部通风机风压要克服风筒的通风阻力及风流出口的动压损失，局部通风机全压按式（4-46）计算。

$$H_t = h + h_0 = RQ_m^2 + \frac{Q_m^2 \rho}{2S^2} \tag{4-46}$$

又因为

$$Q_m = \sqrt{Q_t Q_0} \tag{4-47}$$

把式（4-45）和式（4-47）代入式（4-46），整理后得：

$$H_t = \varphi \left(R + \frac{\rho}{2S^2} \right) Q_0^2 \tag{4-48}$$

式中　H_t——局部通风机的全压，Pa；

　　　　h——风筒的通风阻力，Pa；

　　　　h_0——风流出口的动压损失，Pa；

　　　　R——风筒的风阻，$N \cdot s^2/m^8$；

　　　　Q_m——流过风筒的平均风量，m^3/s；

　　　　S——风筒或局部通风机的出口的断面积，m^2。

4.4.3　根据供风量和风压选择局部通风机

局部通风机分轴流式和离心式两种。地下空间工程常用局部通风机多为轴流式，局部通风机体积小，效率也较高，但噪声较大。

目前，我国生产的轴流式局部通风机有防爆型系列、非防爆型系列。

4.5　长风道、竖井掘进通风

地下空间工程施工常要掘进长距离风道，掘进这类风道时，多采用局部通风机通风。为了获得良好的通风效果，需要注意以下五方面的问题。

（1）通风方式要选择得当，一般采用混合式通风。

（2）条件许可时，尽量选用大直径的风筒，以降低风筒风阻，提高有效风量。

（3）保证风筒接头的质量，根据实际情况，尽量增加每节风筒的长度，减少风筒接头处的漏风。

（4）风筒悬吊力求"平""直""紧"，以消除局部阻力。

（5）要有专人负责，经常检查和维修。

有时还要用以下两种方法来解决长距离风道掘进时的通风问题。

4.5.1　采用局部通风机串联通风

在没有高风压局部通风机的情况下，可用多台局部通风机串联工作。按局部通风机布置方式不同，分为集中串联和间隔串联，如图 4 – 17 所示。

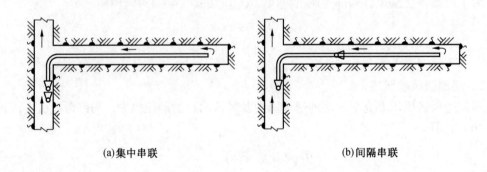

(a)集中串联　　　　　　　　　　　　　　(b)间隔串联

图 4 – 17　局部通风机串联方式

在相同条件（风机和风筒）下，一般集中串联比间隔串联漏风大，这是因为漏风量的大小与风筒内外压差有关。图 4 – 18 所示为局部通风机集中串联和间隔串联时的风压分布图。显然，与间隔串联时风筒内外压差比较，集中串联时风筒内外压差成倍增加。

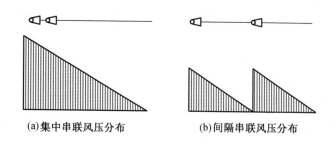

(a)集中串联风压分布　　　(b)间隔串联风压分布

图4-18　局部通风机串联及其压力分布图

采用柔性风筒进行局部通风机串联通风时,应使风筒内不出现负压区,以防止柔性风筒被抽瘪。当风筒全长为 l ,串联局部通风机台数为 n ,串联局部通风机的间距 D 应符合式(4-49)。

$$D < \frac{l}{n} \tag{4-49}$$

综上所述,无论哪种局部通风机串联通风都存在一定的缺点。一般情况下,尽可能不用局部通风机串联通风,应力求提高风筒制造和安装质量,加强管理,减少漏风,发挥单台局部通风机效能。

4.5.2　利用钻孔和局部通风机配合通风

当掘进距离地表较远的长风道时,可以借助钻孔通风(图4-19),新鲜风流由风道进,乏风风流由安装在钻孔上的局部通风机抽至地面。

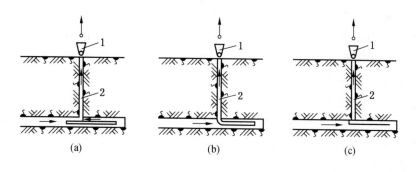

(a)　　　　　(b)　　　　　(c)

1—局部通风机;2—钻孔

图4-19　钻孔与局部通风机配合通风方式

4.6　掘进通风系统设计

根据开拓、开采巷道布置,掘进区域煤岩层的自然条件以及掘进工艺,确定合理的掘进通风方法及其布置方式,选择风筒类型和直径,计算风筒出入口风量,计算风筒通风阻力,选择掘进通风机等工作,称之为掘进通风系统设计。

4.6.1 掘进通风系统设计原则

掘进通风是地下空间工程通风系统的一个重要组成部分，其新鲜风流取自矿井主风流，其乏风风流又排入矿井主风流。设计原则可归纳如下：

（1）掘进通风系统设计应为掘进通风创造条件。

（2）掘进通风系统要安全可靠，经济合理，技术先进。

（3）尽量采用技术先进的低噪、高效型掘进通风机。

（4）压入式通风宜用柔性风筒，抽出式通风宜用带刚性骨架的可伸缩风筒或刚性风筒，风筒材质应选择阻燃、抗静电型。

（5）当一台风机不能满足通风要求时，可考虑用多台风机联合运行。

4.6.2 掘进通风设计步骤

（1）确定掘进通风系统，绘制掘进巷道通风系统布置图。

（2）按通风方法和最大通风距离，选择风筒类型与直径。

（3）计算风机风量和风筒出口风量。

（4）按掘进巷道通风长度变化，分阶段计算掘进通风系统总阻力。

（5）按计算所得掘进通风机设计风量和风压，选择掘进通风机。

（6）按地下工程灾害特点，选择配套安全技术装备。

1. 风筒的选择

选用风筒要与掘进通风机选型一并考虑，其原则如下：

（1）风筒直径能保证最大通风长度时，掘进通风机供风量能满足工作面通风的要求。

（2）风筒直径主要取决于送风量及送风距离。送风量大，距离长，风筒直径应大些，以降低风阻，减少漏风，节约通风电耗。此外，还应考虑巷道断面的大小，使风筒不至于影响运输和行人的安全。一般来说，立井凿井时，选用 $600 \sim 1000$ mm 的铁风筒或玻璃钢风筒；当送风距离在 200 m 以内，送风量不超过 $2 \sim 3$ m³/s 时，可用直径为 $300 \sim 400$ mm 的风筒；当送风距离为 $200 \sim 500$ m 时，可用直径为 $400 \sim 500$ mm 的风筒；当送风距离为 $500 \sim 1000$ m 时，可用直径为 $800 \sim 1000$ mm 的风筒。大断面长距离巷道掘进通风时，宜选用直径不小于 1 m 的风筒。

2. 掘进通风机的选型

已知井巷掘进所需风量和所选用的风筒，即可求解风筒的通风阻力。根据风量和风筒的通风阻力，在可供选择的各种通风动力设备中选用合适的设备。

1）确定掘进通风机的工作参数

根据掘进工作面所需的风量 Q_h 和风筒的漏风情况，用式（4-50）计算风机的工作风量 Q_s。

$$Q_s = \varphi Q_h \qquad (4-50)$$

式中 φ——漏风量备用系数。

压入式通风时，设风筒出口动压损失为 h_{v0}，则掘进通风机全风压 H_t 为

$$H_t = R_f Q_a Q_h + h_{v0} = R_f Q_a Q_h + 0.811 \rho \frac{Q_h^2}{D^4} \qquad (4-51)$$

式中 R_f——压入式风筒的总风阻，N·s²/m⁸；

H_t——局部通风机的全压，Pa；

Q_a——风筒末端风量，m³/s；

Q_h——风筒始端风量，m³/s；

h_{v0}——动压损失，Pa；

ρ——空气密度，kg/m³；

D——风筒直径，m。

抽出式通风时，设风筒入口局部阻力系数 $\xi_e=0.5$，则掘进通风机的静风压 H_s 为

$$H_s = R_f Q_a Q_h + 0.406\rho \frac{Q_h^2}{D^4} \qquad (4-52)$$

2）选择掘进通风机

根据需要的 Q_s 和 H_t 值在种类掘进通风机特性曲线上，确定掘进通风机的合理工作范围，选择长期运行效率较高的掘进通风机。

参考习题

1. 结合图形比较压入式通风和抽出式通风的布置方式和工作原理。
2. 简述引射器通风的原理、优缺点及适用条件。
3. 简述压入式通风的排烟过程及其技术要求。
4. 简述矿井全风压通风的分类及工作原理。
5. 试述混合式通风的适用场合及其布置方式。
6. 简述有效射程、有效吸程、炮烟抛掷区的含义。
7. 可控循环通风的含义及其优缺点、适用条件是什么？
8. 掘进长距离风道进行通风时应注意哪几个问题？
9. 简述如何按照风速验算风量。
10. 简述风筒有效风量率、漏风率、漏风系数的含义及其相互关系。
11. 影响风筒阻力的主要因素有哪些？
12. 试述掘进通风设计步骤。
13. 掘进通风时风筒选择的原则是什么？
14. 保证掘进通风安全顺利进行的措施有哪些？
15. 某岩巷掘进长度为 300 m，断面积为 8 m²，风筒漏风系数为 1.19，一次爆破炸药量为 10 kg，采用压入式通风，通风时间为 20 min，求该掘进工作面所需风量。若该岩巷掘进长度延至 700 m，风筒漏风系数为 1.38，求该掘进工作面所需风量。
16. 某岩巷掘进长度为 400 m，断面积为 6 m²，一次爆破最大炸药量为 10 kg，采用抽出式通风，通风时间为 15 min，求该掘进工作面所需风量。
17. 某岩巷掘进长度为 1000 m，用混合式（长抽短压）通风，断面积为 8 m²，一次爆破炸药量为 10 kg，抽出式风筒距工作面 40 m，通风时间为 20 min。试计算工作面需风量和抽出式风筒的吸风量。
18. 某煤巷掘进长度为 500 m，断面积为 7 m²，采用爆破掘进方法，一次爆破炸药量

为 6 kg，若最大瓦斯涌出量为 2 m³/min，求掘进工作面所需风量。

19. 掘进通风系统设计原则是什么？

20. 简述刚性风筒和柔性风筒的适用场合和使用方法。

21. 某风筒长 1000 m，直径为 800 mm，接头风阻 $R_j = 0.2$ N·s²/m⁸，节长 50 m，风筒摩擦阻力系数为 0.003 N·s²/m⁴，风筒拐两个 90° 弯，试计算风筒的总风阻。

22. 为开拓新区而掘进的运输大巷，长度为 1800 m，断面积为 12 m²，一次爆破炸药量为 15 kg，若风筒选直径为 600 mm 的胶布风筒，双反边连接，风筒节长 50 m，风筒百米漏风率为 1%。试进行该巷道掘进局部通风设计。

（1）计算工作面需风量。

（2）计算局部通风机工作风量和风压。

（3）选择局部通风机型号、规格和台数。

（4）若风筒选直径为 800 mm 的胶布风筒，其他条件不变时，再重新选择局部通风机的型号、规格和台数。

5　地下工程形成后通风

5.1　隧道运营通风

5.1.1　公路隧道运营通风

1. 公路隧道运营的卫生标准

在车辆的行驶过程中，隧道内的有害气体浓度不断升高，其中 CO、NO_2 浓度达到一定量值时将引起驾乘人员的身体不适；烟尘浓度过高会降低隧道内的能见度而影响行车安全。因此，必须进行隧道通风使空气组成成分能够满足隧道内行车安全、卫生、舒适的要求。《公路隧道通风设计细则》(JTG/T D70/2—02—2014) 规定，公路隧道设计行车安全标准以稀释机动车排放的烟尘为主；公路隧道设计行车卫生标准以稀释机动车排放的一氧化碳（CO）为主，必要时可考虑稀释二氧化氮（NO_2）；公路隧道设计行车舒适性标准以换气稀释机动车带来的异味为主。

1）烟尘设计浓度

隧道内烟尘设计浓度 K 取值应符合下列规定：

（1）采用显色指数为 33～60、相关色温为 2000～3000 K 的钠光源时，烟尘设计浓度 K 应按表 5-1 取值。

表5-1　烟尘设计浓度 K（钠光源）

设计速度 v_t/(km·h⁻¹)	$v_t \geqslant 90$	$60 \leqslant v_t \leqslant 90$	$50 \leqslant v_t < 90$	$30 < v_t < 50$	$v_t \leqslant 30$
烟尘设计浓度 K/m⁻¹	0.0065	0.0070	0.0075	0.0090	0.0120*

注：*此工况下应采取交通管制或关闭隧道等措施。

（2）采用显色指数大于或等于 65、相关色温为 3300～6000 K 的荧光灯、LED 灯等光源时，烟尘设计浓度 K 应按表 5-2 取值。

表5-2　烟尘设计浓度 K（荧光灯、LED 灯等光源）

设计速度 v_t/(km·h⁻¹)	$v_t \geqslant 90$	$60 \leqslant v_t \leqslant 90$	$50 \leqslant v_t < 90$	$30 < v_t < 50$	$v_t \leqslant 30$
烟尘设计浓度 K/m⁻¹	0.0050	0.0065	0.0070	0.0075	0.0120*

注：*此工况下应采取交通管制或关闭隧道等措施。

（3）双洞单向交通临时改为单洞双向交通时，隧道内烟尘允许浓度不应大于 0.0120 m⁻¹。

（4）隧道内养护维修时，隧道作业段空气的烟尘允许浓度不应大于 0.0030 m^{-1}。

2）一氧化碳（CO）和二氧化氮（NO$_2$）设计浓度

隧道内 CO 和 NO$_2$ 的设计浓度取值应符合下列规定：

（1）正常交通时，隧道内 CO 设计浓度可按表 5 - 3 取值。

表 5 - 3　CO 设 计 浓 度 δ_{CO}

隧道长度 L/m	≤1000	≥3000
δ_{CO}/(cm^3·m^{-3})	150	100

注：隧道长度为 1000 m < L < 3000 m 时，可按线性内插法取值。

（2）交通阻滞时，阻滞段的平均 CO 设计浓度 δ_{CO} 可取 150 cm^3/m^3，同时经历时间不宜超过 20 min。

（3）隧道内 20 min 内的平均 NO$_2$ 设计浓度 δ_{NO_2} 可取 1.0 cm^3/m^3。

（4）人车混合通行的隧道，隧道内 CO 设计浓度不应大于 70 cm^3/m^3，隧道内 60 min 内 NO$_2$ 设计浓度不应大于 0.2 cm^3/m^3。

（5）隧道内养护维修时，隧道作业段空气中的 CO 允许浓度不应大于 30 cm^3/m^3，NO$_2$ 允许浓度不应大于 0.12 cm^3/m^3。

3）换气要求

隧道内换气要求应符合下列规定：

（1）隧道空间最小换气频率不应低于每小时 3 次。

（2）采用纵向通风的隧道，隧道换气风速不应低于 1.5 m/s。

2. 需风量计算

《公路隧道通风设计细则》（JTG/T D70/2 - 02—2014）对于需风量计算的一般规定有：

（1）设计小时交通量以及相对应的机动车有害气体排放量均应与各设计目标年份相匹配。

（2）机动车有害气体基准排放量宜均以 2000 年为起点，按每年 2% 的递减率计算至设计目标年份获得的排放量，作为隧道通风设计目标年份的基准排放量，最大折减年限不宜超过 30 年。

（3）当隧道所在路段交通组成中有新型环保发动机车辆时，其有害气体排放量应该单独计算。

（4）确定需风量时，应对稀释烟尘、CO 按隧道设计速度以下各工况车速 10 km/h 为一档分别进行计算，并计算交通阻滞和换气的需风量，取较大者作为设计需风量。

1）稀释烟尘需风量

烟尘排放量可按式（5 - 1）计算。

$$Q_{VI} = \frac{1}{3.6 \times 10^6} q_{VI} f_{a(VI)} f_d f_{h(VI)} f_{iv(VI)} L \sum_{m=1}^{n} \left[N_m f_{m(VI)} \right] \qquad (5 - 1)$$

式中　　Q_{VI}——隧道烟尘排放量，m^3/s；

q_{VI}——设计目标年份的烟尘基准排放量，$m^3/(辆 \cdot km)$，2000 年的烟尘基准排放量应取 $2.0\ m^3/(辆 \cdot km)$；

$f_{a(VI)}$——考虑烟尘的车况系数，对高速、一级公路取 1.0，对二、三、四级公路取 1.2~1.5；

f_d——车密度系数，按表 5 - 4 取值；

$f_{h(VI)}$——考虑烟尘的海拔高度系数，按图 5 - 1 取值；

$f_{iv(VI)}$——考虑烟尘的纵坡 – 车速系数，按表 5 - 5 取值；

L——隧道长度，m；

n——柴油车车辆类别数；

N_m——相应车型的交通量，辆/h；

$f_{m(VI)}$——考虑烟尘的柴油车车型系数，按表 5 - 6 取值。

稀释烟尘的需风量可按式（5 - 2）计算。

$$Q_{req(VI)} = \frac{Q_{VI}}{K} \qquad (5-2)$$

式中　$Q_{req(VI)}$——隧道稀释烟尘的需风量，m^3/s；

K——烟尘设计浓度，m^{-1}。

表 5 - 4　车密度系数 f_d

工况车速/$(km \cdot h^{-1})$	100	80	70	60	50	40	30	20	10
f_d	0.6	0.75	0.85	1	1.2	1.5	2	3	6

表 5 - 5　考虑烟尘的纵坡 – 车速系数 $f_{iv(VI)}$

工况车速/$(km \cdot h^{-1})$	隧道行车纵坡方向 i/%								
	-4	-3	-2	-1	0	1	2	3	4
80	0.3	0.40	0.55	0.80	1.30	2.60	3.70	4.40	—
70	0.3	0.40	0.55	0.80	1.10	1.80	3.10	3.90	—
60	0.3	0.40	0.55	0.75	1.00	1.45	2.20	2.95	3.70
50	0.3	0.40	0.55	0.75	1.00	1.45	2.20	2.95	3.70
40	0.3	0.40	0.55	0.70	0.85	1.10	1.45	2.20	2.95
30	0.3	0.40	0.50	0.60	0.72	0.90	1.10	1.45	2.00
10~20	0.3	0.36	0.40	0.50	0.60	0.72	0.85	1.03	1.25

表 5 - 6　考虑烟尘的柴油车车型系数 $f_{m(VI)}$

小型客车、轻型客车	中型客车	重型货车、大型客车	拖挂车、集装箱车
0.4	1.0	1.5	3.0

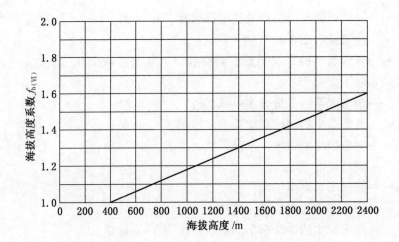

图 5-1　考虑烟尘的海拔高度系数 $f_{h(VI)}$

2）稀释 CO 需风量

CO 的排放量可按式（5-3）计算。

$$Q_{CO} = \frac{1}{3.6 \times 10^6} q_{CO} f_a f_d f_h f_{iv} L \sum_{m=1}^{n} (N_m f_m) \qquad (5-3)$$

式中　Q_{CO}——隧道 CO 排放量，m^3/s；

$\quad\quad q_{CO}$——设计目标年份的 CO 基准排放量，$m^3/(辆·km)$，正常交通时，2000 年的 CO 基准排放量应取 $0.007\ m^3/(辆·km)$，交通阻滞时取 $0.015\ m^3/(辆·km)$；

$\quad\quad f_a$——考虑 CO 的车况系数，对高速、一级公路取 1.0，对二、三、四级公路取 1.1~1.2；

$\quad\quad f_d$——车密度系数，按表 5-4 取值；

$\quad\quad f_h$——考虑 CO 的海拔高度系数，按图 5-2 取值；

$\quad\quad f_{iv}$——考虑 CO 的纵坡-车速系数，按表 5-7 取值；

$\quad\quad n$——柴油车车辆类别数；

$\quad\quad N_m$——相应车型的交通量，辆/h；

$\quad\quad L$——隧道长度，m；

$\quad\quad f_m$——考虑 CO 的柴油车车型系数，按表 5-8 取值。

表 5-7　考虑 CO 的纵坡-车速系数 f_{iv}

工况车速/(km·h⁻¹)	隧道行车纵坡方向 i/%								
	0.4	0.3	0.2	0.1	0	1	2	3	4
100	1.2	1.2	1.2	1.2	1.2	1.4	1.4	1.4	1.4
70	1.0	1.0	1.0	1.0	1.0	1.0	1.0	1.2	1.2

表5-7（续）

工况车速/(km·h⁻¹)	隧道行车纵坡方向 i/%								
	0.4	0.3	0.2	0.1	0	1	2	3	4
60	1.0	1.0	1.0	1.0	1.0	1.0	1.0	1.0	1.2
50	1.0	1.0	1.0	1.0	1.0	1.0	1.0	1.0	1.0
40	1.0	1.0	1.0	1.0	1.0	1.0	1.0	1.0	1.0
30	0.8	0.8	0.8	0.8	0.8	1.0	1.0	1.0	1.0
20	0.8	0.8	0.8	0.8	0.8	1.0	1.0	1.0	1.0
10	0.8	0.8	0.8	0.8	0.8	0.8	08	0.8	0.8

表5-8　考虑CO的车型系数 f_m

车　型	各种柴油车	汽　车			
		小客车	旅行车、轻型货车	中型货车	大型货车、拖挂车
f_m	1.0	1.0	2.5	3.2	7.0

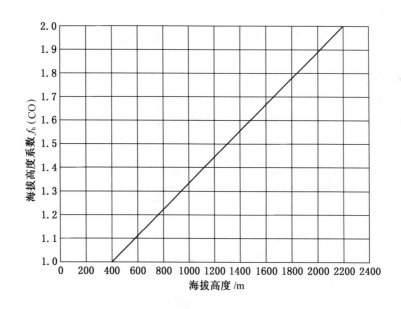

图5-2　考虑CO的海拔高度系数 f_h

稀释CO的需风量可按式（5-4）计算。

$$Q_{req(CO)} = \frac{Q_{CO}}{\delta} \times \frac{p_0}{p} \times \frac{T}{T_0} \times 10^6 \tag{5-4}$$

式中　$Q_{req(CO)}$——隧道稀释CO的需风量，m^3/s；

　　　　δ——CO浓度；

p_0——标准大气压，kN/m^2，取 101.325 kN/m^2；

　p——隧址大气压，kN/m^2；

T_0——标准气温，K，取 237 K；

　T——隧址夏季气温，K。

3. 通风方式

公路隧道的通风方式按照送风形态、空气流动状态、送风原理等可分为自然通风和机械通风两种方式。机械通风又可分为纵向式通风、横向式通风、半横向式通风以及混合式通风。

1）自然通风

自然通风方式不设置通风设备，是利用洞口间的自然风压或汽车行驶的活塞作用产自然通风方式不设置通风设备，是利用洞口间的自然风压或汽车行驶的活塞作用产于公路隧道，用下列经验公式作为区分自然通风与机械通风的界限：

$$LN \geqslant 6 \times 10^5（机械通风） \tag{5-5}$$

$$LN < 6 \times 10^6（自然通风） \tag{5-6}$$

式中　L——隧道长度，m；

　　　N——车流量，辆/h。

2）机械通风

（1）纵向式通风分为全射流纵向通风、通风井排出式纵向通风、通风井送排式纵向通风。

① 全射流纵向式通风是利用射流风机产生高速气流，推动前方空气在隧道内形成纵向流动，使新鲜空气从一侧洞口流入，污染空气从另一侧洞口流出的一种通风方式。

a）隧道内的压力平衡：全射流纵向式通风模式图如图 5-3 所示。

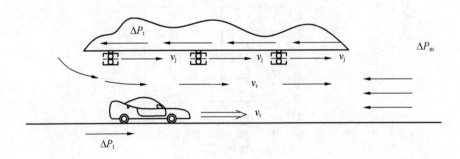

图 5-3　全射流纵向式通风模式图

当隧道内风流稳定后，根据伯努利方程可得：

$$\Delta P = \Delta P_r + \Delta P_m - \Delta P_t \tag{5-7}$$

式中　ΔP——射流风机提供的通风压力，N/m^2；

　　　ΔP_r——隧道摩擦阻力和出入口局部阻力损失，N/m^2；

　　　ΔP_m——自然风产生的风压，N/m^2；

ΔP_t——交通风产生的风压，N/m^2。

ΔP_r 是气流出入隧道洞口产生的局部阻力损失与气流在隧道内流动产生的沿程阻力损失之和，其值可按式（5-8）计算。

$$\Delta P_r = \left(\xi_e + \xi_0 + \lambda \frac{L}{D_r} \right) \frac{\rho}{2} v_r^2 \qquad (5-8)$$

式中　ξ_e——隧道入口局部阻力系数，一般取 0.6；

　　　ξ_0——隧道出口局部阻力系数，一般取 1；

　　　λ——与隧道衬砌表面相对粗糙度有关的摩擦阻力系数；

　　　L——隧道长度，m；

　　　D_r——隧道净空断面当量直径，m，$D_r = \dfrac{4A_r}{C_r}$；

　　　A_r——隧道净空断面面积，m^2；

　　　C_r——隧道断面周长，m；

　　　v_r——隧道内设计风速，m/s，$v_r = \dfrac{Q_{req}}{A_r}$。

ΔP_m 是自然风产生的风压，其与交通风方向一致时产生推力，相反时产生阻力，其值可按式（5-9）计算。

$$\Delta P_m = \left(\xi_e + \xi_0 + \lambda \frac{L}{D_r} \right) \frac{\rho}{2} v_n^2 \qquad (5-9)$$

式中　v_n——自然风作用引起的洞内风速，m/s。

单洞双向交通隧道交通风产生的风压 ΔP_t 可按式（5-10）计算。

$$\Delta P_t = \frac{A_m}{A_r} \times \frac{\rho}{2} n_+ + (v_{t(+)} - v_r)^2 - \frac{A_m}{A_r} \times \frac{\rho}{2} n_- - (v_{t(-)} - v_r)^2 \qquad (5-10)$$

式中　A_m——汽车等效阻抗面积，m^2；

　　　n_+——隧道内与 v_r 同向的车辆数，辆，$n_+ = \dfrac{N_+ L}{3600 v_{t(+)}}$；

　　　n_-——隧道内与 v_r 反向的车辆数，辆，$n_- = \dfrac{N_- L}{3600 v_{t(-)}}$；

　　　N_+——隧道内与 v_r 同向的设计高峰小时交通量，辆/h；

　　　N_-——隧道内与 v_r 反向的设计高峰小时交通量，辆/h；

　　　v_r——隧道设计风速，m/s，$v_r = \dfrac{Q_r}{A}$；

　　　Q_r——隧道设计风量，m^3/s；

　　　$v_{t(+)}$——与 v_r 同向的各工况车速，m/s；

　　　$v_{t(-)}$——与 v_r 反向的各工况车速，m/s。

单向交通隧道交通风产生的风压 ΔP_t 可按式（5-11）计算。

$$\Delta P_t = \frac{A_m}{A_r} \times \frac{\rho}{2} n_c (v_t - v_r)^2 \qquad (5-11)$$

式中 n_c——隧道内车辆数，辆，$n_c = \dfrac{NL}{3600v_t}$；

$\qquad v_t$——各工况车速，m/s。

b）射流风机升压力与所需台数计算。

每台射流风机升压力按式（5-12）计算。

$$\Delta P_j = \rho v_j^2 \frac{A_j}{A_r}\left(1 - \frac{v_r}{v_j}\right)\eta \qquad (5-12)$$

式中 ΔP_j——单台射流风机的升压力，N/m²；

$\qquad v_j$——射流风机吹出风的风速，m/s；

$\qquad v_r$——隧道内设计风速，m/s；

$\qquad A_j$——射流风机风口面积，m²；

$\qquad A_r$——隧道净空断面面积，m²；

$\qquad \eta$——射流风机位置摩阻损失折减系数，当隧道同一断面布置 1 台射流风机时，可按表 5-9 取值；当隧道同一断面布置 2 台或 2 台以上射流风机时，取 0.7。

表 5-9 单台射流风机位置摩阻损失折减系数

$\dfrac{Z}{D_f}$	1.5	1.0	0.7	图示
η	0.91	0.87	0.85	

射流风机台数按式（5-13）计算。

$$i = \frac{\Delta P_r + \Delta P_m - \Delta P_t}{\Delta P_j} \qquad (5-13)$$

式中 i——射流风机台数，台；

$\qquad \Delta P_j$——单台射流风机的升压力，N/m²；

$\qquad \Delta P_r$——射流风机提供的通风压力，N/m²；

$\qquad \Delta P_m$——自然风产生的风压，N/m²；

$\qquad \Delta P_t$——交通风产生的风压，N/m²。

② 通风井排出式纵向通风的通风设施由竖井、风道和风机组成。当隧道为单向交通隧道时，竖井宜设置在隧道出口侧位置。当隧道为双向交通隧道时，竖井宜设置在隧道纵向长度中部位置。风机的工作方式为排风式，新鲜空气经由两侧洞口进入隧道，污染空气经由竖井排出隧道。采用通风井排出的纵向式通风，隧道有害气体浓度最大的地方是竖井。在这里应该加强对有害气体的检测。通风井排出式可以变为通风井送入式，只要将风机的工作方式由排风式改变为送风式即可。

a）双向交通隧道通风井排出式纵向通风设计：双向交通隧道通风井排出式纵向通风方式的压力模式如图 5-4 所示。

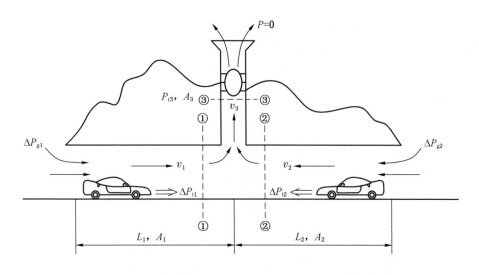

图 5-4　双向双向交通隧道通风井排出式纵向通风方式的压力模式图

双向交通隧道集中排风的纵向式通风所需风压为

$$\Delta P = \Delta P_0 + \Delta P_s \qquad (5-14)$$

式中　ΔP_0——隧道洞口的空气与通风井底部隧道内空气的压力差，N/m^2；

　　　　ΔP_s——竖井的摩擦阻力及出入口损失，N/m^2。

ΔP_0 的值按式（5-15）计算。

$$\Delta P_0 = \Delta P_r \pm \Delta P_t \pm \Delta P_m \qquad (5-15)$$

式中　ΔP_0——隧道摩阻力及入口局部损失之和，N/m^2；

　　　　ΔP_t——交通风产生的风压，N/m^2；

　　　　ΔP_m——隧道洞口与压力基准点的等效压差，一般可取一端洞口为基准点，在无实测资料时可取 10 Pa。

以上三部分根据其对通风是否有利从而取正值或者负值。

竖井左右两侧的隧道段分别计算 ΔP_0，取二者的较大值作为设计值。

ΔP_s 的值按式（5-16）计算。

$$\Delta P_s = \left(\zeta_s + \zeta_0 + \lambda_s \frac{L_s}{D_s} \right) \frac{\rho}{2} v_s^2 \qquad (5-16)$$

式中　ζ_s——汇流及弯曲损失系数；

　　　　ζ_0——竖井出口局部阻力系数；

　　　　λ_s——与竖井表面相对糙度有关的摩擦阻力系数；

　　　　L_s——竖井高度，m；

　　　　D_s——竖井净空断面当量直径，m，$D_s = \dfrac{4A_s}{C_s}$；

A_s——竖井净空断面面积，m^2；

C_s——竖井断面周长，m；

v_s——竖井内设计风速，m/s。

b）单向交通隧道分流型通风井排出式纵向通风设计：当单向交通隧道在出口附近有较严格的环境要求，即不允许洞内污染空气吹出洞外（出口）的情况时，宜采用通风井排出式纵向通风方式。单向交通隧道分流型通风井排出式纵向通风方式的压力模式如图 5 - 5 所示。

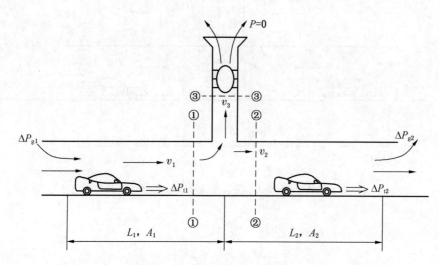

图 5 - 5　单向交通隧道通风井排出式纵向通风方式的压力模式

③ 通风井送排式纵向通风方式设置有送风井和排风井，隧道内的污染空气从排风井排出，新鲜空气从送风井进入隧道，此通风方式能有效利用交通风压力，运用于单向交通的长大公路隧道。对于近期为双向交通，远期为单向交通的隧道，也可采用此通风方式。此通风方式的通风模式如图 5 - 6 所示。

a）送排风口升压力计算，沿隧道纵轴线建立动量方程，则

$$A(P_{r1} - P_{r2}) = \rho Q_s v_{r2} + \rho Q_e v_e \cos\alpha - \rho Q_{r1} v_{r2} \tag{5-17}$$

$$A(P_{r3} - P_{r4}) = \rho Q_{r4} v_{r4} + \rho Q_b v_b \cos\beta - \rho Q_s v_{r3} \tag{5-18}$$

式中　　　　　　　　　　A——隧道断面积，m^2；

P_{r1}、P_{r2}、P_{r3}、P_{r4}——断面 1、2、3、4 的静压，N/m^2；

v_{r1}、v_{r2}、v_{r3}、v_{r4}——断面 1、2、3、4 的风速，m/s；

Q_{r1}、Q_{r4}、Q_s——断面 1、4 及隧道内的风量，m^3/s；

v_e——排风口的风速，m/s；

Q_e——排风口的风量，m^3/s；

v_b——送风口的风速，m/s；

Q_b——送风口的风量，m^3/s；

α、β——排风道、送风道外段与隧道夹角，（°）。

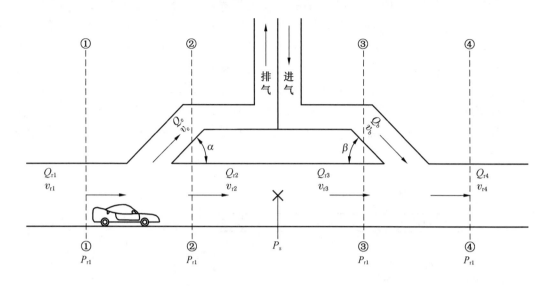

图 5-6 通风井送排式纵向通风模式图

根据连续性方程得到 $Q_s = Q_{r1} - Q_e$，因此 $v_{r2} = \dfrac{Q_s}{A} = v_{r1}\left(\dfrac{1 - Q_e}{Q_{r1}}\right)$，代入式（5-17）可得：

$$P_{r1} - P_{r2} = 2\frac{Q_e}{Q_{r1}}\left(\frac{Q_e}{Q_{r1}} - 2 + \frac{v_e}{v_{r1}}\cos\alpha\right)\frac{\rho v_{r1}^2}{2} \tag{5-19}$$

同理可得：

$$P_{r3} - P_{r4} = 2\frac{Q_b}{Q_{r4}}\left(2 - \frac{Q_b}{Q_{r4}} - \frac{v_b}{v_{r4}}\cos\beta\right)\frac{\rho v_{r4}^2}{2} \tag{5-20}$$

令 $P_{r2} - P_{r1} = \Delta P_e$，$P_{r4} - P_{r3} = \Delta P_b$，分别称为排风口和送风口的升压力，分别代入式（5-19）、式（5-20）得：

$$\Delta P_e = 2\frac{Q_e}{Q_{r1}}\left(2 - \frac{v_e}{v_{r1}}\cos\alpha - \frac{Q_e}{Q_{r1}}\right)\frac{\rho v_{r1}^2}{2} \tag{5-21}$$

$$\Delta P_b = 2\frac{Q_b}{Q_{r4}}\left(\frac{Q_b}{Q_{r4}} + \frac{v_b}{v_{r4}}\cos\beta - 2\right)\frac{\rho v_{r4}^2}{2} \tag{5-22}$$

b）送、排风机设计风压可按式（5-23）、式（5-24）计算。

$$\Delta P_{totb} = 1.1\left(\frac{\rho}{2}v_b^2 + \Delta P_{sb} + \Delta P_b\right) \tag{5-23}$$

$$\Delta P_{tote} = 1.1\left(\frac{\rho}{2}v_e^2 + \Delta P_{se} + \Delta P_e\right) \tag{5-24}$$

式中　P_{totb}——送风机的设计风压，N/m^2；

　　　P_{tote}——排风机的设计风压，N/m^2；

　　　ΔP_{sb}——由通风井送风口到隧道内送风口的沿程阻力和局部阻力总和，N/m^2；

ΔP_{se}——由隧道内排风口到通风井排风口的沿程阻力和局部阻力总和，N/m^2。

（2）横向式通风方式是在隧道内设置送入新鲜空气的送风道和排出污染空气的排风道，隧道内只有横方向的风流动，基本不产生纵向流动的风，如图 5 - 7 所示。在双向交通时车道的纵向风速大致为零，污染物浓度的分布沿隧道全长大体上均匀。然而在单向交通时，因为车辆行驶产生交通风的影响，在纵向能产生一定风速，污染物浓度由入口至出口有逐渐增加的趋势，但大部分的污染空气仍是由排风道排出。横向式通风方式的气流是在隧道横断面上产生循环，进行换风，其车道内风速较低，排烟效果良好，特别适用于双向交通特长隧道。

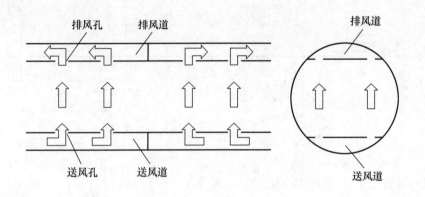

图 5 - 7　横向式通风示意图

全横向式通风和送风半横向式通风的送风系统一般由送风塔吸入新鲜空气，经过压入式通风机升压，然后通过连接风道将空气送入隧道，送风道再经过送风口将空气送入车道空间。送风机的设计全压 ΔP_{totb} 可按式（5 - 25）计算。

$$\Delta P_{\text{totb}} = 1.1 \times (隧道风压 + 送风道所需末端压力 + 送风道静压差 +$$
$$送风道始端动压 + 连接风道压力损失) \qquad (5 - 25)$$

全横向式通风和排风半横向式通风的排风系统是把车道空间的污染空气，经过排风口、排风道、连接风道，由抽出式通风机加负压经排风道排出隧道。排风机的设计全压 ΔP_{tote} 可按式（5 - 26）计算：

$$\Delta P_{\text{totb}} = 1.1 \times (排风道所需始端压力 + 排风道静压差 +$$
$$排风道末端动压 + 连接风道压力损失) \qquad (5 - 26)$$

（3）半横向式通风方式是在隧道内设置送入新鲜空气的送风道，在行车道内与污染空气混合后沿隧道纵向流动至隧道两端洞口排出，如图 5 - 8 所示。此通风方式由横向均匀直接进风，对汽车排气直接稀释，对后续车有利；如果有行人，行人可直接吸到新鲜空气。半横向式通风是介于纵向和横向式通风之间的一种通风方式，其综合了纵向和横向式通风的优点和缺点。在一些长大隧道中，因采用横向式通风方式费用高，可考虑采用半横向式通风方式。

4. 通风方式选择

影响通风方式选择的主要因素：

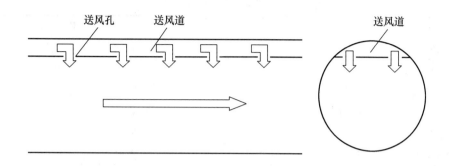

图 5-8 半横向式通风示意图

（1）隧道长度。在交通量一定时，隧道越长，隧道内的废气积累越多，设计需风量也越大。同时，隧道越长，隧道发生事故及灾害造成的损失越大，对通风安全性和可靠性要求也越高。

（2）隧道交通条件。隧道交通条件指隧道为单向行车或双向行车及隧道交通量。单向行车隧道可以充分利用自然风及活塞风，适合采用纵向式或半横向式通风方式。交通量大的隧道有害气体浓度较大，适合采用横向式或半横向式通风方式。

（3）地质条件。若隧道所处位置地质条件较好，施工造价就较低，那么就可以选择造价较高的横向式或半横向式通风方式。反之，若隧道所处位置地质条件较差，施工造价较高，那么横向式或半横向式通风方式的选择就会受影响。

（4）地形和气象条件。隧道所处位置的地形和气象条件影响着隧道自然风向和流量。当自然风流比较大，流向相对稳定时，对于较短隧道，可直接利用其通风。但对于纵向式通风的隧道，若自然风流变化较大时，将会影响通风效果，严重者会造成隧道无风或风机损坏。因此，在这种条件下宜用横向式通风方式，若采用纵向式通风方式，需加强管理。

表 5-10 和表 5-11 列出了各类通风方式的优缺点，可在选择通风方式时作为参考。

表 5-10 各类通风方式的特点（双向交通隧道）

通风方式	纵向式			半横向式		横向式
基本特征	通风风流沿隧道纵向流动			由隧道风道送风或排风，由洞口沿隧道纵向排风或抽风		分别设有送排风道，通风风流在隧道内做横向流动
代表形式	全射流式	洞口集中送入式	通风井排出式	送风半横向式	排风半横向式	
形式特征	由射流风机群升压	由喷流送风升压	洞口两端进风、中部集中抽风	由送风道送风	由排风道排风	

表 5 - 10（续）

通风方式		纵 向 式			半 横 向 式		横向式
	适用长度	1500~3000 m	1500 m 左右	4000 m 左右	3000 m 左右	3000 m 左右	不受限制
	活塞风利用	不好	不好	很好	不好	不好	不好
	洞内环境	噪声较大	洞口噪声较大	噪声较小	噪声小	噪声小	噪声小
	火灾处理	排烟不便	排烟不便	较方便	排烟较方便	排烟较方便	排烟方便
一般特征	工程造价	低	一般	一般	较高	较高	高
	管理与维护	不便	方便	方便	一般	一般	一般
	分期实施	易	不易	不易	难	难	难
	技术难度	不难	一般	一般	稍难	稍难	难
	运营费	低	一般	一般	较高	较高	高
	洞口环保	不利	不利	有利	一般	有利	有利

注：表中各通风方式的适用长度是指一般情况下的参考值。

表 5 - 11　各类通风方式的特点（单向交通隧道）

通风方式		纵 向 式				半 横 向 式		横向式
基本特征		通风风流沿隧道纵向流动				由隧道风道送风或排风，由洞口沿隧道纵向排风或抽风		分别设有送排风道，通风风流在隧道内做横向流动
代表形式		全射流式	洞口集中送入式	通风井排出式	通风井送排式	送风半横向式	排风半横向式	
形式特征		由射流风机群升压	由喷流送风升压	两端进风、中部集中排风	由喷流送风升压	由送风道送风	由排风道排风	
一般特征	非火灾工况的适用长度	5000 m 以内	3000 m 左右	5000 m 左右	不受限制	3000~5000 m	3000 m 左右	不受限制
	交通风利用	很好	很好	部分较好	很好	较好	不好	不好
	噪声	较大	洞口噪声较大	噪声较小	噪声较小	噪声小	噪声小	噪声小
	火灾处理	排烟不便	排烟不便	排烟较方便	排烟较方便	排烟方便	排烟方便	能有效排烟
	工程造价	低	一般	一般	一般	较高	较高	高
	管理与维护	不便	方便	方便	方便	一般	一般	一般
	分期实施	易	不易	不易	不易	难	难	难
	技术难度	不难	一般	一般	稍难	稍难	稍难	难
	运营费	低	一般	一般	一般	较高	较高	高
	洞口环保	不利	不利	有利	一般	一般	有利	有利

注：表中各通风方式的适用长度是指一般情况下的参考值。

在选择通风方式时，应该综合考虑隧道长度、交通条件、地质地形条件和气象条件等多种因素。合理的通风方式是安全可靠性高、建设安装方便、投资少、隧道内部环境良好、对灾害的适应能力强、营运维护方便的通风方式。但各通风方式都有优缺点，因此实际上的合理就是在保证安全可靠的前提下尽可能实现经济方便。

5.1.2　铁路隧道运营通风

1. 铁路隧道运营的卫生标准

在铁路隧道中行驶的列车主要是电力机车和内燃机车，电力机车行驶过程中所产生的有害物质主要是臭氧和石英粉尘，内燃机车行驶过程中所产生的有害物质主要是一氧化碳和氮氧化物。因为铁路隧道的货物多种多样，隧道内的有害粉尘除石英粉车以外还有动植物性粉尘。铁路隧道运营通风的卫生标准严格按照《铁路隧道运营通风设计规范》(TB 10068—2010)中的要求。电力机车牵引的运营隧道空气卫生标准见表5-12，内燃机车牵引的运营隧道空气卫生标准见表5-13。

表5-12　电力机车牵引的运营隧道空气卫生标准

指　标		最高容许值	备　注
臭氧/$(mg \cdot m^{-3})$		0.3	$H < 3000$ m
粉尘/$(mg \cdot m^{-3})$	石英粉尘	8	$M_{SiO_2} < 10\%$
		2	$M_{SiO_2} > 10\%$
	动植物性粉尘	3	—

表5-13　内燃机车牵引的运营隧道空气卫生标准

指　标	最高容许值	备　注
一氧化碳/$(mg \cdot m^{-3})$	30	$H < 2000$ m
	20	$2000 \text{ m} \leqslant H \leqslant 3000$ m
	15	$H > 3000$ m
氮氧化物（换算成 NO_2）/$(mg \cdot m^{-3})$	5	$H < 3000$ m

对于电力机车牵引的隧道，除了应该满足空气卫生标准，还必须满足温度、湿度环境标准，以满足列车上驾乘人员的舒适性要求。电力机车牵引的运营隧道温度、湿度标准见表5-14。

表5-14　电力机车牵引的运营隧道温度、湿度标准

指　标	最高容许值	备　注
温度/℃	28	—
湿度/%	80	—

2. 需风量计算

根据《铁路隧道运营通风设计规范》(TB 10068—2010),铁路隧道通风量可按式(5 - 27)计算。

$$Q = K_{\mathrm{i}}\left(1 - \frac{v_{\mathrm{m}}}{v_{\mathrm{T}}}\right)\frac{FL_{\mathrm{T}}}{t_{\mathrm{q}}} \tag{5 - 27}$$

式中　Q——铁路隧道通风量,$\mathrm{m^3/s}$;

　　　K_{i}——活塞风修正系数,内燃机车牵引的运营隧道可取 1.1,电机车牵引的运营隧道可取 1;

　　　v_{m}——活塞风车速,$\mathrm{m/s}$;

　　　v_{T}——列车速度,$\mathrm{m/s}$;

　　　F——隧道断面积,$\mathrm{m^2}$;

　　　L_{T}——隧道长度,m;

　　　t_{q}——通风排烟时间,s。

根据《铁路隧道运营通风设计规范》(TB 10068—2010),进行列车活塞风计算时,长度小于 15 km 的单线隧道宜采用非恒定流理论计算,长度大于 15 km 的单线隧道宜采用恒定流理论计算,双线隧道可不计活塞风影响。

按恒定流理论计算活塞风速,可按式(5 - 28)计算。

$$v_{\mathrm{m}} = v_{\mathrm{T}}\frac{-1 + \sqrt{1 + \left(\dfrac{\xi_{\mathrm{m}}}{K_{\mathrm{m}}} - 1\right)\left(1 \pm \dfrac{\xi_{\mathrm{n}}v_{\mathrm{n}}^2}{K_{\mathrm{m}}v_{\mathrm{T}}^2}\right)}}{\dfrac{\xi_{\mathrm{m}}}{K_{\mathrm{m}}} - 1} \tag{5 - 28}$$

式中　v_{m}——活塞风速度,$\mathrm{m/s}$;

　　　v_{T}——列车速度,$\mathrm{m/s}$;

　　　v_{n}——自然风速度,$\mathrm{m/s}$;

　　　K_{m}——活塞风作用系数;

　　　ξ_{m}——隧道段除环状空间外的阻力系数,$\xi_{\mathrm{m}} = 1 + \lambda\dfrac{L_{\mathrm{T}} - l_{\mathrm{T}}}{d} + \xi$;

　　　ξ_{n}——隧道的总阻力系数,$\xi_{\mathrm{n}} = 1 + \lambda\dfrac{L_{\mathrm{T}}}{d} + \xi$;

　　　ξ——隧道入口阻力系数;

　　　l_{T}——列车长度,m;

　　　d——隧道断面当量直径,m。

活塞风作用系数 K_{m} 按式(5 - 29)计算。

$$K_{\mathrm{m}} = \frac{Nl_{\mathrm{T}}}{(1 - \alpha)^2} \tag{5 - 29}$$

式中　l_{T}——列车长度,m;

　　　α——阻塞比,列车断面积 f_{T} 与隧道断面积 F 之比;

　　　N——列车阻力系数,$N = \dfrac{1}{l_{\mathrm{T}}}\left(0.807\alpha^2 - 1.322\alpha + 1.008 + \lambda_{\mathrm{h}}\dfrac{l_{\mathrm{t}}}{d_{\mathrm{h}}}\right)$;

λ_h——环状空间气流的沿程阻力系数；

d_h——环状空间的当量直径，m，$d_h = 4\dfrac{F - f_T}{S + S_T - 2a}$；

S——隧道断面湿周，m；

a——列车宽度，m；

S_T——列车断面周长，m。

按非恒定流理论计算活塞风速，可按式（5-30）、式（5-31）计算。

当 $K_m > \xi_m$ 时：

$$v_m = \frac{-2AC + ACe^{t\sqrt{B^2 - 4AC}}}{C(B + \sqrt{B^2 - 4AC}) - C(B - \sqrt{B^2 - 4AC})e^{t\sqrt{B^2 - 4AC}}} \qquad (5-30)$$

其中

$$A = \frac{K_m v_T^2 \pm \xi_n v_n^2}{2\left(L_T + \dfrac{\alpha L_T}{1 - \alpha}\right)}$$

$$B = \frac{-K_m v_T}{L_T + \dfrac{\alpha L_T}{1 - \alpha}}$$

$$C = \frac{K_m - \xi_m}{2\left(L_T + \dfrac{\alpha L_T}{1 - \alpha}\right)}$$

$$t = \frac{1}{\sqrt{B^2 - 4AC}}\ln\frac{2Cv_m(B + \sqrt{B^2 - 4AC}) + 4AC}{2Cv_m(B - \sqrt{B^2 - 4AC}) + 4AC}$$

当 $K_m < \xi_m$ 时：

$$v_m = \frac{-2AC + ACe^{t\sqrt{B^2 + 4AC}}}{C(B + \sqrt{B^2 + 4AC}) - C(B - \sqrt{B^2 + 4AC})e^{t\sqrt{B^2 + 4AC}}} \qquad (5-31)$$

其中

$$A = \frac{K_m v_T^2 \pm \xi_n v_n^2}{2\left(L_T + \dfrac{\alpha L_T}{1 - \alpha}\right)}$$

$$B = \frac{-K_m v_T}{L_T + \dfrac{\alpha L_T}{1 - \alpha}}$$

$$C = \frac{\xi_m - K_m}{2\left(L_T + \dfrac{\alpha L_T}{1 - \alpha}\right)}$$

$$t = \frac{1}{\sqrt{B^2 + 4AC}}\ln\frac{2Cv_m(B + \sqrt{B^2 + 4AC}) + 4AC}{2Cv_m(B - \sqrt{B^2 + 4AC}) + 4AC}$$

当隧道内自然风与列车运行方向相同时，A 取正号，反之取负号。

3. 运营通风方式

铁路隧道的运营通风方式按照送风形态、空气流动状态、送风原理等可分为自然通风和机械通风两种方式。机械通风又可以分为纵向式通风、横向式通风及半横向式通风。

1）自然通风

自然通风方式不设置通风设备，是利用洞口间的自然风压或火车行驶的活塞作用产生的交通通风力来实现隧道的通风换气。一般较短的隧道有可能采用自然通风方式。对于铁路隧道，用经验公式即式（5-32）作为区分自然通风与机械通风的界限。

$$LN \geqslant 100 \tag{5-32}$$

式中　L——隧道长度，km；

　　　N——列车密度，列/日。

2）机械通风

（1）纵向式通风分为全射流纵向式通风、分段纵向式通风。

① 全射流纵向式通风是利用射流风机产生高速气流，推动前方空气在隧道内形成纵向流动，使新鲜空气从一侧洞口流入，污染空气从另一侧洞口流出的一种通风方式。

在正常运营情况下，隧道内压力平衡满足式（5-33）。

$$P_j + P_m = P_n + P_\xi + P_\lambda \tag{5-33}$$

式中　P_j——射流风机推力，N/m²；

　　　P_m——列车活塞风压力，N/m²；

　　　P_n——隧道两洞口间自然风压，N/m²；

　　　P_ξ——局部阻力，N/m²；

　　　P_λ——沿程阻力，N/m²。

单台射流风机的压力可按式（5-34）计算。

$$P_j = \rho v_j^2 \frac{f}{F}\left(1 - \frac{v_e}{v_j}\right)\frac{1}{K_j} \tag{5-34}$$

式中　P_j——射流风机推力，N/m²；

　　　ρ——空气密度，kg/m³；

　　　v_e——隧道内断面平均风速，m/s；

　　　v_j——射流风机出口风速，m/s；

　　　f——单台射流风机出口面积，m²；

　　　F——隧道断面积，m²；

　　　K_j——考虑隧道壁摩擦影响的射流损失系数，与风机距壁面的距离有关，可按图5-9取值。

列车活塞风压力可按式（5-35）计算。

$$P_m = K_m \frac{\rho}{2}(v_T - v_m)^2 \tag{5-35}$$

式中　v_T——列车速度，m/s；

　　　ρ——空气密度，kg/m³；

　　　v_m——活塞风速度，m/s；

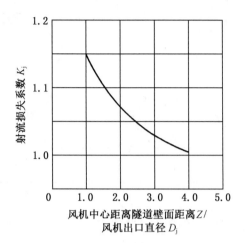

图 5 - 9 射流风机损失系数

K_m——活塞风作用系数。

列车自然风压力可按式（5 - 36）计算。

$$P_n = \left(\sum \xi + \lambda \frac{L_T}{d} \right) \frac{\rho}{2} v_n^2 \qquad (5 - 36)$$

式中 ξ——隧道进出口局部阻力系数；

λ——隧道内沿程阻力系数；

L_T——斜（竖）井长度，m；

v_n——自然风速度，m/s，自然风压与自然风作用方向相同，作阻力考虑；

d——隧道断面当量直径，m。

局部阻力可按式（5 - 37）计算。

$$P_\xi = \xi \frac{\rho}{2} v_e^2 \qquad (5 - 37)$$

式中 v_e——隧道内断面平均风速，m/s。

沿程阻力可按式（5 - 38）计算。

$$P_\lambda = \lambda \frac{L_T}{d} \times \frac{\rho}{2} v_e^2 \qquad (5 - 38)$$

② 分段纵向式通风分为合流型斜（竖）井排出式、斜（竖）井送排式。

a）合流型斜（竖）井排出式纵向通风的通风设施由斜（竖）井、风道和风机组成。风机的工作方式为排风式，新鲜空气经由两侧洞口进入隧道，污染空气经由斜（竖）井排出隧道。合流型斜（竖）井排出式纵向通风的压力模式如图 5 - 10 所示。

斜（竖）井底部隧道内断面①、断面②的风压应满足式（5 - 39）。

$$P_1 + \frac{1}{4} \rho v_1^2 = P_2 + \frac{1}{4} \rho v_2^2 \qquad (5 - 39)$$

$$P_1 = P_{n1} - \left(0.5 + \lambda \frac{L_1}{d} \right) \frac{\rho}{2} v_1^2$$

$$P_2 = P_{n2} - \left(0.5 + \lambda \frac{L_2}{d}\right)\frac{\rho}{2}v_2^2$$

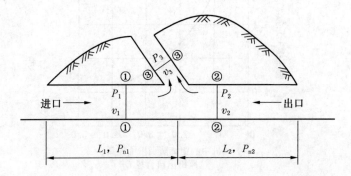

图 5 – 10 合流型斜（竖）井排出式纵向通风的压力模式图

斜（竖）井合流后的压力可按式（5 – 40）、式（5 – 41）计算。

$$P_3 = P_{n1} - \left(0.5 + \lambda \frac{L_1}{d}\right)\frac{\rho}{2}v_1^2 - \xi_{1-3}\frac{\rho}{2}v_3^2 \qquad (5-40)$$

$$P_3 = P_{n2} - \left(0.5 + \lambda \frac{L_2}{d}\right)\frac{\rho}{2}v_2^2 - \xi_{2-3}\frac{\rho}{2}v_3^2 \qquad (5-41)$$

式中　P_3——斜（竖）井底部合流压力，N/m^2；

　　　P_{n1}——隧道进口与斜（竖）井底部之间的自然风压差，N/m^2；

　　　P_{n2}——隧道出口与斜（竖）井底部之间的自然风压差，N/m^2；

　　　ξ_{1-3}——断面①到断面③之间的局部阻力系数；

　　　ξ_{2-3}——断面②到断面③之间的局部阻力系数；

　　　v_1——断面①风速，m/s；

　　　v_2——断面②风速，m/s；

　　　v_3——断面③风速，m/s。

排风机的风压可按式（5 – 42）计算。

$$H_g = 1.1\left[P_3 + \frac{\rho}{2}\sum\left(\xi_i + \frac{\lambda_j L_j}{d_j} + 1\right)v_3^2\right] \qquad (5-42)$$

式中　H_g——排风机风压，N/m^2；

　　　ξ_i——汇流及弯曲损失系数；

　　　λ_j——斜（竖）井的摩擦损失系数；

　　　L_j——斜（竖）井长度，m；

　　　D_j——斜（竖）井当量直径，m。

b）斜（竖）井送排式纵向通风方式设置有送风井和排风井，将隧道内的污染空气从排风井排出，将新鲜空气从送风井送入隧道内。斜（竖）井送排式纵向通风的压力模式如图 5 – 11 所示。

隧道内的压力应满足式（5 – 43）。

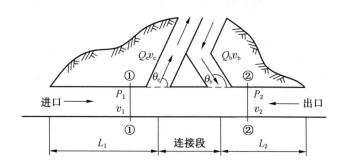

图 5 - 11 斜（竖）井送排式纵向通风的压力模式图

$$P_b + P_e \geqslant P_n + P_\lambda + P_\xi \qquad (5-43)$$

式中 P_b——送风口压力，N/m^2；

P_e——排风口压力，N/m^2。

送风口压力和排风口压力可按式（5-44）和式（5-45）计算。

$$P_b = 2\frac{Q_b}{Q_2}\left(\frac{Q_b}{Q_2} + \frac{v_b}{v_2}\cos\theta_b - 2\right)\frac{\rho v_2^2}{2} \qquad (5-44)$$

$$P_e = 2\frac{Q_e}{Q_1}\left(2 - \frac{v_e}{v_1}\cos\theta_e - \frac{Q_e}{Q_1}\right)\frac{\rho v_1^2}{2} \qquad (5-45)$$

式中 Q_1——L_1 段风量，m^3/s；

v_1——L_1 段风速，m/s；

Q_2——L_2 段风量，m^3/s，$Q_2 = Q_b - Q_e + Q_1$；

v_2——L_2 段风速，m/s；

Q_e——排风量，m^3/s；

v_e——排风口风速，m/s；

Q_b——送风量，m^3/s；

v_b——送风口风速，m/s。

送、排风机的风压可按式（5-46）、式（5-47）计算。

$$H_{gb} = 1.1\left(\frac{\rho}{2}v_b^2 + P_{db} + P_b\right) \qquad (5-46)$$

$$H_{ge} = 1.1\left(\frac{\rho}{2}v_e^2 + P_{de} + P_e\right) \qquad (5-47)$$

式中 P_{db}——送风口、送风井及连接通道的总压力损失，N/m^2；

P_{de}——排风口、排风井及连接通道的总压力损失，N/m^2。

（2）横向式通风方式是在隧道内设置送入新鲜空气的送风道和排出污染空气的排风道（图 5-12）。隧道内只有横向风流，基本不产生纵向风流。与纵向式通风方式相比，横向式通风方式的气流是在隧道横断面上产生循环，进行换气，其车道内风速较低，排烟效果良好。但横向式通风需要在隧道内设车道板和吊顶，还要设风井，使隧道建筑工程量增大，费用高；另外，由于受隧道施工断面限制，送风道和排风道断面小，通风阻力大，通风能耗大，运营管理费用高。

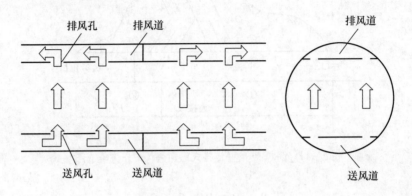

图 5-12　横向式通风示意图

（3）半横向式通风方式是在隧道内设置送入新鲜空气的送风道，在行车道内与污染空气混合后沿隧道纵向流动至隧道两端洞口排出，如图 5-13 所示。半横向式通风是介于纵向式通风和横向式通风之间的一种通风方式，其综合了纵向式通风和横向式通风的优点和缺点。在一些长大隧道中，因采用横向式通风方式费用高，可考虑采用半横向式通风方式。

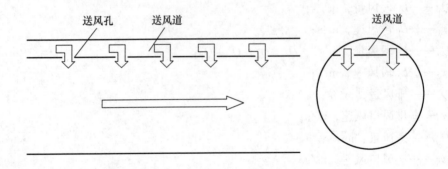

图 5-13　半横向式通风示意图

4. 通风方式的选择

铁路隧道的通风方式分为自然通风和机械通风，通风方式的选择应根据技术、经济条件，考虑安全、效果等因素，综合比较确定。当利用列车活塞风与自然风的共同作用可完成隧道通风时，应选择自然通风；对于某些特长铁路隧道及某些存在瓦斯等有害物质的隧道，利用列车活塞风与自然风的共同作用无法完成隧道通风，应选择机械通风。机械通风的选择原则：①正常运营通常采用纵向式通风；②当隧道特长或有特殊要求时，可采用分段式通风；③维护作业时宜采用固定式通风与移动式通风相结合的方式。

在铁路隧道中行驶的列车主要是电力机车和内燃机车。电力机车具有运行速度快，运行过程产生污染小的特点，因此大多数电气化铁路隧道的通风主要依靠列车在隧道中行驶所产生的活塞风及自然风的作用即可满足隧道通风换气和空气卫生标准，无须设置专门机械通风。《铁路隧道运营通风设计规范》（TB 10068—2010）中规定：电力机车牵引，客运专线隧道长度大于 20 km、客货共线隧道长度大于 15 km 应设置机械通风。对于内燃机车牵引的隧道，较电力机车牵引隧道其隧道中的一氧化碳、二氧化氮及烟雾浓度高，采取机械通风方式较多。同时规定：内燃机车牵引，隧道长度在 2 km 以上，宜设置机械通风。

5.2 矿井生产通风

矿井通风系统是指矿井通风方式和通风网络的总称，通风方式分为中央式、对角式、分区式和混合式。矿井通风方法是指主要通风机对矿井供风的工作方法。按主要通风机的安装位置不同，分为抽出式、压入式及混合式。通风网络主要分为通风系统网络图以及其基本形式。通风系统，包括风机控制、CO 传感器、交通状态检测、火灾报警控制和 TC 控制，以及通风系统的基本任务、基本要求、选择原则以及管理等。

5.2.1 通风网络中风量分配与调节

1. 增阻调节法

增阻调节法，主要通过在井巷中安设调节风窗等设施，增大井巷中的局部阻力，从而降低与该井巷处于同一通路中的风量，或增大与其关联通路上风量。增阻调节是一种耗能调节法。增阻调节法适用条件：拟安设风窗的增阻分支中的风量有富余。增阻调节法特点：具有简单、方便、易行、见效快等优点；但会增加矿井的总风阻，减少总风量。调节风窗的安设如图 5－14 所示。

1）主要措施

增阻调节法使用设施包括调节风窗、临时风帘、空气幕调节装置等，但在矿井生产实际中使用最多的是调节风窗。

2）风窗调节法原理分析

如图 5－15 所示，分支 1、2 的风阻分别为 R_1 和 R_2，风量分别为 Q_1、Q_2。则分支 1、2 的阻力为 $h_1 = R_1 Q_1^2$，$h_2 = R_2 Q_2^2$，且 $h_1 = h_2$。

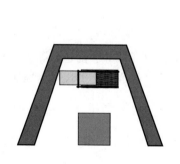

图 5－14　调节风窗

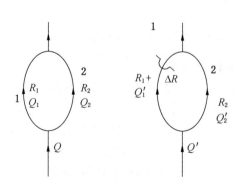

图 5－15　风窗调节法原理

若分支 2 的风量不足，则可在分支 1 中设置调节窗。设安设调节风窗后产生的局部风阻为 ΔR_1；并且分支 1、2 的风量分别变为 Q'_1、Q'_2，阻力分别变为 h'_1、h'_2。根据压能平衡定律，则有如下关系：

$$\begin{cases} h'_1 = (R_1 + \Delta R_1)Q'^2_1 \\ h'_2 = R_2 Q'^2_2 \\ h'_1 = h'_2 \end{cases} \tag{5-48}$$

于是，可得出风窗局部风阻 ΔR_1 的计算式：

$$\Delta R_1 = R_2 \frac{Q'^2_2}{Q'^2_1} - R_1 \tag{5-49}$$

由于在分支 1 中增阻后，整个并联系统的总风阻有所增大，使调节后的并联网络总风量 Q' 小于调节前并联网络的总风量 Q。由于 Q' 未知，因此，在实际计算过程中，往往假设 $Q' = Q$，即认为存在关系 $Q' = Q'_1 + Q'_2 \approx Q_1 + Q_2 = Q$。这样在已知 Q'、Q 后，联立式可计算风窗风阻 ΔR_1。

3）已知 ΔR_1 可计算调节风窗面积 S_c

已知安风窗处分支井巷 1 的断面积为 S_1，当 $\dfrac{S_c}{S_1} \leqslant 0.5$ 时，根据流体力学孔口出流的计算式及能量平衡方程可得出开口面积 S_c 的计算式：

$$S_c = \frac{Q_1 S_1}{0.65 Q_1 + 0.84 S_1 \sqrt{h_c}} \quad \text{或} \quad S_c = \frac{S_1}{0.65 + 0.84 S_1 \sqrt{\Delta R_1}} \tag{5-50}$$

当 $\dfrac{S_c}{S_1} > 0.5$ 时，S_c 的计算式为

$$S_c = \frac{Q_1 S_1}{Q_1 + 0.759 S_1 \sqrt{h_c}} \quad \text{或} \quad S_c = \frac{S_1}{1 + 0.759 S_1 \sqrt{\Delta R_1}} \tag{5-51}$$

式中　　S_c——调节风窗的开口面积，m^2；

S_1——分支井巷 1 断面积，m^2；

Q_1——分支 1 贯通风量，m^3/s；

h_c——调节风窗阻力，Pa；

ΔR_1——调节风窗的风阻，$\mathrm{N \cdot s^2/m^8}$，$\Delta R_1 = \dfrac{h_c}{Q_1^2}$。

2. 减阻调节法

减阻调节法是在风流所通过的井巷中采取降阻措施，以降低井巷的通风阻力，从而增大与该井巷处于同一通路中的风量，同时也减小了与其关联的通路上的风量。减阻调节能够降低通风能耗，但也往往需要增加工程投资。

1）减阻调节法主要措施

（1）扩大井巷通风断面减阻：例如，根据图 5-15 中分支 1、2 的条件，也可以在分支 2 中减阻以达到增加其通过风量的目的。

根据风量计算结果，分支 1、2 的按需供风风量应当分别为 Q_1、Q_2；如果存在 $h_1 =$

$R_1 Q_1^2 < h_2 = R_2 Q_2^2$，则可在分支 2 中减阻。分支 2 所应减小的阻力差值为

$$\Delta h_2 = h_2 - h_1 = R_2 Q_2^2 - R_1 Q_1^2 = \Delta R_2 Q_2^2 = (R_2 - R_2')Q_2^2 \qquad (5-52)$$

式中 R_2'——分支 2 扩大断面后的风阻值。

则在分支 2 中需要减小的风阻值为

$$\Delta R_2 = \frac{h_2 - h_1}{Q_2^2} = \frac{R_2 Q_2^2 - R_1 Q_1^2}{Q_2^2} = R_2 - R_1 \left(\frac{Q_1}{Q_2}\right)^2 \qquad (5-53)$$

已知长度为 L_2 的分支 2 在扩大断面（由 S_2 扩大为 S_2'）前后的长度、支护方式、断面形状不变，即认为 $L_2' = L_2$，$\alpha_2' = \alpha_2$，$U_2' = U_2 = c_2 \sqrt{S_2}$，则根据风阻计算式可得：

$$R_2 = \frac{\alpha_2 L_2 U_2}{S_2^3} = \frac{\alpha_2 L_2 c_2}{S_2^{5/2}} \qquad (5-54)$$

$$R_2' = \frac{\alpha_2' L_2' c_2'}{S_2'^3} = \frac{\alpha_2 L_2 c_2}{S_2'^{5/2}} \qquad (5-55)$$

式（5-54）和式（5-55）相除，得：

$$R_2' = R_2 \left(\frac{S_2}{S_2'}\right)^{5/2} \qquad (5-56)$$

这样，就可以得到，分支 2 的减阻值 ΔR_2 和需要扩大到的断面积 S_2' 分别为

$$\Delta R_2 = R_2 \left(1 - \frac{S_2}{S_2'}\right)^{5/2} \qquad (5-57)$$

$$S_2' = \frac{S_2}{1 - \left(\dfrac{\Delta R_2}{R_2}\right)^{2/5}} \qquad (5-58)$$

（2）降低摩擦阻力系数：降低分支井巷的摩擦阻力系数 α 减阻的方法，可归结为尽量采用阻力系数 α 值小的支护方式，努力改变分支井巷壁面的光滑程度或支架形式等。

（3）清除井巷中的局部阻力物：对于生产矿井中的生产井巷分支，应防止在井巷断面内堆积杂物。因为在有限的断面内堆积的杂物越多，由此而减小的井巷通风断面积越多，局部阻力越大，通过的风量也就越少。

（4）开掘并联风路：在矿井生产实际中，当不便扩大井巷断面积减阻时，可采取在适合的地点另开掘并联井巷分支的办法来降低局部风网的通风风阻。

（5）缩短风流路线的总长度：对于条件许可的矿井，应尽量缩短风流路线的长度以降低矿井通风风阻和通风阻力。

2）减阻调节法特点

增阻调节法可以降低矿井总风阻，并增加矿井总风量；但降阻措施的工程量和投资一般都较大，施工工期较长，所以一般在对矿井通风系统进行较大的改造时采用。

3. 增能调节法

增能调节法则是在适宜的地点通过安设辅助通风机或局部通风机等设备，通过增加通风能量的方法以达到增加局部地点风量的目的。一般以网络中阻力小的分支阻力值为基准，在阻力大的分支中安设风机；利用风机产生的压能去克服大阻力分支的多余阻力值。增能调节法适用于两并联分支阻力相差较大的情况。

1) 增能调节法的主要技术措施

（1）安设辅助通风机、局部通风机增能调节法，具体安设方式有两种。

① 有风墙的风机增能调节法：在需要安设风机的大阻力分支中的适宜位置构筑风墙，将风机安设在风墙上，如图 5-16 所示。适用于分支井巷无运输、行人任务的情形。

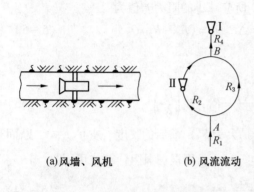

(a) 风墙、风机　　(b) 风流流动

图 5-16　有风墙的风机增能调节法

② 绕道式风机增能调节法：对于分支井巷有运输、行人任务的情形，则必须在需要安设风机的大阻力分支一侧的适宜位置开掘绕道，将风机安设在绕道中；且还应在主分支井巷安设反向风门，以防止风流短路，如图 5-17 所示。

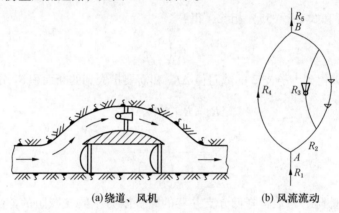

(a) 绕道、风机　　　　(b) 风流流动

图 5-17　绕道式风机增能调节法

（2）利用自然风压压能调节法，适用于平硐开采或非煤矿山的开采情况。

2) 增能调节法的特点

增能调节法在应用时的施工相对方便，能迅速增加分支风量，还可减少矿井主要通风机能耗。但采用安设辅助通风机、局部通风机等局部增能调节法时，存在设备投资大，风机能耗多，且风机的安全管理工作复杂，安全性差等问题，因此，一般只在边界采区或采掘面中用于增风。

5.2.2　矿井总风量调节

当矿井或一翼总风量不足或过剩时，就需要进行矿井总风量调节。其实质是通过调整主要通风机的工况点来调节矿井风量和压能。采取的方法主要有改变主要通风机的工作特性或改变矿井风网的总风阻。

5.2.3　矿井通风系统与通风设计

1. 拟定矿井通风系统

根据矿井瓦斯涌出量、矿井设计生产能力、煤层赋存条件、表土层厚底、井田面积、地温、煤层自燃倾向性及兼顾中后期生产需要等条件，提出多个技术上可行的方案，通过优化或经济比较后确定矿井通风系统。矿井通风系统应具有较强的抗灾能力，当井下一旦发生灾害性事故后所选择的通风系统能将灾害控制在最小范围，并能迅速恢复正常生产。

1）矿井通风系统的类型及其选择

在选择通风系统时应考虑的原则：保证井下工作人员具有最大的安全性；通风系统稳定可靠，不因空气的温度变化，辅助通风机的运动或停止等而发生变动；通风费用最小。

为了满足上述原则，在拟定通风系统时，应遵守以下要求：

（1）尽量利用通至地面的一切井巷作为进风井和回风井，不得利用箕斗井作为进风井。

（2）尽可能采用并联通风系统，并使并联风流的风压接近相等，以避免过多的风流调节。并联系统中的分风点尽可能靠近进风井，风流汇合点尽可能靠近回风井。

（3）在瓦斯矿井中，煤层倾斜超过10°时，所有采煤工作面、分区回风道及总回风道必须采取上行风流。新水平的回风，必须直接引入总回风道或分区回风道中。

（4）应避免采用能引起大量漏风的通风系统。

（5）在通风系统中，风桥及风门等通风构筑物不应设置过多，专用的通风巷道数目应最少，以减少这种巷道对矿井建设期限的影响和投资费用的增加。

（6）矿井自然风压较大时，应考虑利用自然通风系统。

（7）矿井必须有完整独立的通风系统。两个及两个以上独立生产的矿井不允许有共用的主要通风机，进、回风井和通风巷道。

（8）每个生产矿井必须至少有2个能行人的通达地面的安全出口，各个出口间的距离不得小于30 m。采用中央式通风系统的新建和改建的矿井，设计中应规定井田边界附近的安全出口。当井田一翼走向较长，矿井发生灾害不能保证人员安全撤出时，必须掘出井田边界附近的安全出口。

（9）矿井的通风系统必须根据矿井瓦斯涌出量、矿井设计生产能力、煤层赋存条件、表土层厚度、井田面积、低温、煤层自燃倾向性等条件，通过优化或技术经济比较后确定。

（10）所有矿井必须采用机械通风，矿井主要通风机必须安装在地面。

2）矿井通风方式的选择

矿井通风方式的种类较多，各种通风方式有其优缺点和适用条件，在选择矿井通风方式时，应根据矿山实际情况和开拓开采设计综合确定。各类型矿井通风方式的优缺点及适用条件见表5-15。

根据矿井设计生产能力、煤层赋存条件、表土层厚度、井田面积、地温、矿井瓦斯涌出量、煤层自燃倾向性等条件，在确保矿井安全，兼顾中、后期生产需要的前提下，通过对多种可行的矿井通风系统方案进行技术经济比较后确定。

中央式通风系统具有井巷工程量少、初期投资省的优点。因此，矿井初期宜优先采用。

有煤与瓦斯突出危险的矿井、高瓦斯矿井、煤层易自燃的矿井及有热害的矿井，应采用对角式或分区对角式通风；当井田面积较大时，初期可采用中央式通风，逐步过渡为对角式或分区对角式通风。

表5-15　各类型矿井通风方式的优缺点及适用条件

通风方式		优　点	缺　点	适　用　条　件
中央式	中央并列式	进、回风井均布置在中央工业广场内，地面建筑和供电集中；建井期限较短，便于贯通，初期投资少，出煤快，护井煤柱较小；矿井反风容易，便于管理	风流在井下的流动路线为折返式，风流线路长，阻力大，井底车场附近漏风大；工业广场受主要通风机噪声的影响和回风风流的污染	适用于煤层倾角大、埋藏深、井田走向长度小于4 km、瓦斯与自然发火都不严重的矿井；冶金矿山当矿脉走向不太长，或受地形地质条件限制，在两翼不宜开掘风井时使用
	中央分列式	通风阻力较小，内部漏风较小，工业广场不受主要通风机噪声的影响及回风风流的污染	风流在井下的流动线路为折返式，风流线路长，阻力较大	适用于煤层倾角较小、埋藏较浅，井田走向长度不大，瓦斯与自然发火比较严重的矿井
对角式	两翼对角式	风流在井下的流动线路是直向式，风流线路短，阻力小，内部漏风少，安全出口多，抗灾能力强；便于风量调节，矿井风压比较稳定；工业广场不受回风污染和通风机噪声的危害	井筒安全煤柱压煤较多，初期投资大，投产较晚	煤层走向大于4 km，井型较大，瓦斯与自然发火严重的矿井；或低瓦斯矿井，煤层走向较长，产量较大的矿井
	分区对角式	每个采区有独立的通风路线，互不影响，便于风量调节，安全出口多，抗灾能力强，建井工期短，初期投资少，出煤快	占用设备多，管理分散，矿井反风困难	煤层埋藏浅，或因地表高低起伏较大，无法开掘总回风巷
区域式		既可以改善通风条件，又能利用风井准备采区，缩短建井工期；风流线路短，阻力小；漏风少，网络简单，风流易于控制，便于主要通风机的选择	通风设备多，管理分散	井田面积大、储量丰富或瓦斯含量大的大型矿井
混合式		回风井数量较多，通风能力大，布置较灵活，适应性强	通风设备较多，管理复杂	井田范围大，地质和地面地形复杂或产量大，瓦斯涌出量大的矿井

　　矿井通风一般采用抽出式。当地形复杂、露头发育、老窑多，采用多风井通风有利时，可采用压入式通风。由于管理复杂，矿井一般不宜采用压抽混合式，只是在矿井地表裂隙多、深井、高阻力矿井中采用。

　　2. 矿井总风量的计算与分配

　　在煤矿生产中，为了把各种有害气体稀释到《煤矿安全规程》规定的安全浓度以下，为井下创造一个良好的气候条件，并提供足够的供井下人员呼吸的氧气，都要求供给矿井所需的风量。

　　1) 矿井风量计算原则

　　(1) 风量计算的标准，供给煤矿井下任何工作用风地点的新鲜风量，必须依据下述条件进行计算，并取其最大值，作为该工作用风地点的供风量：

— 108 —

① 按该用风地点同时工作的最多人数计算，每人每分钟供给风量不得小于 4 m³。

② 按该用风地点风流中瓦斯、二氧化碳、氢气和其他有害气体浓度，风速以及温度等都符合《煤矿安全规程》的有关规定要求分别计算，取其最大值。

③ 当风量分配到各用风地点后，应结合运输条件选择经济断面，防止巷道内风速过大或过小，尽量使各条巷道内风速处于表 5-16 所列的适宜风速范围内。如确有困难，可不设适宜风速，但井巷中风流速度必须满足表 5-17 的规定。

表 5-16 各种巷道和采煤工作面适宜风速

序号	巷 道 名 称	适宜风速/(m·s⁻¹)
1	运输大巷、主石门、井底车场	4.5~5.0
2	回风大巷、回风石门、回风平硐	5.5~6.5
3	采区进风巷、进风上山	3.5~4.5
4	采区回风巷、回风上山	4.5~5.5
5	采区输送机巷、带式输送机中巷	3.0~3.5
6	采煤工作面	1.5~2.5

表 5-17 井巷中的允许风流速度

井 巷 名 称	允许风流速度/(m·s⁻¹) 最低	允许风流速度/(m·s⁻¹) 最高
无提升设备的风井和风硐		15
专为升降物料的井筒		12
风桥		10
升降人员和物料的井筒		8
主要进、回风巷		8
架线电机车巷道	1.0	8
输送机巷，采区进、回风巷	0.25	6
采煤工作面、掘进中的煤巷和半煤岩巷	0.25	4
掘进中的岩巷	0.15	4
其他通风人行巷道	0.15	

注：1. 设有梯子间的井筒或者修理中的井筒，风速不得超过 8 m/s；梯子间四周经封闭后，井筒中最高允许风速可按表中有关规定执行。

2. 无瓦斯涌出的架线电机车巷道中的最低风速可低于 1.0 m/s，但不得低于 0.5 m/s。

3. 综合机械化采煤工作面，在采取煤层注水和采煤机喷雾降尘等措施后，其最大风速可高于 4 m/s 的规定值，但不得超过 5 m/s。

4. 专用排瓦斯巷道的风速不得低于 0.5 m/s，抽放瓦斯巷道的风速不应低于 0.5 m/s。

（2）风量计算的原则：无论矿井或采区的供风量，均以该地区各个实际用风地点，按照风量计算标准分别计算出各个用风地点的实际最大需风量，从而求出该地区的风量总和, 再考虑一定的备用风量系数后, 作为该地区的供风量, 即 "由里往外" 的计算原则, 由采掘工作面、硐室和其他用风地点计算出各采区风量, 最后求出全矿井总风量。抽放瓦斯的矿井, 应按抽放瓦斯后煤层的瓦斯涌出量计算风量。

矿井供风总的原则是既要能确保矿井安全生产的需要, 又要符合经济性的要求。

矿井所需风量的确定, 必须符合《煤矿安全规程》中有关规定:

① 氧气含量的规定。

② 甲烷、二氧化碳等有害气体安全浓度的规定。

③ 风流速度的规定。

④ 空气温度的规定。

⑤ 空气中悬浮粉尘安全浓度的规定。

(3) 配风的原则和方法: 根据实际需要由里往外细致配风, 即先定井下各个工作地点 (如采掘工作面、爆炸材料库、充电硐室) 所需的有效风量, 逆风流方向加上各风路上允许的漏风量, 确定各风路上的风量和矿井的总进风量; 再适当加上因体积膨胀的风量 (约为总进风量的5%), 得出矿井的总回风量; 最后加上抽出式主要通风机井口和附属装置的允许漏风量 (矿井外部漏风量), 得出通过主要通风机的总风量。

对于压入式通风的矿井, 则在所确定的矿井总进风量中加上矿井外部漏风量, 得出通过压入式主要通风机的总风量。

(4) 配风的依据, 所配给的风量必须符合《煤矿安全规程》的有关规定:

① 关于氧气、甲烷、二氧化碳和其他有毒有害气体安全浓度的规定。

② 关于最高风速和最低风速的规定 (详见表5-17)。

③ 关于采掘工作面和机电硐室最高温度的规定。

④ 关于冷空气预热的规定。

⑤ 关于空气中粉尘安全浓度的规定等。

2) 矿井需要风量计算

(1) 生产矿井需要风量, 按各采煤工作面、掘进工作面、硐室及其他巷道等用风地点分别进行计算, 包括按规定配备的备用工作面需要风量, 现有通风系统必须保证各用风地点稳定可靠供风, 按式 (5-59) 计算。

$$Q_{\text{矿}} \geq \left(\sum Q_{\text{采}} + \sum Q_{\text{掘}} + \sum Q_{\text{硐}} + \sum Q_{\text{备}} + \sum Q_{\text{胶轮车}} + \sum Q_{\text{其他}} \right) K_{\text{矿通}} \quad (5-59)$$

式中　　$\sum Q_{\text{采}}$——采煤工作面实际需要风量的总和, m^3/min;

$\sum Q_{\text{掘}}$——掘进工作面实际需要风量的总和, m^3/min;

$\sum Q_{\text{硐}}$——硐室实际需要风量的总和, m^3/min;

$\sum Q_{\text{备}}$——备用工作面实际需要风量的总和, m^3/min;

$\sum Q_{\text{胶轮车}}$——井下采用胶轮车运输的矿井, 尾气排放稀释需要的风量, m^3/min;

$\sum Q_{\text{其他}}$——矿井除采、掘、硐室地点以外的其他巷道需风量的总和, m^3/min;

$K_{\text{矿通}}$——矿井通风需风系数, 抽出式 $K_{\text{矿通}} = 1.15 \sim 1.20$, 压入式 $K_{\text{矿通}} =$

1.25~1.30。

（2）采煤工作面需要风量，每个采煤工作面实际需要风量，应按瓦斯、二氧化碳涌出量和爆破后的有害气体产生量以及工作面气温、风速和人数等规定分别进行计算，然后取其中最大值。

① 低瓦斯矿井的采煤工作面按气象条件或瓦斯涌出量（用瓦斯涌出量计算，采用高瓦斯计算公式）确定需要风量。

$$Q_{采} = Q_{基本}K_{采高}K_{采面长}K_{温} \qquad (5-60)$$

式中　　$Q_{采}$——采煤工作面需要风量，m^3/min；

　　　　$Q_{基本}$——不同采煤方式工作面所需的基本风量，m^3/min；$Q_{基本} = 60 \times$ 工作面控顶距 × 工作面实际采高 × 70% × 适宜风速（不小于 1.0 m/s）；

　　　　$K_{采高}$——采煤工作面采高调整系数（表 5-18）；

　　　　$K_{采面长}$——采煤工作面长度调整系数（表 5-19）；

　　　　$K_{温}$——采煤工作面温度与对应风速调整系数（表 5-20）。

表 5-18　采煤工作面采高调整系数 $K_{采高}$

采高/m	<2.0	2.0~2.5	2.5~5.0 及放顶煤面
$K_{采高}$	1.0	1.1	1.5

表 5-19　采煤工作面长度调整系数 $K_{采面长}$

采煤工作面长度/m	80~150	150~200	>200
$K_{采面长}$	1.0	1.0~1.3	1.3~1.5

表 5-20　采煤工作面温度与对应风速调整系数 $K_{温}$

采煤工作面空气温度/℃	采煤工作面风速/(m·s^{-1})	$K_{温}$
<20	1.0	1.00
20~23	1.0~1.5	1.00~1.10
23~26	1.5~1.8	1.10~1.25
26~28	1.8~2.5	1.25~1.40
28~30	2.5~3.0	1.40~1.60

② 高瓦斯矿井按照瓦斯（或二氧化碳）涌出量计算。

根据《煤矿安全规程》规定，按采煤工作面回风流中瓦斯（或二氧化碳）的浓度不超过 1% 的要求计算。

$$Q_{采} = 100q_{采}K_{CH_4} \qquad (5-61)$$

式中　　$Q_{采}$——采煤工作面实际需要风量，m^3/min；

$q_采$——采煤工作面回风巷风流中瓦斯（或二氧化碳）的平均绝对涌出量，m^3/min；

K_{CH_4}——采面瓦斯涌出不均衡通风系数（正常生产时连续观测 1 个月，日最大绝对瓦斯涌出量和月平均日瓦斯绝对涌出量的比值）。

③ 工作面布置有专用排瓦斯巷的采煤工作面风量计算需要风量。

$$Q_采 = Q_{采回} + Q_{采尾} \tag{5-62}$$

$$Q_{采回} = 100q_采 K_{CH_4} \tag{5-63}$$

$$Q_{采尾} = \frac{q_{CH_4尾}K_{CH_4}}{2.5\%} \tag{5-64}$$

式中 $q_{CH_4尾}$——采煤工作面尾巷的风排瓦斯量，m^3/min。

④ 工作面温度选择适宜的风速进行计算。

$$Q_采 = 60 V_采 S_采 \tag{5-65}$$

式中 $V_采$——采煤工作面风速，m/s；

$S_采$——采煤工作面的平均断面积，m^2。

⑤ 按采煤工作面同时作业人数和炸药量计算需要风量。

$$Q_采 \geqslant 4N \tag{5-66}$$

式中 N——采煤工作面同时工作的最多人数，人；

4——每人需风量，m^3/min。

一级煤矿许用炸药：

$$Q_采 \geqslant 25A \tag{5-67}$$

二、三级煤矿许用炸药：

$$Q_采 \geqslant 10A \tag{5-68}$$

式中 25——每千克一级煤矿许用炸药需风量，m^3/min；

10——每千克二、三级煤矿许用炸药需风量，m^3/min；

A——采煤工作面一次爆破炸药最大用量，kg。

⑥ 按风速进行验算。

$$60 \times 0.25S < Q_采 < 60 \times 4S \tag{5-69}$$

式中 S——工作面平均断面积，m^2。

⑦ 备用工作面亦应满足瓦斯、二氧化碳、气温等规定计算的风量，且最少不得低于采煤工作面实际需要风量的 50%，可用式（5-70）计算。

$$Q_备 \geqslant 0.5Q_采 \tag{5-70}$$

（3）掘进工作面需要风量，每个掘进工作面实际需要风量，应按瓦斯、二氧化碳涌出量和爆破后的有害气体产生量以及工作面气温、风速、人数以及局部通风机的实际吸风量等规定分别进行计算，然后取其中最大值。

① 按照瓦斯（或二氧化碳）涌出量计算需要风量。

$$Q_掘 = 100q_掘 K_{掘通} \tag{5-71}$$

式中 $Q_掘$——单个掘进工作面需要风量，m^3/min；

$q_掘$——掘进工作面回风流中瓦斯（或二氧化碳）的绝对涌出量，m^3/min；

$K_{掘通}$——瓦斯涌出不均衡通风系数（正常生产条件下，连续观测 1 个月，日最大绝对瓦斯涌出量与月平均日瓦斯绝对涌出量的比值）。

按二氧化碳的涌出量计算需要风量，可参照瓦斯涌出量计算方法进行。

② 按局部通风机实际吸风量计算需要风量。

岩巷掘进：

$$Q_{掘} = Q_{扇} I_i + 60 \times 0.15S \tag{5-72}$$

煤巷掘进：

$$Q_{掘} = Q_{扇} I_i + 60 \times 0.25S \tag{5-73}$$

式中　$Q_{扇}$——局部通风机实际吸风量，m^3/min。安设局部通风机的巷道中的风量，除满足局部通风机的吸风量外，还应保证局部通风机吸入口至掘进工作面回风流之间的岩巷风速不小于 0.15 m/s、煤巷和半煤巷不小于 0.25 m/s，以防止局部通风机吸入循环风和这段距离内风流停滞，造成瓦斯积聚；

I_i——掘进工作面同时通风的局部通风机台数。

③ 按掘进工作面同时作业人数和炸药量计算需要风量。

$$Q_{掘} \geqslant 4N \tag{5-74}$$

式中　N——掘进工作面同时工作的最多人数，人；

　　4——每人需风量，m^3/min。

一级煤矿许用炸药：

$$Q_{掘} \geqslant 25A$$

二、三级煤矿许用炸药：

$$Q_{掘} \geqslant 10A \tag{5-75}$$

式中　A——掘进工作面一次爆破炸药最大用量，kg。

④ 按风速进行验算。

岩巷掘进最低风量：

$$Q_{岩掘} \geqslant 60 \times 0.15S_{掘} \tag{5-76}$$

煤巷掘进最低风量：

$$Q_{岩掘} \leqslant 60 \times 0.25S_{掘} \tag{5-77}$$

岩煤巷道最高风量：

$$Q_{岩掘} \leqslant 60 \times 4.0S_{掘} \tag{5-78}$$

式中　$S_{掘}$——掘进工作面的断面积，m^2。

（4）井下硐室需要风量，应按矿井各个独立通风硐室实际需要风量的总和计算。

$$\sum Q_{硐} = Q_{硐1} + Q_{硐2} + Q_{硐3} + \cdots + Q_{硐n} \tag{5-79}$$

式中　　　　　$\sum Q_{硐}$——所有独立通风硐室风量总和，m^3/min；

$Q_{硐1}, Q_{硐2}, Q_{硐3}, \cdots, Q_{硐n}$——不同独立供风硐室风量，$m^3/min$。

矿井井下不同硐室配风原则：

① 井下爆炸材料库配风必须保证每小时 4 次换气量。

$$Q_{库} = \frac{4V}{60} = 0.07V \tag{5-80}$$

式中　$Q_库$——井下爆炸材料库需要风量，m^3/min；

　　　　V——井下爆炸材料库的体积，m^3。

② 井下充电室风流中氢气浓度应按照《煤矿安全规程》规定不得超过 0.5% 计算风量。

③ 机电硐室需要风量应根据不同硐室内设备的降温要求进行配风。

④ 选取硐室风量，须保证机电硐室温度不超过 30 ℃。

（5）其他井巷实际需要风量，应按矿井各个其他巷道用风量的总和计算。

$$\sum Q_{其他} = Q_{其1} + Q_{其2} + Q_{其3} + \cdots + Q_{其n} \qquad (5-81)$$

式中　$Q_{其1}$，$Q_{其2}$，$Q_{其3}$，$\cdots$，$Q_{其n}$——各其他井巷风量，m^3/min。

① 按瓦斯涌出量计算需要风量。

$$Q_{其i} = 100 q_{CH_4i} K_{其通} \qquad (5-82)$$

式中　$Q_{其i}$——第 i 个其他井巷实际用风量，m^3/min；

　　　　q_{CH_4i}——第 i 个其他井巷最大瓦斯绝对涌出量，m^3/min；

　　　　$K_{其通}$——瓦斯涌出不均衡系数，取 1.2 ~ 1.3；

　　　　100——其他井巷中风流瓦斯浓度不超过 1% 所换算的常数。

② 按其风速验算。

$$Q_{其i} > 60 \times 0.15 S_{其i} \qquad (5-83)$$

③ 架线电机车巷中的风速验算。

$$Q_{其他架线机车} > 60 \times 1.0 S_{其i} \qquad (5-84)$$

式中　$S_{其i}$——第 i 个其他井巷断面积，m^2。

3. 矿井通风阻力的计算

1）矿井通风总阻力的计算原则

风流流动时必须具有一定的能量（通风压力），用以克服井巷及空气分子之间的摩擦和冲击与涡流对风流所产生的阻力。井巷通风总阻力是指风流由进风井口起，到回风井口止，沿一条通路（风流路线）各个分支的摩擦阻力和局部阻力的总和，简称井巷总阻力，用 h_z 表示。由通风机或自然因素造成的通风压力与矿井的通风阻力因次相同，数值相等，方向相反。因此，在通风设计中，计算出矿井通风阻力的大小，就能确定所需通风压力的大小，并以此作为选择通风设备的依据。

矿井通风总阻力的计算原则如下：

（1）当风量按各用风地点的需要或自然分配后，达到设计产量时，选择通风最容易和最困难的两个时期通风阻力最大的风路（一般只计算到主要通风机服务期限内），然后分别计算两条风路中各段井巷的通风阻力，分别累加后即为矿井通风容易和困难时期的通风阻力 h_{fr} 和 h_{fk}。

（2）矿井通风的设计负（正）压，一般不应超过 2940 Pa。表土层特厚、开采深度深、总进风量大、通风网路长的大深矿井，矿井通风设计的后期负压可适当加大，但后期通风负压不宜超过 3920 Pa。

（3）矿井井巷的局部阻力，新建矿井（包括扩建矿井独立通风的扩建区）宜按井巷摩擦阻力的 10% 计算，扩建矿井宜按井巷摩擦阻力的 15% 计算。

（4）多风机通风系统，在满足风量按需分配的前提下，公共风路的阻力不得超过任何一个主要通风机风压的 30% 。

（5）对于小型矿井，一般只计算困难时期的通风阻力。

2）矿井通风总阻力的计算

矿井通风总阻力是指风流由进风井口起，到回风井口止，沿一条通路（风流路线）各个分支的摩擦阻力和局部阻力的总和，简称矿井总阻力，用 h_m 表示。对于矿井有两台或多台主要通风机工作，矿井通风阻力按每台主要通风机所服务的系统分别计算。

在主要通风机的服务年限内，随着采煤工作面及采区接替的变化，通风系统的总阻力也将发生变化。当根据风量和巷道参数直接判定最大总阻力路线时，可按该路线的阻力计算矿井总阻力；当不能直接判定时，应选几条可能是最大的路线进行计算比较，然后定出该时期的矿井总阻力。矿井通风系统阻力应满足表 5-21 的要求。

矿井通风系统总阻力最小时称为通风容易时期，通风系统总阻力最大时称为通风困难时期。对于通风困难时期和容易时期，要分别画出通风系统图，按照采掘工作面及硐室的需要分配风量，再由各段风路的阻力计算矿井总阻力。

表 5-21 矿井通风阻力要求

矿井通风系统风量/(m³·min⁻¹)	系统的通风阻力/Pa	矿井通风系统风量/(m³·min⁻¹)	系统的通风阻力/Pa
<3000	<1500	10000~20000	<2940
3000~5000	<2000	>20000	<3920
5000~10000	<2500		

计算方法如下：

沿着风流总阻力最大路线，依次计算各段摩擦阻力 h_f，然后分别累计得出通风容易时期和困难时期的总摩擦阻力 h_{f1} 和 h_{f2}。

通风容易时期总阻力：

$$h_{m1} = h_{f1} + h_e = h_{f1} + (0.1~0.15)h_{f1} = (1.1~1.15)h_{f1} \tag{5-85}$$

通风困难时期总阻力：

$$h_{m2} = h_{f2} + h_e = h_{f2} + (0.1~0.15)h_{f2} = (1.1~1.15)h_{f2} \tag{5-86}$$

式中 h_e——摩擦阻力，N，$h_e = (0.1~0.15)h_{fi}$；

h_{fi}——第 i 个巷道的摩擦阻力，N。

h_f 按下式计算：

$$h_f = \sum_{i=1}^n h_{fi} \tag{5-87}$$

$$h_{fi} = \frac{a_i l_i u_i}{S_i^3} Q_i^2$$

式中 a_i——第 i 个巷道的摩擦阻力系数，N·s/m；

l_i——第 i 个巷道的风道长度，m；

u_i——第 i 个巷道的断面周长，m；

S_i——第 i 个巷道断面的面积，m^2；

Q_i——通过第 i 个巷道的风量，m^3/s。

3）矿井通风等积孔计算

等积孔是用一个与井巷或矿井风阻值相当的理想孔的面积值来衡量井巷或矿井通风难易程度的抽象概念。它是反映井巷或矿井通风阻力和风量依存关系的数值。等积孔越大，表示其通风越容易；反之，等积孔越小，表示通风越困难。矿井按等积孔分类见表 5 -22，各类矿井等积孔的计算方法见表 5 -23。

表 5-22 矿井通风阻力等级分类

等积孔/m^2	风阻/（N·s^2·m^{-8}）	矿井通风阻力等级	矿井通风难易程度评价
<1	>1.420	大阻力矿	难
1 ~2	0.355 ~1.420	中阻力矿	中
>2	<0.355	小阻力矿	易

4. 通风设备选择

矿井通风设备包括主要通风机及其电动机。在设备选择方面，须先选择主要通风机，然后选择电动机。

1）矿井通风设备的要求

（1）矿井必须安装 2 套同等能力的主要通风机装置，其中 1 套作备用，备用通风机必须能在 10 min 内开动。

表 5-23 各类矿井等积孔的计算方法

矿井种类	图 示	计算公式	符 号 注 释
单台通风机矿井		$A = \dfrac{1.19Q_单}{\sqrt{h}}$	A—等积孔，m^2； $Q_单$—通风机风量，m^3/s；
双台通风机矿井		$A_1 = \dfrac{1.19Q_1}{\sqrt{h_1}}$ $A_2 = \dfrac{1.19Q_2}{\sqrt{h_2}}$ $A = \dfrac{1.19(Q_1+Q_2)}{\sqrt{\dfrac{Q_1 h_1 + Q_2 h_2}{Q_1 + Q_2}}}$	h—通风机风压，Pa； A_1、A_2—通风机 1、2 的等积孔，m^2； Q_1、Q_2—通风机 1、2 的风量，m^3/s； h_1、h_2—通风机 1、2 的风压，Pa； A_n—通风机 n 的等积孔，m^2； Q_n—通风机 n 的风量，m^3/s； h_n—通风机 n 的风压，Pa；
多台通风机矿井		$A_z = \dfrac{1.19Q_z^{\frac{3}{2}}}{\sqrt{\sum\limits_{i=1}^{n} Q_多 h_i}}$	A_z—矿井总等积孔，m^2； Q_z—矿井总井量，m^3； $Q_多$—多风机矿井中每台风机的风量，m^3/min； h_i—多台通风机中每台的风压，Pa

（2）通风机的服务年限尽量满足第一水平通风要求，并适当照顾第二水平通风；在通风机的服务年限内其工况点应在合理的工作范围之内。

（3）通风机能力应留有一定的余量，轴流式通风机在最大设计负压和风量时，叶轮运转角度应比允许范围小5°；离心式通风机的选型设计转速不宜大于允许最高转速的90%。

（4）进、出风井井口的高差在150m以上，或进、出风井井口标高相同，但井深400m以上时，宜计算矿井的自然风压。

（5）对于小型矿井，一般只考虑满足困难时期的通风要求。

（6）矿井必须采用机械通风；主要通风机必须安装在地面；装有通风机的井口必须封闭严密，其外部漏风率在无提升设备时不得超过5%，有提升设备时不得超过15%。

（7）生产矿井严禁采用局部通风机或风机群作为主要通风机使用。

选型必备的基础资料包括通风机的工作方式（压入式还是抽出式）、矿井瓦斯等级、矿井不同时期的风量、通风机服务年限内的最大阻力和最小阻力以及风井是否作为提升用等。

2）通风机风量和风压的计算

（1）通风机风量计算，由于外部漏风（井口防爆门及主要通风机附近的反风门等处的漏风），通风机风量 Q_f 大于矿井风量 Q_z。

$$Q_f = KQ_z \tag{5-88}$$

式中　Q_f——主要通风机的工作风量，m^3/s；

　　　Q_z——矿井需风量，m^3/s；

　　　K——漏风损失系数，风井不作提升用时取1.1，箕斗井兼作回风用时取1.15，回风井兼作升降人员时取1.2。

通风机风量按容易时期和困难时期分别计算 Q_{fmin}、Q_{fmax}。

（2）通风机风压计算，通风机风压 H_f 和矿井自然风压 H_n 共同作用克服井巷通风系统的总阻力 h_z、各通风机辅助装置（如消声器、扩散器等）的阻力 h_d 及扩散器出口动能损失 h_v。根据通风机的通风压力与矿井通风总阻力数值相等的规律，求出通风机风压 H_f。

$$H_f = h_z \tag{5-89}$$

通常离心式通风机提供的大多是全压曲线，而轴流式通风机提供的大多是静压曲线。

① 对抽出式通风矿井通风机风压计算。

离心式通风机通风容易时期：

$$H_{ftmin} = h_z + h_d + h_v - H_n \tag{5-90}$$

离心式通风机通风困难时期：

$$H_{ftmax} = h_z + h_d + h_v + H_n \tag{5-91}$$

轴流式通风机通风容易时期：

$$H_{fsmin} = h_z + h_d - H_n \tag{5-92}$$

轴流式通风机通风困难时期：

$$H_{fsmax} = h_z + h_d + H_n \tag{5-93}$$

通风容易时期为使自然风压与通风机风压作用相同时，通风机有较高的效率，故从通风系统阻力中减去自然风压 H_n；通风困难时期，为使自然风压与通风机风压作用反向时，通风机能力满足需要，故从通风系统阻力中加上自然风压 H_n。

② 对于压入式通风矿井，h_v 改为回风井的出口动压。

高山地区大气压力较低，因此一般应对矿井负压进行校正，负压校正按式（5-94）进行。

$$h' = \frac{760 \times 13.6 \times 9.8}{P'} H \qquad (5-94)$$

式中　h'——高山地区矿井负压，Pa；

P'——高山地区大气压力，Pa，见表5-24；

H——海拔高度，m。

表5-24　通风井口绝对海拔标高 H 与大气压力关系

海拔标高 H/m	大气压力/Pa(mmHg)	海拔标高 H/m	大气压力/Pa(mmHg)
0	101292.8(760)	2400	75436.5(566)
200	98627.2(740)	2600	73570.0(552)
400	96628.0(725)	2800	72104.5(541)
600	94362.2(708)	3000	70105.3(526)
800	92096.5(691)	3200	68372.6(513)
1000	89830.7(674)	3400	66506.7(499)
1200	87698.2(658)	3600	64374.2(483)
1400	85566.8(642)	3800	63174.7(474)
1600	83433.3(626)	4000	62241.8(467)
1800	81434.1(611)	4200	60642.4(455)
2000	79434.9(596)	4400	58376.6(438)
2200	77435.7(581)		

3）主要通风机的选取

（1）初选通风机，根据计算的矿井通风容易时期通风机的 Q_{fmin}、H_{fmin} 和矿井通风困难时期通风机的 Q_{fmax}、H_{fmax}，在通风机特性曲线上选出满足矿井通风要求的通风机。可按类型特性曲线或个体特性曲线确定通风机的型号，包括叶轮直径、叶片安装角和转速等。

① 按类型特性曲线选择：首先以效率高、性能好为条件确定通风机类型。为使通风机在整个服务期内都具有较高的效率，以 H_{fmin} 和 H_{fmax} 的平均值作为选择时的计算风压，即通风机在额定工况时的风压。

通风机的最佳直径 D_2 可按式（5-95）计算。

$$D_2 = 1.128 \sqrt[4]{\frac{\rho Q_f^2 \overline{H_f}}{H_f \overline{Q_f^2}}} \qquad (5-95)$$

式中　　　H_f——计算风压，且 $H_f = \dfrac{H_{fmin} + H_{fmax}}{2}$；

Q_f——计算风量，且 $Q_f = \dfrac{Q_{fmin} + Q_{fmax}}{2}$；

$\overline{Q}_f$、$\overline{H}_f$——所选通风机的风压系数和流量系数，对应于最佳工况的数值，可由类型特性曲线查得；

ρ——空气密度，可取 1.2 kg/m^3 或取当地实际测定值。

直径由式（5-95）确定的通风机不仅能满足通风要求，而且在整个服务期内都能获得较高的效率。但因同一类型的通风机直径不可能很多，所以还需按计算结果选一个与之靠近的机号。当机号确定后，叶轮的直径也就确定了。

当式（5-95）计算的结果与所选定通风机的直径 D_2 相差不大时，通风机的转速 n 可由式（5-96）确定：

$$n = \frac{60}{\pi D_2} \sqrt{\frac{P}{\rho \, \overline{P}}} \qquad (5-96)$$

式中　P——通风机所处位置的压力；

$\overline{P}$——整个矿井压力平均值。

按式（5-95）和式（5-96）选定的通风机不仅能满足通风要求，而且能使工况点基本落在高效区内。

② 按个体特性曲线选：首先优选通风机类型，然后将前面计算的风量 Q_{fmin}、Q_{fmax} 和风压 H_{fmin}、H_{fmax} 与个体特性曲线上高效区中的参数直接对号即可。当资料较全时，这种方法较简单。

（2）求通风机实际工况点：因为根据 Q_{fmin}、H_{fmin} 和 Q_{fmax}、H_{fmax} 确定的设计工况点不一定恰好在所选择通风机的特性曲线上，因此必须根据矿井工作阻力，确定其实际工况点。

① 计算矿井工作风阻。

用静压特性曲线时：容易时期为 $R_{smin} = \dfrac{H_{fsmin}}{Q_{fmin}^2}$，困难时期为 $R_{smax} = \dfrac{H_{fsmax}}{Q_{fmax}^2}$。

用全压特性曲线时：容易时期为 $R_{tmin} = \dfrac{H_{ftmin}}{Q_{fmin}^2}$，困难时期为 $R_{tmax} = \dfrac{H_{ftmax}}{Q_{fmax}^2}$。

② 确定通风机的实际工况点：在通风机特性曲线上做通风机工作风阻曲线，与风压曲线的交点即为实际工况点。

③ 确定通风机型号和转速：根据各台通风机的工况参数（Q_f、H_f、n、N）对初选的通风机进行技术、经济和安全性比较，最后确定满足矿井通风要求、技术先进、效率高和运转费用低的通风机的型号和转速。

4）电动机的选择

（1）通风机的输入功率：通风机输入功率按通风容易时期和困难时期，分别计算通风机所需输入功率 N_{min}、N_{max}。

$$N_{min} = \frac{Q_f H_{fsmin}}{1000 \eta_s} \qquad (5-97)$$

$$N_{max} = \frac{Q_f H_{fsmax}}{1000 \eta_s} \qquad (5-98)$$

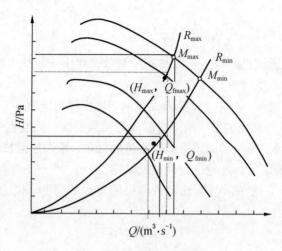

图 5 - 18　通风机工况点图

或

$$N_{\min} = \frac{Q_f H_{ftmin}}{1000 \eta_t} \tag{5-99}$$

$$N_{\max} = \frac{Q_f H_{ftmax}}{1000 \eta_t} \tag{5-100}$$

式中　　η_t、η_s——通风机全压效率和静压效率；

　　　　$N_{\min}$、$N_{\max}$——矿井通风容易时期和困难时期通风机的输入功率，kW。

（2）电动机的台数及种类。

当 $N_{\min} \geq 0.6 N_{\max}$ 时，可选一台电动机，电动机功率为

$$N_e = \frac{N_{\max} k_e}{\eta_e \eta_{tr}} \tag{5-101}$$

当 $N_{\min} < 0.6 N_{\max}$ 时，选两台电动机，电动机功率后期按式（5-101）计算，初期为

$$N_{emin} = \sqrt{N_{\min} N_{\max}} \frac{k_e}{\eta_e \eta_{tr}} \tag{5-102}$$

式中　　k_e——电动机容量备用系数，$k_e = 1.1 \sim 1.2$；

　　　　η_e——电动机效率，$\eta_e = 0.9 \sim 0.94$（大型电机取较高值）；

　　　　η_{tr}——传动效率，电动机与通风机直联时 $\eta_{tr} = 1$，皮带传动时 $\eta_{tr} = 0.95$。

电动机功率在 400 ~ 500 kW 以上时，宜选用同步电动机。其优点是在低负荷运转时，可用来改善电网功率因数，使矿井减少用电消耗；缺点是这种电动机的购置和安装费较高。

参考习题

1. 简述公路隧道内有害气体的成分及其危害。

2. 对公路隧道空气的质量有哪些具体规定？

3. 根据已知条件，求解某一级公路隧道的需风量。已知：

（1）设计时速：60 km/h。

（2）车道和行车情况：采用双洞单向行车双车道隧道，日最高通过车辆 60000 辆。其中，柴油车 7000 辆，小客车 17000 辆，旅行车、轻型货车 14000 辆，中型货车 13000 辆，大型客车 9000 辆。

（3）隧道长度和纵坡坡度：长度为 1600 m，纵坡坡度为 2%。

（4）海拔高度和气压：平均海拔高度为 1200 m，气压为 90 kN/m²。

（5）隧道净空断面面积：65 m²。

（6）隧道夏季设计温度：33 ℃。

4. 公路隧道有哪些运营通风方式？各有什么特征？

5. 纵向式机械通风有哪几种方式？其有何差异？

6. 某双向行驶隧道，上下行车辆比例为 1:1。该隧道采用全射流纵向通风。根据已知条件，求解隧道所需风机台数。已知：

（1）隧道长度 $L = 850$ m，坡度为 0.6%。

（2）隧道断面积 $A_r = 53$ m²，当量直径 $D_t = 6$ m。

（3）设计高峰小时交通量 $N = 1600$ 辆/h。

（4）汽车等效阻抗面积 $A_m = 2.5$ m²。

（5）设计时速 $v_t = 14.0$ m/s，自然风风速 $v_n = 14.0$ m/s。

（6）自然风引起的等效压差 $\Delta P_m = 10.95$ Pa。

（7）隧道设计需风量 $Q = 75$ m³/s。

（8）隧址空气密度 $\rho = 1.224$ kg/m³。

（9）隧道入口局部阻力系数 ε_e 取 0.6，出口局部阻力系数 ε_0 取 1，摩擦阻力系数 λ 取 0.025。

（10）选用 900 型射流风机，风机风速 $v_j = 25$ m/s，风口面积 $A_j = 0.636$ m²，射流风机位置摩阻损失折减系数 η 取 0.91。

7. 进行公路隧道运营通风方式选择时，需考虑哪些因素？

6 地下工程热、湿负荷计算

6.1 围岩结构传热计算

6.1.1 一般概念

地下空间的传热特性与地面建筑不同,地下空间具有蓄热能力强、热稳定性好、温度变化幅度小和夏季潮湿等特点。

地下空间受进风温度、通风班制、通风量、生产班制、埋深、地下空间尺寸和几何形状等因素的影响,围护结构的传热过程是比较复杂的。为了便于工程设计计算。根据地下空间的几何形状进行分类简化,以便用不同的传热微分方程来描述不同类型围护结构的传热问题,并求得问题解。

在热工计算中,一般是根据地下空间的几何尺寸将其简化成两类,即当量圆柱体和当量球体。所谓当量圆柱体,是指长宽比大于2的地下空间,而长宽比小于2的地下空间则视为当量球体。

地下空间围护结构在传热过程的同时,还伴随着复杂的传湿过程。据有关研究者对地下空间围护结构的传热传湿问题进行的理论推导和实验验证,结果表明:蒸汽渗透的存在对壁面温度的变化没有多大影响。因此,在围护结构的传热计算中,湿传导对热传导的影响可以忽略不计(严重的地下水运动和裂隙水除外)。

围护结构表面散湿受地下空间内温湿度、气流速度及水文地质条件的影响,是不稳定的。壁面做过防潮处理或做衬套的地下空间,壁面散湿量一般不大。但对于一般通风地下空间,夏季地下空间内潮湿的主要原因是通风带进湿源及壁面传热,造成地下空间内空气湿度偏低。

从传热来说,地表面温度年周期性变化对地下空间围护结构传热的影响是否可以忽略不计,也是划分深埋与浅埋地下空间的主要条件。计算结果表明,一般当地下空间覆盖层厚度大于 6~7 m 时,地表面温度年周期性变化对地下空间围护结构传热的影响可以忽略不计。

地下空间内表面一般都做衬砌,其导热系数 λ_b 和导温系数 a_b 与基岩(或土壤)的导热系数 λ 和导温系数 a 往往不同。在热工计算中,如果两者相差不大时,可取 λ 和 a。如果两者分别相差较大时,则应根据热作用周期长短来确定。对于计算年平均和年周期性波动传热时,热物理系数应取基岩或土壤数值;对于计算日周期性波动传热时,应取衬砌数值,即 λ_b 和 a_b;无衬砌时,取 λ 和 a。

本节所介绍的传热计算方法,包括了深埋和浅埋地下空间,重点阐述公式的物理意义,并举例说明使用方法,至于公式的推导过程,这里不作论述。

6.1.2 气象参数和地温参数的确定

1. 气象参数

地下空间传热计算的气象参数，应根据地下空间周期性传热的特点来收集，一般是根据附近气象台（站）近10年的气象观测资料，按热工计算要求进行统计整理。如果建设点与气象站的海拔高差较大时，应对收集的气象参数进行修正。

1）收集内容

（1）气象站海拔高度 H，m。

（2）大气压力 B，Pa，它包括3个方面：

① 夏季大气压力，取夏季最热3个月大气压力的平均值。

② 冬季大气压力，取冬季最冷3个月大气压力的平均值。

③ 年平均大气压力。

（3）温度 t，℃，它包括5个方面：

① 夏季地下空间外计算温度 t_{wx}，取夏季最热月的月平均温度。

② 夏季最热月地下空间外空气日平均温度 t_{wp}，取夏季最热月的月平均温度。

③ 冬季地下空间外计算温度 t_{wd}，取冬季最冷月的月平均温度。

④ 地下空间外年平均气温 $t_{wc} = \dfrac{t_{wp} + t_{wd}}{2}$。

⑤ 地下空间外气温波幅（温度最大波动值），如图6-1所示。

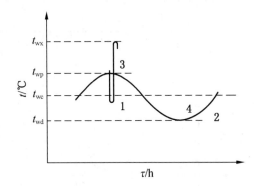

1—温度日波动曲线；2—温度年波动曲线；3—温度日波幅 θ_2，$\theta_2 = t_{wx} - t_{wp}$；4—温度

图6-1　地下空间外气温变化示意图

（4）空气水蒸气分压力 p_c，Pa；含湿量 d，g/kg$_{干空气}$。

空气含湿量 d，g/kg$_{干空气}$与大气压力 B 和空气水蒸气分压力 p_c 的关系可用式（6-1）表示。

$$d = 622 \frac{p_c}{B - p_c} \tag{6-1}$$

2）气象参数的修正

这里所介绍的是根据海拔高差的修正方法。海拔高度小于1600 m时，大气压力随海拔高度的增加近似按线性规律下降，可用式（6-2）表示。

$$B' = B - 11.33(H_2 - H_1) \tag{6-2}$$

式中　B'——建设点的大气压力，Pa；

B——气象站的大气压力，Pa；

H_1——气象站的海拔高度，m；

H_2——建设点的海拔高度，m。

空气含湿量随海拔高度的增加近似按指数规律下降，可用式（6-3）表示。

$$d' = d10^{-\frac{H_2 - H_1}{6300}} \tag{6-3}$$

式中　d'——建设点的空气含湿量，g/kg$_{干空气}$；

d——气象站的空气含湿量，g/kg$_{干空气}$。

空气温度随海拔高度的增加而下降，每升高 150～200 m 气温下降 1 ℃。

将修正后的空气含湿量 d' 代入式（6-1）中，求出修正后的空气水蒸气分压力 p'_c，按式（6-4）计算建设点的空气相对湿度 φ。

$$\varphi = \frac{p'_c}{p_{cb}} \times 100\% \tag{6-4}$$

式中　p_{cb}——在干球温度为 t 时的空气饱和水蒸气分压力，Pa；它是温度的单值函数，根据空气干球温度查表 6-1。

表 6-1　空气饱和状态的水蒸气分压力 p_{cb} 和绝对湿度 Z_b 与干球温度 t 的关系

（$B = 101325$ Pa）

$t/℃$	p_{cb}/Pa	$Z_b/(g \cdot m^{-3}_{湿空气})$	$t/℃$	p_{cb}/Pa	$Z_b/(g \cdot m^{-3}_{湿空气})$	$t/℃$	p_{cb}/Pa	$Z_b/(g \cdot m^{-3}_{湿空气})$
-20	124	1.10	0	613	4.90	20	2319	17.30
-19	135	1.20	1	659	5.20	21	2466	18.30
-18	149	1.36	2	707	5.60	22	2621	19.40
-17	161	1.40	3	758	6.00	23	2785	20.60
-16	174	1.50	4	813	6.40	24	2958	21.80
-15	187	1.60	5	871	6.80	25	3140	23.10
-14	207	1.70	6	933	7.30	26	3332	24.40
-13	224	1.90	7	999	7.80	27	3534	25.80
-12	244	2.00	8	1069	8.30	28	3747	27.20
-11	257	2.20	9	1143	8.80	29	3971	28.80
-10	279	2.40	10	1222	9.40	30	4206	30.40
-9	302	2.50	11	1290	10.00	31	4454	32.10
-8	327	2.70	12	1394	10.70	32	4714	33.80
-7	354	3.00	13	1488	11.40	33	4988	35.70
-6	383	3.20	14	1588	12.10	34	5275	37.60
-5	415	3.40	15	1693	12.80	35	5577	39.60
-4	449	3.70	16	1805	13.60	36	5893	41.70
-3	486	3.90	17	1923	14.50	37	6225	43.90
-2	522	4.20	18	2048	15.40	38	6573	46.20
-1	568	4.50	19	2191	16.40	39	6938	48.60

2. 地温参数

地温受地表面温度年周期性变化和日周期性变化的影响，发生周期性变化。地温周期性变化的幅值随地层深度的增加按自然指数规律减小。由于温度日周期性波动的周期小，工程上一般不考虑地表面温度日周期性变化对地温的影响。

地温 $t(\gamma, \tau)$ 随地层深度 γ 和时间 τ 的变化，可按式（6-5）计算：

$$t(\gamma, \tau) = t_0 \pm \theta_d e^{-\sqrt{\frac{\omega_1}{2a}}\gamma} \cos\left(\omega_1 \tau - \sqrt{\frac{\omega_1}{2a}}\gamma\right) \qquad (6-5)$$

式中　　　γ——从地表面算起的地层深度，m；

τ——从地表面温度年波幅出现算起的时间，h；

$t(\gamma, \tau)$——在 τ 时刻，深度为 γ 处的地温，℃；

t_0——年平均地温（即地表面年平均温度），℃；

θ_d——地表面温度年周期性波动波幅，℃；

a——地层材料的导温系数，m²/s（有关材料的热物理系数见表6-2）；

ω_1——温度年周期性波动频率，s⁻¹，$\omega_1 = \dfrac{2\pi}{T} = 1.99 \times 10^{-7} \text{s}^{-1}$；

T——温度年波动周期，s，$T = 31536000$ s；

e——自然对数的底，其值为2.71828。

式（6-5）中乘积为地层深度处的地温年周期性波动波幅，令它为 $\theta_d(\tau)$。如果 $\theta_d(\tau)$ 已确定，则地层深度 γ 可以按式（6-6）计算。

$$\tau = \left(\frac{2a}{\omega_1}\right)^{\frac{1}{2}} \ln \frac{\theta_d}{\theta_d(\tau)} \qquad (6-6)$$

式（6-6）可以用来确定深埋地下空间与浅埋地下空间的界限。

当时间 $\tau = \tau_i = \dfrac{e\gamma}{2\alpha\omega_1}$（$\alpha$ 为换热系数）时，由式（6-5）可得到 γ 处年变化的最高（或最低）温度的计算式。

$$t(\gamma, \tau) = t_0 \pm \theta_d e^{-\sqrt{\frac{\omega_1}{2a}}\gamma} \qquad (6-7)$$

时间 τ 为地层 γ 处的年最高（或最低）温度出现的时间，比地表面年最高（或最低）温度出现的时间延迟小时数。

当式（6-5）中的时间 τ 为 0 或 4380 h（即地表面温度年周期性变化过程中，出现最高温度或最低温度的时刻）时，γ 处的地温可按式（6-8）计算。

$$t(\gamma, \tau) = t_0 \pm \theta_d e^{-\sqrt{\frac{\omega_1}{2a}}\gamma} \cos\left(-\sqrt{\frac{\omega_1}{2a}}\gamma\right) \qquad (6-8)$$

按式（6-5）、式（6-7）和式（6-8）计算的地温，应根据地表面的性质，加上地温附加值（表6-3）。对于平原地区，由式（6-5）、式（6-7）和式（6-8）计算的地温还应加上地层深度 γ 对地温影响的附加值 $\gamma/30$ ℃。

6.1.3　地下空间外空气温度日波幅进入地下空间内的变化

在一般通风（指进风不经人工处理，下同）情况下，地下空间外温度近似按余弦规

表6-2 岩石和土壤的热物理性能

序号	材料名称	密度 ρ/(kg·m⁻³)	材料特性					
			导热系数 λ/(W·m⁻¹·℃⁻¹)	比热 C/(kJ·kg⁻¹·℃⁻¹)	换热系数 α/(W·m⁻²·℃⁻¹)	蒸汽渗透系数 μ×10¹¹/(kg·m⁻¹·s⁻¹·Pa⁻¹)	导温系数 a×10⁷/(m²·s⁻¹)	蓄热系数 S(24 h)/(W·m⁻²·℃⁻¹)
1	砂岩	2250	1.838	0.837			9.72	31.401
2	密实硅质砂岩	2630	2.014	0.963			7.92	37.216
3	砂岩·石英岩	2400	2.035	0.921	18.03	1.64169	9.17	34.890
4	石灰岩	2250	1.279	0.837			6.81	25.286
5	石灰岩	2478	0.984	0.888			4.61	24.423
6	石灰岩	2000	1.163	0.921	12.44	1.66671	6.31	24.423
7	石灰岩	1700	0.930	0.921	10.23	2.08339	5.94	19.771
8	介壳石灰岩	1400	0.640	0.921	7.73	4.16677	4.97	15.119
9	石灰质凝灰岩	1300	0.523	0.921	6.75	4.16677	4.36	12.793
10	阿尔蒂克凝灰岩	1200	0.465	0.921	6.11	3.75009	4.22	11.630
11	灰质页岩	1760	0.835	1.005			4.61	20.934
12	大理岩·花岗岩	3000	3.605	0.837			14.36	50.009
13	大理岩·花岗岩	2800	3.489	0.921	25.47	0.31251	13.53	50.009
14	大理岩·花岗岩	2722	2.210	0.917			8.83	39.542
15	片麻岩	2700	3.489	1.005			12.86	51.172
16	黄铁矿	4660	4.187	0.896			10.00	69.780
17	黄铜矿	4716	4.210	0.862			10.36	68.617
18	建筑物下的种植土	1800	1.163	0.837			7.72	22.097
19	干砂填料	1600	0.582	0.837			4.33	15.119
20	石灰土(43%湿度)	1670	1.977	2.219			5.28	45.357
21	干石英砂	1650	0.733	0.795			5.56	16.282
22	石英砂(8.3%湿度)	1750	1.628	1.005			9.17	27.912
23	砂质黏土(15%湿度)	1780	2.559	1.382			10.28	41.868

表6-3 地表性质不同的地温附加值

地面性质	光秃地面	冬季积雪	长期积雪	树木杂草
地温 $t/℃$	0	1	2	1

律变化的空气进入地下空间内，引起地下空间内的空气温度发生周期性变化。地下空间外空气温度日波幅 θ_2 在地下空间内将发生显著衰减。地下空间内的空气最高温度和最低温度出现的时间，比地下空间外空气最高温度和最低温度出现的时间有所延迟。下面分别介绍在连续均匀送排风情况下，当量圆柱体和当量球体地下空间内的空气温度日波动值 $\theta_{n2}(\tau)$ 的计算。

1. 当量圆柱体地下空间

$$\theta_{n2}(\tau) = \frac{\theta_2}{v}\cos(\omega_2\tau - \beta) \qquad (6-9)$$

$$v = \frac{A_2E_2 + GC}{GC} \qquad (6-10)$$

$$\beta = \tan^{-1}\frac{B_2E_2 + \omega_2G'C}{A_2E_2 + GC} \qquad (6-11)$$

式中　　θ_2——地下空间外气温日波幅，℃；

v——地下空间外气温日波幅在地下空间内的衰减倍数；

A_2、B_2——日周期性波动传热计算参数，根据准数 $\xi = r_0\sqrt{\dfrac{\omega_2}{a_b}}$ 和 $\eta = \dfrac{\lambda_b}{\alpha}\sqrt{\dfrac{\omega_2}{a_b}}$ 值分别查图6-2和图6-3；

λ_b——衬砌材料的导热系数，$W/(m·℃)$；

a_b——衬砌材料的导温系数，m^2/s；

α——换热系数，$W/(m^2·℃)$，一般取 $5.8 \sim 8.1W/(m·℃)$；

ω_2——温度日周期性波动频率，s^{-1}，$\omega_2 = \dfrac{2\pi}{\tau_0} = 7.27 \times 10^{-5}s^{-1}$；

τ_0——温度日周期性波动周期，s，$\tau_0 = 86400$ s；

r_0——建筑物当日半径，m，$r_0 = \dfrac{P}{2\pi}$；

P——地下空间横截面周长，m；

E_2——日周期性波动传热计算参数，$W/℃$，$E_2 = 2\pi\lambda_b l$；

l——地下空间长度，m；

β——地下空间内外气温日波幅出现的相位差，rad；

G——通风量，kg/s；

C——空气比热，$J/(kg·℃)$，$C = 1005$ $J/(kg·℃)$；

G'——地下空间内所容的空气质量，kg；

ρ——空气密度，kg/m^3，$\rho = 1.2$ kg/m^3；

τ——地下空间外空气温度日波幅 θ_2 出现时刻为计算起点的时间，s。

$$\theta_{n2} = \pm\frac{\theta_2}{v} \tag{6-12}$$

式（6-12）中，当 θ_{n2} 为 "+" 时，表示白天；当 θ_{n2} 为 "-" 时，表示晚上。

时间 τ_i 为地下空间内空气温度日波幅 θ_{n2} 出现的时间，比地下空间外空间温度日波幅 θ_2 出现的时间所滞后的时间。

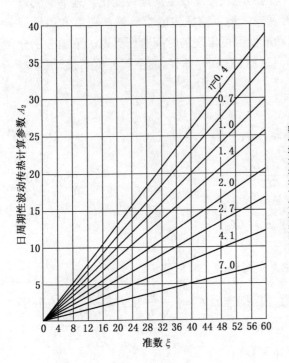

图 6-2 A_2 值与准数 ξ 和 η 的关系

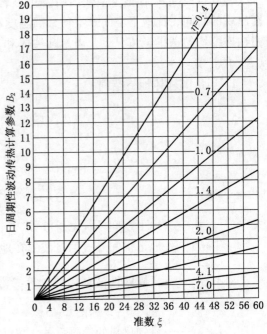

图 6-3 B_2 值与准数 ξ 和 η 的关系

2. 当量球体地下空间

当量球体地下空间内空气温度日波幅出现的时间延迟很短，即 β 值很小。因此，热工计算时，可以不考虑时间延迟，近似认为地下空间内外空间温度日波幅同时出现，则当量球体地下空间内空间温度日波动值 $\theta_{n2}(\tau)$ 是按式（6-13）近似计算。

$$\theta_{n2}(\tau) \approx \frac{\theta_2}{v}\cos(\omega_2\tau) \tag{6-13}$$

$$v = \frac{GC + 4\pi\alpha r_0^2 f(\xi, Bi)}{GC} \tag{6-14}$$

$$f(\xi, Bi) = 1 - \frac{Bi(1 + Bi + 0.707\xi)}{(1 - Bi + 0.707\xi)^2 + 0.5\xi} \tag{6-15}$$

式中　　r_0——地下空间当量球体半径，m，$r_0 = 0.62\sqrt[3]{V}$；

　　　　V——地下空间容积，m^3；

　　　　Bi——比欧准数，$Bi = \frac{\alpha r_0}{\lambda}$。

— 128 —

其余符号意义同前。

当时间 $\tau = 0$ 时，由式（6-13）可得到地下空间内空气温度日波幅 θ_{n2} 的计算式。

$$\theta_{n2} = \frac{\theta_2}{v} \tag{6-16}$$

在地下空间内发热量不变化的情况下，地下空间外气温日波幅在地下空间内衰减的程度与很多因素有关。但主要取决于风量的大小，风量越大，衰减越小；反之 θ_2 越大，θ_2 与地下空间内的发热量大小无关。

由于温度日周期性波动的频率较大，温度波对建筑物围护结构的热作用深度较小。因此，上面所介绍的地下空间外气温日波幅在地下空间内的衰减计算，同样适用于浅埋地下空间。

6.1.4 预热期热负荷的确定

地下空间竣工后，由于围护结构内部存在大量的施工水，室温较低，湿度较大，不宜使用，需经过一段时间加热烘烤，提高围护结构温度，并配合适当通风，带走围护结构散发到地下空间内的水汽，使地下空间内空气温湿度达到使用要求。

预热负荷的大小主要取决于预热期的长短和预热温度。

设计预热负荷时，应与平时使用的加热负荷结合起来考虑。如果预热负荷大于平时使用负荷，预热时可增加临时性加热设备给以补充。为了获得一定的加热深度，预热期不宜过短，一般为 1~3 个月。

目前，预热有两种加热制度：一种是恒热预热，另一种是非恒热预热。恒热预热适用于干燥但室温偏低的地下空间；对于潮湿的地下空间，宜采用通风预热方式（非恒热预热）。

1. 恒热预热

恒热预热过程，地下空间内空气温度 $t(\tau)$ 和壁面温度 $t(r_0, \tau)$ 与壁面热流温度 q（q 为常数）之间的关系式如下：

$$q = K[t(\tau) - t_0] \tag{6-17}$$

$$t(r_0, \tau) = t_0 + \left(\frac{1}{K} - \frac{1}{\alpha}\right)q \tag{6-18}$$

式中　q——恒热预热壁面热流强度，W/m^2；

　　　t_0——年平均地温（岩石初始温度），$℃$；

　　　K——围护结构传热系数，$W/(m^2 \cdot ℃)$；

　　　α——换热系数，$W/(m^2 \cdot ℃)$，一般取 5.8~8.1$W/(m^2 \cdot ℃)$。

由式（6-17）和式（6-18）可知，恒热预热处理地下空间内空气温度与壁面温度之差为常数。

下面介绍不同情况下的传热系数 K 的确定。

（1）如果衬砌材料的热物理系数 λ_b 和 a_b 与基岩（或土壤）的热物理系数 λ 和 a 分别相差不大时，传热系数 K 可按式（6-19）计算。

$$K = \frac{1}{\dfrac{1}{\alpha} + \dfrac{1.13\sqrt{\alpha\tau}}{\beta\lambda}} = \frac{1}{\dfrac{1}{\alpha} + \dfrac{1.13r_0\sqrt{Fo}}{\beta\lambda}} \tag{6-19}$$

式中　　Fo——傅里叶准数，$Fo = \dfrac{a\tau}{r_0^2}$；

τ——预热时间，h；

β——建筑物形状因素，平壁 $\beta = 1$；当量圆柱体地下空间，$\beta = 1 + 0.38\sqrt{Fo}$；当量球体地下空间，$\beta = 1 + \sqrt{Fo}$。

其余符号意义同前。

（2）如果衬砌材料的热物理系数 λ_b 和 a_b 与基岩（或土壤）的热物理系数 λ 和 a 分别相差较大时，则系数 K 应分两种情况来考虑。

① 如果加热计算深度 $\delta(\delta = 1.13\sqrt{a\tau})$ 小于或等于衬砌厚度 δ_b 时，则 K 值仍按式（6-19）计算，不过式中的热物理系数应取 λ_b 和 a_b 值。

② 如 $\delta > \delta_b$ 时，则传热系数 K 值应按下式近似计算。

$$K = \cfrac{1}{\dfrac{1}{\alpha} + \dfrac{\delta_b}{\beta_b \lambda_b} + \dfrac{1.13 r_0 \sqrt{Fo}}{\beta\lambda}\left(1 - \dfrac{\delta_b}{1.13 r_0 \sqrt{Fo_b}}\right)} \tag{6-20}$$

式中　　δ_b——衬砌厚度，m；

Fo_b——衬砌材料傅里叶准数，$Fo_b = \dfrac{a_b \tau}{r_0^2}$；

β_b——建筑物形状因素，确定方法同式（6-19）中所述，不过式中的 Fo 应以 Fo_b 代替。

其余符号意义同前。

2. 非恒热预热

一般通风情况下的预热过程为非恒热预热。地下空间内的空气温度受进风温度周期性变化的影响，发生周期性变化。由于预热期相对不长，因此，进风温度年变化对地下空间内空气温度的影响可以忽略不计，只考虑进风温度日变化的影响。

设进风日平均温度为 t'_{wp}，温度日波幅为 θ_2，通风量为 G，空气比热为 C，换热系数为 α，预热负荷为 Q，地下空间内表面积为 S，年平均低温为 t_0。在连续均匀送排风情况下预热，当量圆柱体地下空间内，白天空气最高温度和晚上空气最低温度按式（6-21）计算。

$$t(\tau) = t'_{np} + \theta_{n2} \tag{6-21}$$

$$t'_{np} = \left(t'_{wp} + \frac{Q}{GC}\right)\frac{f(Fo,Bi') + H}{1 + H} + \frac{[1 - f(Fo,Bi')]t_0}{1 + H} \tag{6-22}$$

式中　　$t(\tau)$——通风预热过程中地下空间内的空气温度，℃；

t'_{np}——通风预热过程，地下空间内的空气日平均温度，℃；

t'_{wp}——地下空间外空气日平均温度，℃（取月平均温度值）；

H——参数，$H = \dfrac{GC}{\alpha S}$；

Bi'——准数，$Bi' = \dfrac{HBi}{1 + H}$；

θ_{n2}——地下空间内空气温度日波幅，℃；

$f(Fo,Bi')$——参数（根据准数 Fo 和 Bi' 值查表 $6-4$）。

其余符号意义同前。

表 $6-4$　参数 $f(Fo,Bi')$

Bi' ＼ Fo	0.03	0.04	0.06	0.08	0.10	0.20	0.30	0.40	0.60	0.80	1.00
0.03							0.219	0.233	0.255	0.271	0.284
0.4				0.149	0.160	0.196	0.220	0.237	0.264	0.283	0.298
0.5	0.106	0.118	0.137	0.153	0.165	0.208	0.235	0.256	0.285	0.307	0.325
0.6	0.109	0.123	0.145	0.163	0.177	0.226	0.258	0.279	0.312	0.336	0.354
0.7	0.115	0.131	0.157	0.177	0.193	0.247	0.280	0.304	0.339	0.364	0.384
0.8	0.124	0.142	0.170	0.192	0.210	0.269	0.303	0.330	0.367	0.393	0.413
0.9	0.134	0.153	0.184	0.208	0.227	0.290	0.327	0.354	0.393	0.420	0.440
1.0	0.145	0.166	0.199	0.224	0.244	0.310	0.350	0.378	0.417	0.445	0.446
1.2	0.166	0.190	0.228	0.256	0.279	0.350	0.392	0.422	0.462	0.469	0.511
1.4	0.189	0.215	0.256	0.287	0.312	0.387	0.431	0.461	0.502	0.530	0.551
1.6	0.211	0.239	0.283	0.316	0.342	0.422	0.465	0.496	0.537	0.565	0.585
1.8	0.232	0.262	0.308	0.343	0.370	0.452	0.497	0.527	0.568	0.595	0.614
2.0	0.252	0.284	0.332	0.369	0.397	0.480	0.525	0.555	0.595	0.621	0.640
2.5	0.299	0.334	0.386	0.425	0.455	0.540	0.584	0.613	0.651	0.675	0.693
3.0	0.342	0.379	0.433	0.473	0.504	0.589	0.631	0.659	0.694	0.716	0.732
3.5	0.381	0.419	0.475	0.515	0.546	0.629	0.669	0.695	0.727	0.748	0.763
4.0	0.417	0.455	0.511	0.551	0.582	0.662	0.701	0.725	0.755	0.774	0.787

由于预热时间不长，因此，上面介绍的预热计算方法，也可以用来估算浅埋地下空间的预热负荷。

由式（$6-22$）可知，通风预热过程地下空间内的空气温升速度，不仅取决于通风量和预热负荷的大小，而且也取决于进风日平均温度 t_{wp} 的高低，故夏季通风预热比冬季有利。

6.1.5　地下空间壁面传热量的确定

如前面所述，地下空间围护结构传热过程是一个不稳定过程。但随着使用时间的增长，恒温传热过程逐步趋于稳定，年波动传热过程逐步进入准稳定状态。

深埋地下空间围护结构的传热主要受地下空间内的空气温度变化的影响；而浅埋地下空间围护结构的传热除受地下空间内温度变化的影响外，还受地表面温度年同期性变化的影响，传热过程较为复杂。下面分别介绍深埋和浅埋地下壁面传热量的计算方法。

1. 深埋地下空间壁面热量的确定

1）恒温建筑

恒温地下空间是指地下空间内的空气温度恒定不变的地下空间。恒温过程中，壁面热

流强度 q_1 和壁面强度 $t(r_0,\tau)$ 随准数 Fo 和 Bi 的变化关系如下:

$$q_1 = \alpha(t_{nc} - t_0)[1 - f(Fo, Bi)]m \qquad (6-23)$$

$$t(r_0, \tau) = [t_0 + (t_{nc} - t_0)f(Fo, Bi)]m + (1-m)t_{nc} \qquad (6-24)$$

式中　　　　t_{nc}——地下空间内的空气恒温温度,℃;

$f(Fo, Bi)$——壁面恒温传热计算参数, 根据准数 $Fo = \dfrac{a\tau}{r_0^2}$ 和 $Bi = \dfrac{\alpha r_0}{\lambda}$ 值查图 6-4;

m——壁面传热修正系数, 衬砌结构, m 为 1; 对于离壁式衬砌结构或衬套结构, 当建筑物周围为岩石时, m 为 0.72; 为土壤时, m 为 0.86。

其余符号意义同前。

壁面恒温传热计算参数 $f(Fo, Bi)$ 随时间的增加而增大, 并逐步趋于稳定。稳定的时间一般为 3~5 年。为了不使设计的恒温负荷过大或过小, 参数 $f(Fo, Bi)$ 值采取的时间为 2 年左右。

恒温地下空间在投入使用之前, 一般要经过一段时间的预热, 使室温达到使用温度之后再恒温。预热期对恒温初期的传热量有较大的影响, 随着恒温时间的增长, 影响越来越小, 可以忽略不计。计算恒温初期壁面传热量时, 应考虑预热期的影响。从预热阶段过渡到恒温阶段, 传热过程是较复杂的。为了便于工程设计计算, 建议采用近似方法将预热时间当量转移为恒温时间。转移的原则是根据预热时间, 求出传热系数 K, 按式 (6-25) 计算恒温传热计算参数 $f(Fo, Bi)$。

$$f(Fo, Bi) = 1 - \frac{K}{\alpha} \qquad (6-25)$$

根据参数 $f(Fo, Bi)$ 和准数 Bi 值, 查表 6-4 (或图 6-4) 得傅里叶准数 Fo 值。则预热时间当量转移为恒温时间, 可按式 (6-26) 确定。

$$\tau = \frac{Fo\, r_0^2}{a} \qquad (6-26)$$

例题 6.1　某恒温地下车间, 长 l 为 100 m, 宽 b 为 9 m, 高 h 为 7 m, 车间内表面面积为 3200 m^2, 体积为 6300 m^3。恒热预热两个月, 将车间空气温度预热到 22 ℃后再恒温。换热系数 α 为 8.1 W/(m^2·℃), 导温系数 a 为 1.25×10^{-6} m^2/s, 导热系数 λ 为 3.01 W/(m·℃), 年平均地温为 14 ℃, 求恒温过程壁面热流强度 q_1 和传热量 Q_1 及壁面温度 $t(r_0, \tau)$。

解: 计算可知, 预热两个月时, 围护结构的传热系数 K 为 0.985 W/(m^2·℃), 则壁面热流强度 q_1 为

$$q_1 = K(t_{nc} - t_0) = 0.985(22 - 14) = 7.88 \text{ W/}m^2$$

按式 (6-25) 计算参数 $f(Fo, Bi)$:

$$f(Fo, Bi) = 1 - \frac{K}{\alpha} = 1 - \frac{0.985}{8.1} = 0.878$$

$$r_0 = \frac{P}{2\pi} = \frac{(9+7) \times 2}{2\pi} = 5.09$$

$$Bi = \frac{\alpha r_0}{\lambda} = \frac{8.1 \times 5.09}{3.01} = 13.70$$

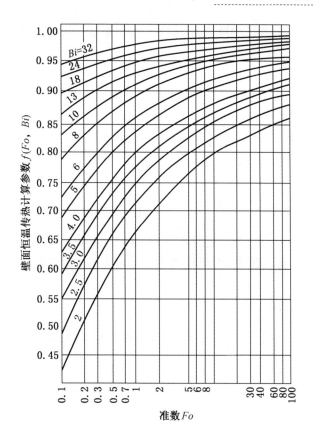

图 6-4 当量圆柱体地下空间壁面恒温传热计算参数
$f(Fo，Bi)$ 值随准数 Fo 和 Bi 的变化

根据参数 $f(Fo, Bi) = 0.879$ 和准数 $Bi = 13.70$，查图 6-4 得傅里叶准数 Fo 为 0.18，则预热两个月的时间相当于恒温时间 τ 为

$$\tau = \frac{For_0^2}{a} = \frac{0.18 \times 5.09^2}{1.25 \times 10^{-6}} = 3.73 \times 10^6 \text{ s} = 1036 \text{ h}$$

恒温过程的壁面热流强度 q_1、传热量 Q_1 及壁面温度 $t(r_0，\tau)$ 随时间 τ 的变化按式（6-23）和式（6-24）计算，结果列于表 6-5。

表 6-5 恒温过程 q_1、Q_1 和 $t(r_0，\tau)$ 随时间 τ 的变化

时间 τ	2 个月	3 个月	6 个月	1 年	5 年	20 年
Fo	0.250	0.375	0.750	1.500	7.500	30.000
$f(Fo, Bi)$		0.910	0.930	0.945	0.962	0.972
$q_1/(\text{W} \cdot \text{m}^{-2})$	7.88	5.86	4.56	3.58	2.48	1.83
Q_1/W	24656	18757	14589	11463	7920	5952
$t(r_0，\tau)/℃$	20.82	21.28	21.44	21.56	21.70	21.77

从表中可以看出，恒温过程壁面热流强度 q_1，在第一年内变化比较大，随着恒温时间的增长逐步减小，渐渐趋于稳定。

2）一般通风地下空间

一般通风地下空间是指非恒温地下空间，这类建筑壁面传热量受进风温度年周期性变化的影响，发生年周期性变化。

一般通风地下空间壁面热流强度等于恒温热流强度 q_1 与年波动热流强度 $q_2(\tau)$ 之和。热流 q_1 按式（6-23）确定，热流 $q_2(\tau)$ 以年为周期，近似按余弦规律变化，可按式（6-27）确定。

$$q_2(\tau) = \frac{\theta_{n1}\lambda m}{r_0} f(\xi,\eta) \cos[\omega_1 \tau + \beta(\xi,\eta)] \qquad (6-27)$$

式中　　　θ_{n1}——地下空间内空气温度年周期性波动波幅，℃；

　　　　　τ——自地下空间内空气温度年波动出现最大值为起点的时间，s；

　　　　$f(\xi,\eta)$——壁面年周期性波动传热计算参数；

　　　　$\beta(\xi,\eta)$——壁面热流超前角度，(°)。

根据准数 $\xi = r_0 \sqrt{\dfrac{\omega_1}{\alpha}}$、$\eta = \dfrac{\lambda}{\alpha}\sqrt{\dfrac{\omega_1}{\alpha}}$ 值查图 6-5（或图 6-6）和图 6-7（或图 6-8）可确定 $f(\xi,\eta)$ 和 $\beta(\xi,\eta)$。

其余符号意义同前。

当时间 $\tau = \tau_i = \dfrac{-\beta(\xi,\eta)}{\omega_1}$ 时，则由式（6-27）得到壁面热流年波幅 $q_2(\tau_i)$（壁面热流年波动最大值）为

$$q_2(\tau_i) = \frac{\theta_{n1}\lambda m f(\xi,\eta)}{r_0} \qquad (6-28)$$

壁面热流出现最大值的时间，比地下空间内空气温度出现最高值的时间超前 τ_i，一般为 1 个月左右，这期间地下空间内显得格外潮湿，应注意防潮。

地下空间内空气日平均温度出现最高（或最低）时，壁面年波动热流 q_2（这时 q_2 不是最大值）为

$$q_2 = \pm \frac{\theta_{n1} A_1 \lambda m}{r_0} \qquad (6-29)$$

式中　A_1——壁面年周期性波动传热计算参数，$A_1 = f(\xi,\eta)\cos\beta(\xi,\eta)$，也可以按式（6-30）近似计算。

$$A_1 = 0.39 \sim 0.343(\eta - 0.01) + 0.722\xi \qquad (6-30)$$

其余符号意义同前。

根据式（6-23）和式（6-29），可得到地下空间内空气日平均温度出现最高和最低时的壁面日平均传热量 Q_b 的计算式。

$$Q_b = (q_1 + q_2)S = (t_{nc} - t_0)N \pm \theta_{n1}M \qquad (6-31)$$

$$N = E_1 Bi[1 - f(Fo,Bi)]m \qquad (6-32)$$

$$M = E_1 A_1 m \qquad (6-33)$$

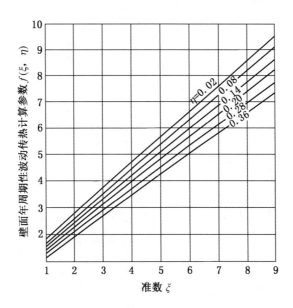

图 6-5　当量球体地下空间壁面年周期性波动传热计算参数 $f(\xi,\eta)$ 与准数 ξ 和 η 的关系

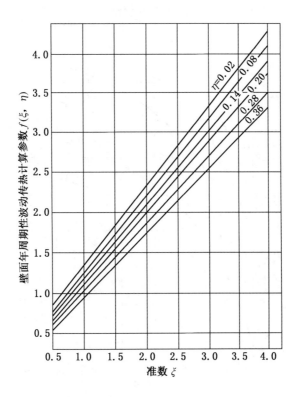

图 6-6　当量圆柱体地下空间壁面年周期性波动传热计算参数 $f(\xi,\eta)$ 与准数 ξ 和 η 的关系

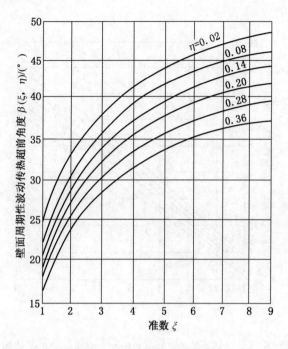

图 6-7　当量球体地下空间壁面年周期性波动传热计算参数 $\beta(\xi,\eta)$ 与准数 ξ 和 η 的关系

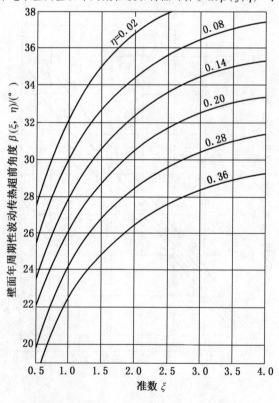

图 6-8　当量圆柱体地下空间壁面年周期性波动传热计算参数 $\beta(\xi,\eta)$ 与准数 ξ 和 η 的关系

式中　N——壁面年平均传热量计算参数，W/℃；

　　　M——壁面年波动传热量计算参数，W/℃；

　　　E_1——参数，W/℃；当量圆柱体地下空间 $E_1 = 2\pi\lambda l$，当量球体地下空间 $E_1 = 4\pi\lambda r_0$。

其余符号意义同前。

2. 浅埋地下空间壁面热量的确定

1）恒温建筑

浅埋地下空间的构造型式有单建式和附建式两种类型，如图 6-9 所示。

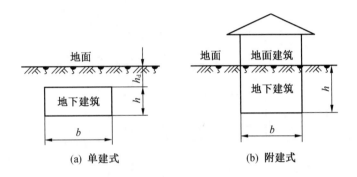

图 6-9　浅埋地下空间构造形式示意图

浅埋恒温地下空间围护结构的传热，受地表面温度年周期性变化的影响，也以年为周期性变化。下面仅介绍单建式浅埋恒温地下空间壁面传热量的确定方法。

单建式恒温地下空间壁面传热量 Q_1，等于地下空间内的空气年平均温度 t_{nc} 与年平均低温 t_0 之差引起的壁面传热量及地表面温度年周期性变化引起的壁面传热量 Q_s 之和，即

$$Q_1 = (t_{nc} - t_0)N + Q_s \tag{6-34}$$

$$N = 2\alpha l(h + b)(1 - T_{pb}) \tag{6-35}$$

$$Q_s = \pm\alpha l\theta_d(b\theta_{db1} + 2h_y\theta_{db2}) \tag{6-36}$$

式中　　　N——壁面年平均传热计算参数，W/℃；

　　　　　α——换热系数，W/(m·℃)；

　　　　　l——建筑物长度，m；

　　　　　b——建筑物宽度，m；

　　　　　h——建筑物高度，m；

　　　　　T_{pb}——年平均温度参数，$T_{pb} = \dfrac{K_p Bi}{1 + K_p Bi}$；

　　　　　K_p——参数，根据准数 $H = \dfrac{0.5h + h_d}{r_0}$ 值查图 6-10；

　　　　　h_d——覆盖层厚度，m；

　　　　　r_0——当量半径，m；

Q_s——地表面温度年周期性波动引起的壁面传热量，W，夏季由壁面向地下空间内放热，Q_s 为 "－"，冬季由地下空间内向壁面传热，Q_s 为 "＋"；

θ_d——地表面温度年周期性波动波幅，℃；

θ_{db1}、θ_{db2}——年周期性波动温度参数，根据基岩（或土壤）的 λ 和 a 值及覆盖层厚度 h_d 分别查表 6－6 和表 6－7；

h_y——围护结构侧壁面传热面积计算参数，当 $(6-h_d) \geqslant h$ 时，$h_y = h$；当 $(6-h_d) < h$ 时，$h_y = 6-h_d$。

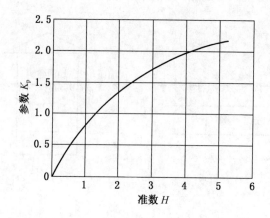

图 6－10 参数 K_p 与准数 H 值的关系

表 6－6 单建式 θ_{db1}（顶上一块的平均值）

$\lambda/(\mathrm{W}\cdot\mathrm{m}^{-1}\cdot\text{℃}^{-1})$	$a\times10^{7}/(\mathrm{m}^{2}\cdot\mathrm{s}^{-1})$	覆盖层厚度 h_d/m					
		1	2	3	4	5	6
1.16	2.78	0.1250	0.0540	0.0175	－0.0020	－0.0040	－0.0060
	4.44	0.1260	0.0623	0.0311	0.0109	0.0025	－0.0059
	5.56	0.1380	0.0621	0.0368	0.0171	0.0070	－0.0030
	6.94	0.1550	0.0660	0.0390	0.0227	0.0128	0.0028
1.51	2.78	0.1570	0.0687	0.0222	－0.0030	－0.0054	－0.0077
	4.44	0.1580	0.0792	0.0389	0.0138	0.0031	－0.0076
	5.56	0.1610	0.0793	0.0488	0.0218	0.0089	－0.0039
	6.94	0.1850	0.0865	0.0530	0.0286	0.0145	－0.0004
1.74	2.78	0.1760	－0.0775	－0.0252	－0.0033	－0.0060	－0.0088
	4.44	0.1780	0.0900	0.0451	0.0160	0.0037	－0.0086
	5.56	0.1800	0.0900	0.0537	0.0250	0.0103	－0.0045
	6.94	0.1970	0.0950	0.0570	0.0330	0.0145	－0.0041

表6-7 单建式 θ_{db2}（侧墙面平均值）

$\lambda/(W \cdot m^{-1} \cdot ℃^{-1})$	$a \times 10^7/(m^2 \cdot s^{-1})$	覆盖层厚度 h_d/m					
		1	2	3	4	5	6
1.16	2.78	0.0250	0.0055	0.0006	-0.0043	-0.0055	-0.0066
	4.44	0.0260	0.0114	0.0052	-0.0011	-0.0046	-0.0080
	5.56	0.0283	0.0139	0.0078	0.0016	-0.0023	-0.0062
	6.94	0.0304	0.0164	0.0108	0.0051	0.0011	-0.0030
1.51	2.78	0.0263	0.0068	0.0005	-0.0058	-0.0071	-0.0084
	4.44	0.0324	0.0144	0.0059	-0.0026	-0.0018	-0.0010
	5.56	0.0351	0.0174	0.0078	-0.0019	-0.0048	-0.0077
	6.94	0.0378	0.0207	0.0135	0.0062	0.0013	-0.0036
1.74	2.78	0.0294	0.0077	0.0006	-0.0065	-0.0080	-0.0094
	4.44	0.0362	0.0163	0.0075	-0.0017	-0.0064	-0.0110
	5.56	0.0395	0.0198	0.0088	-0.0022	-0.0055	-0.0088
	6.94	0.0425	0.0235	0.0151	0.0067	0.0013	-0.0041

2）一般通风浅埋地下空间

一般通风浅埋地下空间壁面传热量，受地下空间内空气温度和地表面温度年周期性变化的影响，其值等于恒温传热量 Q_1 与年波动传热量 Q_2 之和。恒温传热量 Q_1 单建式按式（6-34）确定。下面仅介绍单建式浅埋地下空间内空气日平均温度出现最高（或最低）时的壁面年波动传热量 Q_2 的计算方法。

$$Q_2 = \pm \theta_{n1} M \quad (6-37)$$

$$M = 2\alpha l(b+h)(1-\theta_{nb}) \quad (6-38)$$

式中　θ_{n1}——地下空间内空气温度年波幅，℃，$\theta_{n1} = t_{np} - t_{nc}$；

　　　t_{np}——夏季地下空间内空气日平均温度，℃；

　　　t_{nc}——地下空间内空气年平均温度，℃；

　　　M——面年周期性波动传热计算参数，W/℃；

　　　θ_{nb}——单建式浅埋地下空间内空气温度年周期性波动的温度参数，根据基岩（或土壤）的 λ 和 α 及覆盖层厚度 h_d 值查表。当 $(0.5b+h)<10$ 时，查表6-8；当 $(0.5b+h)\geqslant10$ 时，查表6-9。

其余符号意义同前。

式（6-37）中，等号右边的符号为"＋"时，表示夏季由地下空间向壁面传热；为"－"时，表示冬季由壁面向地下空间内放热。

表6-8 单建式 θ_{db}[使用条件:$(0.5b+h)<10$]

$\lambda/(\text{W} \cdot \text{m}^{-1} \cdot \text{℃}^{-1})$	$a \times 10^7/(\text{m}^2 \cdot \text{s}^{-1})$	覆盖层厚度 h_d/m					
		1	2	3	4	5	6
1.16	2.78	0.8597	0.9064	0.9017	0.9049	0.9046	0.9046
	4.44	0.9080	0.9250	0.9265	0.9260	0.9250	0.9230
	5.56	0.9118	0.9296	0.9308	0.9308	0.9293	0.9290
	6.94	0.9159	0.9345	0.9366	0.9373	0.9358	0.9352
1.51	2.78	0.8674	0.8827	0.8814	0.8783	0.8779	0.8780
	4.44	0.8827	0.9024	0.9060	0.9015	0.9000	0.8999
	5.56	0.8900	0.9110	0.9151	0.9150	0.9120	0.9100
	6.94	0.8940	0.9161	0.9200	0.9192	0.9173	0.9166
1.74	2.78	0.8498	0.8660	0.8648	0.8610	0.8607	0.8608
	4.44	0.8672	0.8885	0.8930	0.8872	0.8856	0.8855
	5.56	0.8740	0.8969	0.8979	0.8979	0.8958	0.8955
	6.94	0.8790	0.9030	0.9076	0.9090	0.9060	0.9020

注：表中参数 θ_{db} 是在 $h=4\text{ m}$, $b=8\text{ m}$ 时计算得到的。

表6-9 单建式 θ_{db}[使用条件:$(0.5b+h)\geqslant10$]

$\lambda/(\text{W} \cdot \text{m}^{-1} \cdot \text{℃}^{-1})$	$a \times 10^7/(\text{m}^2 \cdot \text{s}^{-1})$	覆盖层厚度 h_d/m					
		1	2	3	4	5	6
1.16	2.78	0.8982	0.9117	0.9098	0.9079	0.9076	0.9072
	4.44	0.9110	0.9280	0.9290	0.9300	0.9270	0.9260
	5.56	0.9154	0.9331	0.9337	0.9343	0.9327	0.9322
	6.94	0.9197	0.9381	0.9495	0.9409	0.9394	0.9385
1.51	2.78	0.8711	0.8867	0.8843	0.8818	0.8815	0.8811
	4.44	0.8869	0.9066	0.9061	0.9056	0.9040	0.9036
	5.56	0.8940	0.9160	0.9180	0.9200	0.9150	0.9140
	6.94	0.8987	0.9206	0.9222	0.9238	0.9218	0.9208
1.74	2.78	0.8539	0.8704	0.8675	0.8646	0.8645	0.8642
	4.44	0.8719	0.8932	0.8925	0.8918	0.8899	0.8896
	5.56	0.8790	0.9017	0.9023	0.9028	0.9005	0.8999
	6.94	0.8850	0.9089	0.9110	0.9140	0.9090	0.9070

注：表中参数 θ_{db} 是在 $h=6\text{ m}$, $b=12\text{ m}$ 时计算得到的。

6.2 设备、照明和人体等散热量计算

正确地计算出地下空间内的设备、照明和人体等散热量，对于确定降湿方法，保证地下空间内温度和湿度，特别是对于夏季地下空间内的防潮尤为重要。

地下空间内散热量的计算应在全面考虑散热和散湿的前提下，综合考虑下述原则：

（1）有无空调要求，散热量计算应不同。有空调要求的地下空间，应准确计算设备、照明和人体等散热量；无空调要求的地下空间，当设备散热量很大，人体散热量所占比重很小时，则人体散热量可以忽略不计。

（2）不同季节，散热量计算也不同。夏季为了防止工作区温度过高，应按地下空间内的设备、照明和人体等散热量的最大值计算总散热量；冬季为了防止工作区温度过低，只应计算稳定可靠的散热量，不稳定、不经常使用的设备散热量，则不应计算。

（3）不同运行班次的地下空间，散热量计算也不同。三班制工作的地下空间，冬季的设备、照明和人体等散热量应按最小负荷班进行计算，夏季则应按最大负荷班进行计算。一班制与两班制工作的地下空间，冬季一般可不计算照明和人体的散热量，夏季应按最大负荷班计算这部分散热量。

（4）计算地下空间内的总散热量时，应同时考虑设备、照明和人体等散热量，因为这几种散热量不存在时间的延迟问题。

6.2.1 设备散热量

这里仅介绍地下空间冷加工车间主要通用设备散热量 Q 的计算方法。

1. 电动设备散热量

电动设备系指由电动机及其所带动的工艺设备。

（1）当工艺设备和电动机都在计算房间内时：

$$Q = n_1 n_2 n_3 n_4 \left(\frac{N_1}{\eta_1} + \frac{N_2}{\eta_2} + \cdots \right) \tag{6-39}$$

（2）当工艺设备在计算房间内，而电动机不在时：

$$Q = n_1 n_2 n_3 n_4 (N_1 + N_2 + \cdots) \tag{6-40}$$

（3）当电动机在计算房间内，而工艺设备不在时：

$$Q = n_1 n_2 n_3 n_4 \left(N_1 \frac{1-\eta_1}{\eta_1} + N_2 \frac{1-\eta_2}{\eta_2} + \cdots \right) \tag{6-41}$$

式中　N_1、N_2——电动设备的安装功率，W；

　　　η_1、η_2——电动机效率，见表 6-10；

　　　n_1——同时使用系数（地下空间内同时使用的电动机的安装功率与总安装功率之比），由工艺提供，一般可取 0.5~1.0；

　　　n_2——安装系数（电动机的最大实耗功率与安装功率之比），由工艺提供，一般可取 0.7~0.9；

　　　n_3——负荷系数（电动机每小时的实耗功率与最大实耗功率之比），由工艺提供，一般可取 0.4~0.5；

　　　n_4——蓄热系数，这一系数考虑到所消耗的机械能实际用于加热空气的百分

数：电动机和工艺设备发热后，使其本身温度提高，通过对流和传导的部分变为即时负荷；其余部分以辐射热方式传到建筑围护结构被积存起来，再缓慢放至地下空间内。蓄热系数就是设备的最大即时负荷与每小时的实耗功率之比，一般三班制可取 0.95，两班制可取 0.9，一班制可取 0.8。

表 6-10　电动机效率

功率/kW	0.1~1	1.1~3	3.1~5	5.1~10	11~15	16~20	21~30	31~50	51~80
效率 η	0.75	0.8	0.82	0.84	0.86	0.87	0.88	0.89	0.9

为了简化计算，当电动设备为机床并采用乳化液冷却刀具时，n_2、n_3、n_4 取 0.25；不采用乳化液冷却刀具时，取 0.35。这样，式（6-39）、式（6-40）和式（6-41）可简化为：

（1）当工艺设备和电动机都在计算房间内时：

$$Q = n_1 a\left(\frac{N_1}{\eta_1} + \frac{N_2}{\eta_2} + \cdots\right) \tag{6-42}$$

（2）当工艺设备在计算房间内时，而电动机不在时：

$$Q = n_1 a(N_1 + N_2 + \cdots) \tag{6-43}$$

（3）当电动机在计算房间内而电动机不在时：

$$Q = n_1 a\left(N_1 \frac{1-\eta_1}{\eta_1} + N_2 \frac{1-\eta_2}{\eta_2} + \cdots\right) \tag{6-44}$$

式中　a——电动设备为机床并采用乳化液冷却刀具，$a=0.25$；不采用乳化液冷却刀具，$a=0.35$。

上述计算未包括工件被加热运出房间所带走的热量。

2. 直流发电机组散热量

按式（6-45）计算 JZH 型及 JZHC$_2$ 型机组散热量，见表 6-11。

$$Q = \frac{(1 - \eta_f \eta_a) N_f}{\eta_f \eta_a} \tag{6-45}$$

式中　　N_f——发电机功率，W；

　　　　η_f——发电机效率，%；

　　　　η_a——电动机效率，%；

　　　　$\eta_f \eta_a$——机组效率，%。

3. 焊接设备散热量

1）电焊

$$Q = n_1 n_2 \sum N \tag{6-46}$$

式中　　n_1——同时使用系数，由工艺提供；

　　　　n_2——负荷系数，由工艺提供；

$\sum N$——多台电焊机功率之和，W；交流电 $\sum N$ 单位为 kV·A 时，需乘功率因数 $\cos\varphi \approx 0.45$。

2）乙炔焊

$$Q = 15.55 n_1 \sum q \qquad (6-47)$$

式中　n_1——同时使用系数，由工艺提供；

$\sum q$——多台焊机乙炔消耗量之和，$\mathrm{m^3/h}$。

3）对头焊（水冷式）

$$Q = 0.25 n_1 \sum N \qquad (6-48)$$

式中　n_1——同时使用系数，由工艺提供；

$\sum N$——多台焊机实耗功率之和，W，一般可按额定功率乘以 0.2 计算。

每个焊接工作点散热量可近似采用下列数据：

（1）电焊，$Q = 465$ W/点。

（2）乙炔焊，$Q = 1163$ W/点。

表6-11　直流发电机组散热量

机组类型	机组型号	极数	发电机			发动机		机组效率/%	散热量/kW
			功率/kW	电压/V	转数/(r·min^{-1})	型号	功率/kW		
JZH	JZH500/250	4	3	6/12	1455	J51-4	4.5	60.0	2.00
	HZH1000/500	6	6	6/12	970	J62-6	10	67.5	2.91
	1500/750	6	9	6/12	970	J71-6	14	65.5	4.77
	JZH5000/2500	8	30	6/12	730	J91-8	40	69.2	13.37
JZHC	JZHC21/30	4	1.0	24/36	1400	JO2-22-4	1.5		
	JZHC21.5/30	4	1.5	24/36	1420	JO2-31-4	2.2		
	JZHC22.1/30	4	2.1	24/36	1430	JO2-41-4	4.0		
	JZHC24/30	4	4.0	24/36	1450	JO2-42-4	5.5	62	2.45
	JZHC27.5/30	4	7.5	24/36	1450	JO2-52-4	10	66	3.86
	JZHC215/30	4	15.0	24/36	1460	J2-71-4	22	73	5.56
	JZHC27.5/60	4	7.5	48/72	1450	JO2-52-4	10	68	3.54
	JZHC212/75	4	12.0	48/72	1450	JO2-62-4	17	73	4.44
	JZHC24/75	4	4.0	60/90	1450	JO2-42-4	5.5	62	2.45
	JZHC27.5/75	4	7.5	60/90	1450	JO2-52-4	10	68	3.54
	JZHC215/75	4	15.0	60/90	1460	J2-71-4	22	75	5.00
	JZHC220/75	4	20.0	60/90	1460	J2-72-4	30	77	5.98
	JZHC240/75	4	40.0	60/90	1460	J2-82-4	55	80	10.00

6.2.2 照明散热量

1. 白炽灯

$$Q = n_4 \sum N \tag{6-49}$$

2. 荧光灯

$$Q = n_4 n_5 n_6 \sum N \tag{6-50}$$

式中　　$\sum N$——计算房间内照明灯具功率之和，W；

n_4——蓄热系数，三班制取 0.9，二班制取 0.8，一班制取 0.7；

n_5——考虑整流器消耗功率的系数，整流器设在房间内时取 1.2，设在计算房间外时取 1.0；

n_6——灯罩隔热系数，当荧光灯罩上部穿有小孔，下部为玻璃板，利用自然通风散热于顶棚内时，取 0.5 ~ 0.6；荧光灯罩无通风孔，视顶棚内通风情况，取 0.6 ~ 0.8；当无玻璃罩时，取 1.0。

6.2.3 人体散热量

$$Q = nq \tag{6-51}$$

式中　n——工作人数，人；

q——每个人散发的热量，W/人，见表 6 – 12。

6.2.4 热介质管道散热量

热介质管道散热量按式（6 – 52）计算。

$$Q = K_l L(t_m - t_n)B \tag{6-52}$$

式中　L——管道长度，m；

t_m——管道内热媒温度，℃；

t_n——地下空间内空气温度，℃；

B——修正系数，其中沿地面上的水平管道，$B = 1.0$；沿顶棚下的水平管道，$B = 0.5$；立管，$B = 0.75$；

K_l——每米长管道传热系数，W/(m·℃)，可用式（6 – 53）计算。

$$K_l = \cfrac{1}{\cfrac{1}{\alpha_{gn}\pi d_i} + \sum \cfrac{1}{2\pi\lambda_i}\ln\cfrac{d_{i+1}}{d_i} + \cfrac{1}{\alpha_{gw}\pi d_{i+1}}} \tag{6-53}$$

式中　α_{gn}、α_{gw}——管道内、外表面放热系数，W/(m²·℃)；

d_i、d_{i+1}——管道或保温层内、外径，m；

λ_i——管道或保温材料的导热系数，W/(m·℃)，见表 6 – 13。

选择保温材料时，应使保温管道外径大于临界热绝缘直径。临界热绝缘直径按式（6 – 54）计算。

$$d_e = \frac{2\lambda}{\alpha_{gw}} \tag{6-54}$$

根据式（6 – 54）计算出不同导热系数 λ 条件下保温管道外表面放热系数 $\alpha_{gw} = 40\ kJ/(m^2 \cdot h \cdot ℃)$ 的临界热绝缘直径 d_e，列于表 6 – 14。

表6-12 人体散热量和散湿量

室内温度/℃	静止				轻体力作业				中等体力作业				重体力作业			
	全热 $(W \cdot 人^{-1})$	潜热 $(W \cdot 人^{-1})$	显热 $(W \cdot 人^{-1})$	散湿 $(g \cdot h^{-1} \cdot 人^{-1})$	全热 $(W \cdot 人^{-1})$	潜热 $(W \cdot 人^{-1})$	显热 $(W \cdot 人^{-1})$	散湿 $(g \cdot h^{-1} \cdot 人^{-1})$	全热 $(W \cdot 人^{-1})$	潜热 $(W \cdot 人^{-1})$	显热 $(W \cdot 人^{-1})$	散湿 $(g \cdot h^{-1} \cdot 人^{-1})$	全热 $(W \cdot 人^{-1})$	潜热 $(W \cdot 人^{-1})$	显热 $(W \cdot 人^{-1})$	散湿 $(g \cdot h^{-1} \cdot 人^{-1})$
15	141	29	112	40	160	37	123	55	207	76	131	110	291	128	163	190
16	135	29	106	40	157	41	116	60	206	81	124	117	291	135	156	201
17	128	29	99	40	152	44	108	64	205	87	117	124	291	142	149	212
18	122	29	93	40	151	48	104	68	204	93	110	131	291	150	141	223
19	116	29	87	40	150	51	99	74	202	98	105	138	291	158	133	234
20	113	29	84	40	149	55	94	80	201	102	99	145	291	166	124	245
21	108	30	78	42	148	59	88	86	200	107	93	154	291	173	117	256
22	105	31	73	44	145	64	81	92	199	112	87	163	291	180	110	267
23	101	33	69	46	145	69	77	98	198	116	81	172	291	187	104	278
24	99	34	65	48	145	74	71	106	198	122	76	181	291	194	97	289
25	95	35	60	50	145	79	66	115	198	128	70	190	291	201	90	300
26	93	38	55	56	145	85	60	122	198	134	64	199	291	209	81	311
27	92	42	50	61	145	91	55	129	198	140	58	207	291	217	73	322
28	90	45	44	65	145	97	49	136	198	145	52	216	291	226	65	333
29	88	49	40	71	145	102	43	144	198	151	47	224	291	234	57	345
30	87	52	35	77	145	107	38	152	198	157	41	234	291	242	49	357
31	87	58	29	85	145	114	31	162	198	163	35	242	291	249	42	368
32	87	64	23	93	145	121	24	172	198	169	29	251	291	256	35	379
33	87	70	17	101	145	128	17	183	198	176	22	260	291	263	28	390
34	87	76	12	109	145	134	12	194	198	181	16	270	291	271	20	401
35	87	81	6	117	145	140	6	205	198	195	9	280	291	279	12	412

在计算保温管道散热量时，可以忽略管道内表面热阻和钢管壁热阻，只考虑保温层热阻及外表面热阻，则式（6-53）变为

$$K_l = \cfrac{1}{\cfrac{1}{2\pi\lambda}\ln\cfrac{d_w+2\delta}{d_w}+\cfrac{1}{\alpha_{gw}\pi(d_w+2\delta)}} \tag{6-55}$$

式中　d_w——钢管外径，m；

　　　δ——保温层的厚度，m。

表6-13　常用保温材料的导热系数

序号	保温材料	密度/ (kg·m⁻³)	导热系数 λ_i/ (W·m⁻¹·℃⁻¹)	最高使用 温度/℃	强度/MPa
1	泡沫混凝土	≤500	$\lambda_i = 0.127 + 0.0003024 t_p$	300	≥0.3
2	矿渣棉管壳	150~200	$\lambda_i = 0.050 + 0.0001977 t_p$	350	
3	矿渣棉毡	150~200	$\lambda_i = 0.050 + 0.0001977 t_p$	350	
4	玻璃棉管壳	130~160	$\lambda_i = 0.043 + 0.0001745 t_p$	350	
5	玻璃棉毡	130~160	$\lambda_i = 0.043 + 0.0001745 t_p$	350	
6	超细玻璃棉	40~60	$\lambda_i = 0.030 + 0.0002326 t_p$	400	
7	水泥珍珠岩	约350	$\lambda_i = 0.058 + 0.0002559 t_p$	650	≥0.4
8	硅藻土	≤450	$\lambda_i = 0.105 + 0.0002093 t_p$	800	≥0.4
9	石棉硅藻土胶泥	≤660	$\lambda_i = 0.151 + 0.0001396 t_p$	800	
10	水泥蛭石	≤500	$\lambda_i = 0.093 + 0.0002442 t_p$	800	0.3~0.6

表6-14　临界热绝缘直径 d_e

λ/(W·m⁻¹·℃⁻¹)	0.029	0.058	0.087	0.116	0.145	0.174	0.203	0.232
d_e	5	10	15	20	25	30	35	40

根据式（6-55）和全国通用动力设施标准图集"R410-1 热力管道保温结构"推荐的保温层厚度，按不同的钢管外径，计算出保温管道外表面放热系数为 $\alpha_{gw}=10$ W/(m²·℃)，不同导热系数 λ 条件下每米长管道的传热系数 K_l，列于表6-15至表6-22。该表已考虑了临界热绝缘直径的要求，并能保证在热介质温度不超过150℃和地下空间内温度不超过30℃的条件下，保温管道外表面温度不超过40℃。

表 6-15　λ = 0.02778 W/(m·℃) 时保温管道的传热系数

δ/mm ＼ d_w/mm	30	40	50	60	70	80	90	100	110	120	130	140	150	160	170	180	190	200	210	220	230	240	250
22	0.13	0.11	0.10	0.09	0.09	0.08	0.07	0.07	0.07	0.07	0.07	0.07	0.06	0.06	0.06	0.06	0.06	0.06	0.06	0.06	0.06	0.06	0.05
28	0.14	0.12	0.11	0.10	0.09	0.09	0.08	0.08	0.08	0.07	0.07	0.07	0.07	0.07	0.07	0.07	0.06	0.06	0.06	0.06	0.06	0.06	0.06
32	0.16	0.13	0.12	0.11	0.10	0.10	0.09	0.08	0.08	0.08	0.08	0.08	0.07	0.07	0.07	0.07	0.07	0.07	0.07	0.06	0.06	0.06	0.06
38	0.17	0.15	0.13	0.12	0.11	0.10	0.10	0.09	0.08	0.08	0.08	0.08	0.08	0.08	0.08	0.07	0.07	0.07	0.07	0.07	0.07	0.07	0.07
45	0.19	0.16	0.14	0.13	0.12	0.11	0.10	0.09	0.09	0.09	0.09	0.09	0.09	0.08	0.08	0.08	0.08	0.08	0.07	0.07	0.07	0.07	0.07
57	0.23	0.19	0.17	0.15	0.14	0.13	0.12	0.10	0.11	0.10	0.10	0.10	0.09	0.09	0.09	0.09	0.09	0.08	0.08	0.08	0.08	0.07	0.08
73	0.27	0.22	0.20	0.17	0.16	0.15	0.14	0.13	0.12	0.12	0.11	0.11	0.11	0.10	0.10	0.10	0.09	0.09	0.09	0.09	0.09	0.08	0.08
89	0.32	0.26	0.22	0.20	0.18	0.17	0.15	0.15	0.14	0.13	0.13	0.12	0.12	0.11	0.11	0.11	0.10	0.10	0.10	0.10	0.10	0.09	0.09
108	0.37	0.30	0.26	0.23	0.20	0.19	0.17	0.16	0.15	0.15	0.14	0.13	0.13	0.13	0.12	0.11	0.11	0.11	0.11	0.11	0.10	0.09	0.10
133	0.44	0.35	0.30	0.26	0.24	0.22	0.20	0.19	0.18	0.17	0.16	0.15	0.15	0.14	0.14	0.13	0.13	0.13	0.12	0.12	0.12	0.10	0.11
159	0.51	0.41	0.34	0.30	0.27	0.24	0.23	0.21	0.20	0.19	0.18	0.17	0.16	0.16	0.15	0.14	0.14	0.14	0.13	0.13	0.13	0.11	0.12
219	0.67	0.53	0.44	0.39	0.34	0.31	0.28	0.26	0.25	0.23	0.22	0.21	0.20	0.19	0.18	0.17	0.17	0.17	0.16	0.16	0.15	0.15	0.15
273	0.81	0.64	0.53	0.46	0.41	0.37	0.34	0.31	0.29	0.27	0.26	0.24	0.23	0.22	0.21	0.19	0.20	0.19	0.19	0.18	0.18	0.17	0.17
325	0.95	0.75	0.62	0.53	0.47	0.42	0.39	0.36	0.33	0.31	0.29	0.28	0.26	0.25	0.24	0.22	0.22	0.22	0.21	0.20	0.20	0.19	0.19

表 6-16　λ＝0.05556 W/(m·℃) 时保温管道的传热系数

d_w/mm ＼ δ/mm	30	40	50	60	70	80	90	100	110	120	130	140	150	160	170	180	190	200	210	220	230	240	250
22	0.24	0.21	0.19	0.18	0.17	0.16	0.15	0.15	0.14	0.14	0.14	0.13	0.13	0.13	0.12	0.12	0.12	0.12	0.12	0.11	0.11	0.11	0.11
28	0.27	0.24	0.22	0.20	0.19	0.18	0.17	0.16	0.16	0.15	0.15	0.14	0.14	0.14	0.13	0.13	0.13	0.13	0.12	0.12	0.12	0.12	0.12
32	0.30	0.26	0.23	0.21	0.20	0.19	0.18	0.17	0.17	0.16	0.16	0.15	0.15	0.14	0.14	0.14	0.14	0.13	0.13	0.13	0.13	0.12	0.12
38	0.33	0.28	0.25	0.23	0.22	0.20	0.19	0.19	0.18	0.17	0.17	0.16	0.16	0.16	0.15	0.15	0.14	0.14	0.14	0.14	0.13	0.13	0.13
45	0.37	0.31	0.28	0.26	0.24	0.22	0.21	0.20	0.19	0.19	0.18	0.17	0.17	0.16	0.16	0.16	0.15	0.15	0.15	0.15	0.14	0.14	0.14
57	0.43	0.36	0.32	0.29	0.27	0.25	0.24	0.23	0.22	0.21	0.20	0.19	0.19	0.18	0.18	0.17	0.17	0.17	0.16	0.16	0.16	0.15	0.15
73	0.51	0.43	0.38	0.34	0.31	0.29	0.27	0.26	0.24	0.23	0.23	0.22	0.21	0.20	0.20	0.19	0.19	0.18	0.18	0.18	0.17	0.17	0.17
89	0.59	0.49	0.43	0.38	0.35	0.33	0.30	0.29	0.27	0.26	0.25	0.24	0.23	0.22	0.22	0.21	0.21	0.20	0.20	0.19	0.19	0.19	0.18
108	0.69	0.57	0.49	0.44	0.40	0.37	0.34	0.32	0.30	0.29	0.28	0.27	0.26	0.25	0.24	0.23	0.23	0.22	0.22	0.21	0.21	0.20	0.20
133	0.81	0.67	0.57	0.51	0.46	0.42	0.39	0.37	0.35	0.33	0.31	0.30	0.29	0.28	0.27	0.26	0.25	0.25	0.24	0.24	0.23	0.23	0.22
159	0.94	0.77	0.66	0.58	0.52	0.48	0.44	0.41	0.39	0.37	0.35	0.34	0.32	0.31	0.30	0.29	0.27	0.27	0.27	0.26	0.25	0.25	0.24
219	1.24	1.00	0.85	0.74	0.66	0.60	0.56	0.52	0.48	0.46	0.43	0.41	0.39	0.38	0.36	0.35	0.32	0.33	0.32	0.31	0.30	0.30	0.29
273	1.50	1.21	1.02	0.89	0.79	0.72	0.66	0.61	0.57	0.54	0.51	0.48	0.46	0.44	0.42	0.41	0.37	0.38	0.37	0.36	0.35	0.34	0.33
325	1.76	1.41	1.19	1.03	0.91	0.82	0.75	0.70	0.65	0.61	0.58	0.55	0.52	0.50	0.48	0.46	0.41	0.43	0.41	0.40	0.39	0.38	0.37

表6-17 λ=0.08333 W/(m·℃) 时保温管道的传热系数

d_w/mm \ δ/mm	30	40	50	60	70	80	90	100	110	120	130	140	150	160	170	180	190	200	210	220	230	240	250
22		0.31	0.28	0.26	0.25	0.24	0.23	0.22	0.21	0.21	0.20	0.20	0.19	0.19	0.18	0.18	0.18	0.17	0.17	0.17	0.17	0.17	0.16
28		0.35	0.32	0.29	0.28	0.26	0.25	0.24	0.23	0.23	0.22	0.21	0.21	0.20	0.20	0.20	0.19	0.19	0.19	0.18	0.18	0.18	0.18
32		0.37	0.34	0.31	0.29	0.28	0.27	0.26	0.25	0.24	0.23	0.22	0.22	0.21	0.21	0.21	0.20	0.20	0.20	0.19	0.19	0.19	0.18
38		0.41	0.37	0.34	0.32	0.30	0.29	0.27	0.26	0.26	0.25	0.24	0.23	0.23	0.22	0.22	0.21	0.21	0.21	0.20	0.20	0.20	0.20
45		0.45	0.41	0.37	0.35	0.33	0.31	0.30	0.29	0.27	0.27	0.26	0.25	0.24	0.24	0.23	0.23	0.22	0.22	0.22	0.21	0.21	0.21
57		0.52	0.47	0.43	4.40	0.37	0.35	0.33	0.32	0.31	0.30	0.29	0.28	0.27	0.26	0.26	0.25	0.25	0.24	0.24	0.23	0.23	0.23
73		0.62	0.55	0.49	0.46	0.42	0.40	0.38	0.36	0.35	0.33	0.32	0.31	0.30	0.30	0.29	0.28	0.28	0.27	0.26	0.26	0.25	0.25
89		0.71	0.62	0.56	0.51	0.48	0.45	0.42	0.40	0.39	0.37	0.36	0.34	0.33	0.32	0.32	0.31	0.30	0.29	0.29	0.28	0.28	0.27
108		0.81	0.71	0.64	0.58	0.54	0.50	0.48	0.45	0.43	0.41	0.40	0.38	0.37	0.36	0.35	0.34	0.33	0.32	0.32	0.31	0.30	0.30
133		0.95	0.83	0.74	0.67	0.62	0.58	0.54	0.51	0.49	0.47	0.45	0.43	0.41	0.40	0.39	0.38	0.37	0.36	0.35	0.34	0.34	0.33
159		1.10	0.95	0.84	0.76	0.70	0.65	0.61	0.57	0.54	0.52	0.50	0.48	0.46	0.44	0.43	0.42	0.41	0.40	0.39	0.38	0.37	0.36
219		1.43	1.22	1.08	0.97	0.88	0.82	0.76	0.71	0.67	0.64	0.61	0.59	0.56	0.54	0.52	0.51	0.49	0.48	0.46	0.45	0.44	0.43
273		1.72	1.47	1.29	1.15	1.05	0.96	0.90	0.84	0.79	0.75	0.71	0.68	0.65	0.63	0.60	0.58	0.56	0.55	0.53	0.52	0.51	0.49
325		2.00	1.70	1.49	1.33	1.20	1.11	1.02	0.96	0.90	0.85	0.81	0.77	0.74	0.71	0.68	0.66	0.63	0.61	0.60	0.58	0.56	0.55

表 6-18 λ=0.11111 W/(m·℃) 时保温管道的传热系数

δ/mm d_w/mm	30	40	50	60	70	80	90	100	110	120	130	140	150	160	170	180	190	200	210	220	230	240	250
22			0.37	0.35	0.33	0.31	0.30	0.29	0.28	0.27	0.27	0.26	0.25	0.25	0.24	0.24	0.24	0.24	0.23	0.23	0.22	0.22	0.22
28			0.41	0.38	0.36	0.35	0.33	0.32	0.31	0.30	0.29	0.28	0.28	0.27	0.26	0.26	0.26	0.25	0.25	0.24	0.24	0.24	0.23
32			0.44	0.41	0.39	0.37	0.35	0.34	0.32	0.31	0.31	0.30	0.29	0.28	0.28	0.27	0.27	0.26	0.26	0.25	0.25	0.25	0.24
38			0.48	0.45	0.42	0.40	0.38	0.36	0.35	0.34	0.33	0.32	0.31	0.30	0.30	0.29	0.28	0.28	0.28	0.27	0.27	0.26	0.26
45			0.53	0.49	0.46	0.43	0.41	0.39	0.38	0.36	0.35	0.34	0.33	0.32	0.32	0.31	0.30	0.30	0.29	0.28	0.28	0.28	0.28
57			0.60	0.55	0.52	0.49	0.46	0.44	0.42	0.40	0.39	0.38	0.37	0.36	0.35	0.34	0.33	0.33	0.32	0.31	0.31	0.31	0.30
73			0.70	0.64	0.59	0.56	0.52	0.50	0.48	0.46	0.44	0.43	0.41	0.40	0.39	0.38	0.37	0.36	0.36	0.34	0.34	0.34	0.33
89			0.80	0.73	0.67	0.62	0.59	0.56	0.53	0.51	0.49	0.47	0.46	0.44	0.43	0.42	0.41	0.40	0.39	0.38	0.38	0.37	0.36
108			0.92	0.83	0.76	0.70	0.66	0.62	0.59	0.57	0.54	0.52	0.50	0.49	0.47	0.46	0.45	0.44	0.43	0.41	0.41	0.40	0.40
133			1.06	0.96	0.87	0.81	0.75	0.71	0.67	0.64	0.61	0.59	0.57	0.55	0.53	0.52	0.50	0.49	0.48	0.46	0.46	0.45	0.44
159			1.22	1.09	0.99	0.91	0.85	0.80	0.75	0.72	0.68	0.65	0.63	0.61	0.59	0.57	0.55	0.54	0.52	0.51	0.50	0.49	0.48
219			1.57	1.39	1.26	1.15	1.06	0.99	0.94	0.89	0.84	0.80	0.77	0.74	0.71	0.69	0.67	0.65	0.63	0.61	0.60	0.59	0.57
273			1.88	1.66	1.49	1.36	1.26	1.17	1.10	1.04	0.98	0.94	0.89	0.86	0.83	0.80	0.77	0.75	0.72	0.70	0.69	0.67	0.65
325			2.18	1.92	1.72	1.56	1.44	1.34	1.25	1.18	1.12	1.06	1.01	0.97	0.93	0.90	0.87	0.84	0.81	0.79	0.77	0.75	0.73

表 6-19　λ＝0.13888 W/(m·℃) 时保温管道的传热系数

d_w/mm ＼ δ/mm	30	40	50	60	70	80	90	100	110	120	130	140	150	160	170	180	190	200	210	220	230	240	250
22				0.42	0.40	0.39	0.37	0.36	0.35	0.34	0.33	0.32	0.32	0.31	0.30	0.30	0.29	0.29	0.28	0.28	0.28	0.27	0.27
28				0.47	0.45	0.43	0.41	0.39	0.38	0.37	0.36	0.35	0.34	0.34	0.33	0.32	0.32	0.31	0.30	0.30	0.30	0.30	0.29
32				0.50	0.47	0.45	0.43	0.42	0.40	0.39	0.38	0.37	0.36	0.35	0.35	0.34	0.33	0.33	0.32	0.32	0.31	0.31	0.30
38				0.55	0.51	0.49	0.47	0.45	0.43	0.42	0.41	0.39	0.38	0.38	0.37	0.36	0.35	0.35	0.34	0.34	0.33	0.33	0.32
45				0.59	0.56	0.53	0.50	0.48	0.46	0.45	0.44	0.42	0.41	0.40	0.39	0.39	0.38	0.37	0.36	0.36	0.35	0.35	0.34
57				0.68	0.63	0.60	0.57	0.54	0.52	0.50	0.48	0.47	0.46	0.44	0.43	0.42	0.42	0.41	0.40	0.39	0.39	0.38	0.37
73				0.78	0.73	0.68	0.65	0.61	0.59	0.57	0.55	0.53	0.51	0.50	0.48	0.47	0.46	0.45	0.44	0.44	0.43	0.42	0.41
89				0.88	0.82	0.77	0.72	0.69	0.65	0.63	0.60	0.58	0.56	0.55	0.53	0.52	0.51	0.50	0.49	0.48	0.47	0.46	0.45
108				1.00	0.93	0.86	0.81	0.77	0.73	0.70	0.67	0.65	0.62	0.61	0.59	0.57	0.56	0.54	0.53	0.52	0.51	0.50	0.49
133				1.16	1.06	0.99	0.92	0.87	0.83	0.79	0.76	0.73	0.70	0.68	0.66	0.64	0.62	0.61	0.59	0.58	0.57	0.55	0.54
159				1.32	1.20	1.11	1.04	0.98	0.93	0.88	0.84	0.81	0.78	0.75	0.73	0.71	0.69	0.67	0.65	0.64	0.62	0.61	0.60
219				1.68	1.53	1.40	1.30	1.22	1.15	1.09	1.04	0.99	0.95	0.92	0.88	0.86	0.83	0.81	0.78	0.76	0.74	0.73	0.71
273				2.01	1.81	1.66	1.54	1.43	1.35	1.27	1.21	1.15	1.10	1.06	1.02	0.99	0.95	0.92	0.90	0.87	0.85	0.83	0.81
325				2.32	2.09	1.91	1.76	1.64	1.54	1.45	1.37	1.31	1.25	1.20	1.15	1.11	1.07	1.04	1.01	0.98	0.95	0.93	0.90

表6-20 λ=0.16667 W/(m·℃) 时保温管道的传热系数

d_w/mm \ δ/mm	30	40	50	60	70	80	90	100	110	120	130	140	150	160	170	180	190	200	210	220	230	240	250
22							0.57	0.56	0.54	0.53	0.52	0.50	0.49	0.49	0.48	0.47	0.46	0.46	0.45	0.44	0.44	0.43	0.43
28							0.63	0.61	0.59	0.58	0.56	0.55	0.54	0.53	0.52	0.51	0.50	0.49	0.49	0.48	0.47	0.47	0.46
32							0.66	0.64	0.62	0.61	0.59	0.58	0.56	0.55	0.54	0.53	0.52	0.52	0.51	0.50	0.49	0.49	0.48
38							0.72	0.69	0.67	0.65	0.63	0.62	0.60	0.59	0.58	0.57	0.56	0.55	0.54	0.53	0.52	0.52	0.51
45							0.77	0.74	0.72	0.70	0.68	0.66	0.64	0.63	0.62	0.61	0.59	0.58	0.57	0.57	0.56	0.55	0.54
57							0.87	0.83	0.80	0.78	0.75	0.73	0.71	0.70	0.68	0.67	0.65	0.64	0.63	0.62	0.61	0.60	0.59
73							0.98	0.94	0.91	0.87	0.85	0.82	0.80	0.78	0.76	0.74	0.73	0.71	0.70	0.69	0.67	0.66	0.65
89							1.10	1.05	1.01	0.97	0.93	0.91	0.88	0.85	0.83	0.81	0.79	0.78	0.76	0.75	0.73	0.72	0.71
108							1.23	1.17	1.12	1.08	1.04	1.00	0.97	0.94	0.92	0.89	0.87	0.85	0.84	0.82	0.80	0.79	0.71
133							1.40	1.33	1.27	1.21	1.17	1.13	1.09	1.05	1.02	1.00	0.97	0.95	0.93	0.91	0.89	0.87	0.86
159							1.57	1.49	1.42	1.35	1.30	1.25	1.21	1.17	1.13	1.10	1.07	1.04	1.02	1.00	0.98	0.96	0.94
219							1.96	1.85	1.75	1.67	1.60	1.53	1.47	1.42	1.37	1.33	1.29	1.26	1.22	1.19	1.17	1.14	1.12
273							2.31	2.17	2.05	1.95	1.86	1.78	1.70	1.64	1.58	1.53	1.49	1.44	1.40	1.37	1.33	1.30	1.27
325							2.64	2.47	2.33	2.21	2.10	2.01	1.93	1.85	1.78	1.72	1.67	1.62	1.57	1.53	1.49	1.45	1.42

表6-21　λ=0.02778 W/(m·℃) 时保温管道的传热系数

d_w/mm ＼ δ/mm	30	40	50	60	70	80	90	100	110	120	130	140	150	160	170	180	190	200	210	220	230	240	250
22							0.53	0.51	0.49	0.47	0.45	0.44	0.44	0.44	0.43	0.42	0.41	0.41	0.40	0.40	0.39	0.39	0.38
28							0.58	0.56	0.54	0.52	0.51	0.50	0.48	0.47	0.46	0.46	0.45	0.44	0.43	0.43	0.42	0.42	0.41
32							0.61	0.59	0.57	0.55	0.54	0.52	0.51	0.50	0.49	0.48	0.47	0.46	0.45	0.45	0.44	0.43	0.43
38							0.66	0.63	0.61	0.59	0.57	0.56	0.54	0.53	0.52	0.51	0.50	0.49	0.48	0.47	0.47	0.46	0.45
45							0.72	0.69	0.66	0.64	0.62	0.60	0.58	0.57	0.56	0.54	0.53	0.52	0.51	0.51	0.50	0.49	0.48
57							0.81	0.77	0.74	0.71	0.69	0.66	0.65	0.63	0.61	0.60	0.59	0.57	0.56	0.55	0.54	0.54	0.53
73							0.92	0.87	0.84	0.80	0.77	0.75	0.72	0.70	0.69	0.67	0.65	0.64	0.63	0.61	0.60	0.59	0.58
89							1.03	0.98	0.93	0.89	0.86	0.83	0.80	0.78	0.75	0.73	0.72	0.70	0.69	0.67	0.66	0.65	0.64
108							1.16	1.09	1.04	0.99	0.95	0.92	0.89	0.86	0.83	0.81	0.79	0.77	0.75	0.74	0.72	0.71	0.69
133							1.32	1.25	1.18	1.12	1.08	1.03	1.00	0.56	0.54	0.52	0.51	0.86	0.84	0.82	0.80	0.78	0.77
159							1.49	1.40	1.32	1.26	1.20	1.15	1.11	0.59	0.57	0.55	0.54	0.94	0.92	0.90	0.88	0.86	0.84
219							1.88	1.75	1.65	1.56	1.48	1.41	1.36	0.63	0.61	0.59	0.57	1.14	1.11	1.08	1.05	1.03	1.00
273							2.22	2.06	1.93	1.82	1.73	1.65	1.57	0.69	0.66	0.64	0.62	1.31	1.27	1.24	1.20	1.17	1.15
325							2.54	2.36	2.21	2.08	1.96	1.87	1.78	0.77	0.74	0.71	0.69	1.47	1.43	1.39	1.35	1.31	1.28

表6-22 λ=0.02778 W/(m·℃) 时保温管道的传热系数

d_w/mm \ δ/mm	30	40	50	60	70	80	90	100	110	120	130	140	150	160	170	180	190	200	210	220	230	240	250
22							0.57	0.56	0.54	0.53	0.52	0.50	0.49	0.49	0.48	0.47	0.46	0.46	0.45	0.44	0.44	0.43	0.43
28							0.63	0.61	0.59	0.58	0.56	0.55	0.54	0.53	0.52	0.51	0.50	0.49	0.49	0.48	0.47	0.47	0.46
32							0.66	0.64	0.62	0.61	0.59	0.58	0.56	0.55	0.54	0.53	0.52	0.52	0.51	0.50	0.49	0.49	0.48
38							0.72	0.69	0.67	0.65	0.63	0.62	0.60	0.59	0.58	0.57	0.56	0.55	0.54	0.53	0.52	0.52	0.51
45							0.77	0.74	0.72	0.70	0.68	0.66	0.64	0.63	0.62	0.61	0.59	0.58	0.57	0.57	0.56	0.55	0.54
57							0.87	0.83	0.80	0.78	0.75	0.73	0.71	0.70	0.68	0.67	0.65	0.64	0.63	0.62	0.61	0.60	0.59
73							0.98	0.94	0.91	0.87	0.85	0.82	0.80	0.78	0.76	0.74	0.73	0.71	0.70	0.69	0.67	0.66	0.65
89							1.10	1.05	1.01	0.97	0.93	0.91	0.88	0.85	0.83	0.81	0.79	0.78	0.76	0.75	0.73	0.72	0.71
108							1.23	1.17	1.12	1.08	1.04	1.00	0.97	0.94	0.92	0.89	0.87	0.85	0.84	0.82	0.80	0.79	0.71
133							1.40	1.33	1.27	1.21	1.17	1.13	1.09	1.05	1.02	1.00	0.97	0.95	0.93	0.91	0.89	0.87	0.86
159							1.57	1.49	1.42	1.35	1.30	1.25	1.21	1.17	1.13	1.10	1.07	1.04	1.02	1.00	0.98	0.96	0.94
219							1.96	1.85	1.75	1.67	1.60	1.53	1.47	1.42	1.37	1.33	1.29	1.26	1.22	1.19	1.17	1.14	1.12
273							2.31	2.17	2.05	1.95	1.86	1.78	1.70	1.64	1.58	1.53	1.49	1.44	1.40	1.37	1.33	1.30	1.27
325							2.64	2.47	2.33	2.21	2.10	2.01	1.93	1.85	1.78	1.72	1.67	1.62	1.57	1.53	1.49	1.45	1.42

6.3 湿负荷计算

由于潮湿是地下空间存在的重要问题，因此正确地分析和计算地下空间的散湿量是暖通空调设计的一个重要依据。地下空间湿源主要包括围护结构、工艺设备、化学反应、材料含水蒸发、人体及人为散湿和外部空气带入洞内的水分等。

6.3.1 围护结构散湿量计算

1. 影响围护结构表面散湿的因素

（1）地质条件与季节。围护结构表面散湿量的多少与当地地质条件，岩石破碎情况，地面水、地下水丰富与否，以及季节等有关。

（2）围护结构的形式。如毛洞、衬砌结构（贴壁式衬砌、离壁式衬砌）、衬套和内部构筑物（指洞内建房子）。

（3）围护结构的材料和厚度。如为毛洞，则岩石完整性好的传入湿量少，完整性差的传入湿量多。如为衬砌、衬套和内部构筑物，除与岩石情况有关外，还与衬砌材料、厚度和防水层的做法及材料有很大关系。

（4）地下空间内空气温湿度。室内温度高，相对湿度大，则地下空间内空气含湿量大，水蒸气分压力高，因而传入的湿量少。地下空间内温度虽高，但相对湿度小，则壁面容易干燥，壁面水蒸气分压力就会变小，从而引起岩体内向壁面散湿的加大，亦即增加了壁面散湿量。

（5）地下空间内风速。围护结构表面散湿量与空气流速有关，风速越大，散湿量越大。

（6）建筑物的使用时间。使用时间长，岩体逐渐被烘干，散湿量逐渐减小。图6-11是在一般岩石完整性情况下，某一特定工程的投产使用时间和散湿量的关系示例。

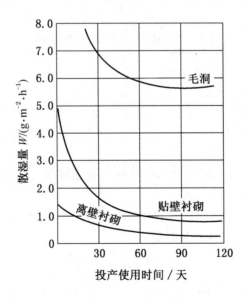

图6-11 投产使用时间的长短与散湿量的关系

在设计新的地下空间时，选用的散湿量应采用接近稳定时的数据，如图 6－11 所示应采用 90 天后数据。稳定前的散湿量可在预热期洞体排出。

（7）施工水在建造洞体围护结构时，由建筑材料如混凝土、砖、砂、石、水泥砂浆、水磨石等带进围护结构的水分，其中一部分水分在围护结构建好后，将继续向体内散发，这部分水称为施工水。施工水的多少可用围护结构全湿的概略指标进行估算，见表 6－23。

表 6－23　围护结构全湿的概略指标

材 料 名 称	含水量/(kg·m⁻³)	材 料 名 称	含水量/(kg·m⁻³)
混凝土或钢筋混凝土	180～250	水泥砂浆	300～450
砖砌墙体	110～270		

2. 围护结构内表面散湿量的计算

在设计中，一般围护结构内表面散湿量的计算，大多采用同类型情况的经验数据，属于改造工程时，应尽量用本工程的实测数据。为了帮助分析问题，对一些散湿量计算的理论公式作些简单介绍，供设计时参考。

（1）围护结构内表面的散湿量 W，可按式（6－56）计算。

$$W = S\omega \qquad (6-56)$$

式中　S——地下空间围护结构内表面总面积，m^2；

　　　ω——保护结构内表面平均单位面积的散湿量，$g/(m^2 \cdot h)$。

对地下空间的初步设计阶段，估算围护结构内表面平均单位面积散热量 ω 可按表 6－24 选取。

表 6－24　估算单位面积散湿量

结 构 类 型	单位面积散湿量 ω/ $(g \cdot m^{-2} \cdot h^{-1})$	结 构 类 型	单位面积散湿量 ω/ $(g \cdot m^{-2} \cdot h^{-1})$
石灰岩无衬砌（天然洞或人工洞）	7～8	人工洞混凝土贴壁衬砌	1～3
花岗岩无衬砌	4～5	人工洞混凝土离壁式衬砌或衬套	0.5 左右

（2）衬套结构、离壁式衬砌和内部构筑物的壁面散湿量可按环形空间内空气与洞内空气的水蒸气分压力差用公式计算。

在围护结构两侧不存在风压差，同时在围护结构内没有水蒸气凝结时，通过围护结构的水蒸气扩散量 ω 可按式（6－57）计算。

$$\omega = \frac{1}{R_0}(P_{cw} - P_{cn}) \qquad (6-57)$$

式中　　　　P_{cw}——环形空间内空气的水蒸气分压力，Pa；

　　　　　　P_{cn}——洞内空气的水蒸气分压力，Pa；

R_0——围护结构扩散的水蒸气总阻力等于各层阻力之和，即 $R_0 = R_n +$

$$R_1 + R_2 + \cdots + R_i + R_w = R_n + \frac{\delta_1}{\mu_1} + \frac{\delta_2}{\mu_2} + \cdots + \frac{\delta_i}{\mu_i} + R_w;$$

R_w——围护结构外表面的水蒸气转移阻力，$\text{Pa} \cdot \text{m}^2 \cdot \text{h/g}$，当没有风时 $R_w = 26.7 \ \text{Pa} \cdot \text{m}^2 \cdot \text{h/g}$，当有风时 $R_w = 13.3 \ \text{Pa} \cdot \text{m}^2 \cdot \text{h/g}$；

R_n——围护结构内表面的水蒸气转移阻力，$\text{Pa} \cdot \text{m}^2 \cdot \text{h/g}$，计算中可近似取 $R_n = 26.6 \ \text{Pa} \cdot \text{m}^2 \cdot \text{h/g}$，一般因 R_w 和 R_n 比 R_0 小得多，在计算中可以忽略；

$R_1, R_2, \cdots, R_i$——围护结构各层材料的水蒸气渗透阻力，$\text{Pa} \cdot \text{m}^2 \cdot \text{h/g}$；

$\mu_1, \mu_2, \cdots, \mu_i$——围护结构各层材料的水蒸气渗透系数，$\text{Pa} \cdot \text{m} \cdot \text{h}$，可查采暖通风设计手册；

$\delta_1, \delta_2, \cdots, \delta_i$——各层材料的厚度，m。

（3）围护结构表面有较薄水层（厚度小于 1 mm）时，其散湿量按式（6-58）计算。

$$\omega = \beta(Z_b - Z)\frac{101325}{B}S \tag{6-58}$$

式中　　B——地下空间所处位置的实际大气压力，Pa；

S——有水的围护结构蒸发表面积，m^2；

Z_b——相当于地下空间内空气湿球温度下的饱和状态空气的绝对湿度，kg/m^3；

Z——地下空间内空气的绝对湿度，kg/m^3，可取洞内干球温度下饱和状态空气的绝对湿度乘以相对湿度 φ；

β——湿交换系数，m/h。

Z_b、Z 与空气的绝对温度和空气中的饱和水蒸气分压力有关，从表 6-1 查取。

$$\beta = \frac{0.66D}{L}\left(\frac{gL^2}{v^2} \times \frac{\rho_b - \rho}{\rho_b}P_r\right)^{0.26} \tag{6-59}$$

式中　　g——重力加速度，近似取 $9.81 \ \text{m/s}^2$；

L——特性尺寸，$L = \sqrt{S}$，m；

P_r——扩散布朗近似常数，近似取 0.61；

D——扩散系数，m^2/n，可用式（6-60）计算；

$$D = 0.0754\frac{T_p}{273.15} \times \frac{101325}{B} \tag{6-60}$$

T_p——空气的干球和湿球温度的平均绝对温度，K；

0.0754——标准状况下（0 ℃，101325 Pa）空气的扩散常数；

v——对应于空气温度 T 的运动黏滞系数，m^2/s；

ρ_b、ρ——洞壁表面层处于饱和状态的空气和洞内空气的密度，kg/m^3；

$$\rho_b = 1.293\frac{273.15}{T_{sh}}\left(1 - \frac{0.378P_{cb}}{B}\right) \tag{6-61}$$

$$\rho = 1.293\frac{273.15}{T}\left(1 - \frac{0.378P_{cn}}{B}\right) \tag{6-62}$$

T_{sh}、T——洞内空气的湿球和干球绝对温度，K；

P_{cb}——在蒸发水温度下的饱和水蒸气分压力，Pa，当无水温数据时，可取相应于洞内空气湿球温度的饱和水蒸气分压力，查表6-1；

P_{cn}——洞内空气水蒸气分压力，Pa。

一些资料介绍，按式（6-58）对防水措施不完善的新建地下空间物的表面散湿量进行计算，计算结果比实际值偏大，因此式（6-58）适用于围护结构表面上有很薄的水层，并且壁面附近有一定的自然风速的地下空间。如使用式（6-58）计算新建地下空间物散湿量时，其面积按整个围护结构面积的20%~50%来考虑。在确定时要充分综合考虑围护结构的类型、材料、厚度、防水措施、地质水文条件、通风情况等因素。对地质水文条件不好、通风较差、防水措施不完善以及采用的围护结构材料水蒸气渗透能力大的宜取大值，反之取小值。

（4）围护结构（包括地面）表面有较厚水层（厚度大于1 mm）时，其散湿量按水槽表面散湿量计算。

3. 围护结构内表面单位面积散湿量测试方法

由于围护结构内表面散湿是一个很复杂的过程，上述的几个计算公式，都是在理论上作了很多假定，使问题简化。这些假定在一定程度上影响了计算的准确性，另外公式中有些参数，在地下空间中很难准确确定。因此，围护结构内表面单位面积散湿量ω的确定，通常采用现场实测方法。目前，壁面散湿量的测试方法较多，也很不统一，本节仅介绍以下三种。

1）湿差法

湿差法是将参数（温度、湿度）稳定的空气送入洞内，再由洞的出口测定空气参数。根据进出空气参数查$i-d$图得湿差，用式（6-63）计算单位面积壁面散湿量ω。

$$\omega = \frac{d_2 - d_1}{S} L\rho \qquad (6-63)$$

式中 d_2、d_1——地下空间出口与进口空气含湿量，g/kg干空气；

S——地下空间内的测试面积，m^2；

ρ——进出空气的平均密度，kg/m^3；

L——测试期间的通风量，m^3/h。

2）机械吸湿法

机械吸湿法是将测试的地下空间密闭，用空调器或去湿机收集壁面散发到空气中的水分。单位面积壁面散湿量ω可用式（6-64）计算。

$$\omega = \frac{G}{S\tau} \qquad (6-64)$$

式中 G——空调器或去湿机收集的水分质量，g；

S——洞内的测试面积，m^2；

τ——测试时间，h。

这种方法在测试时，应力求保持地下空间内空气参数的稳定，如波动大会影响测试数据的准确性。

3）固体吸湿法

固体吸湿法是将地下空间密闭，用固体吸湿剂如氯化钙或硅胶吸收围护结构内表面散发到空气中的水分。这种方法比较简单，不受条件限制，效果比较好。

由于地下空间密封后，不受外界影响，地下空间内空气温度波动很小，虽然吸湿剂吸收水分后，要产生热量，但对大空间来说，这点热量对空气温度影响不大，因此，地下空间内空气温度可近似视为常数。

6.3.2　外部空气带入水分散湿量计算

当地下空间外空气的含湿量大于地下空间内空气的含湿量时，未经处理的地下空间外空气进入地下空间内，就会使地下空间内空气增湿。外部空气带入地下空间内的含湿量按式（6-65）计算。

$$W = G(d_w - d_n) \tag{6-65}$$

式中　G——进入地下空间内未经处理的空气量，kg/h；

　　　d_w——地下空间外空气的含湿量，g/kg干空气；

　　　d_n——地下空间内空气的含湿量，g/kg干空气。

6.3.3　设备散湿量计算

1. 水槽表面的散湿量

水槽表面的散湿量 W 用式（6-66）计算。

$$W = c_v(P_{cb} - P_{cn})\frac{101325}{B}S \tag{6-66}$$

式中　c_v——蒸发系数，kg/(m²·a·h)，$c_v = a + 0.0001305v$；

　　　v——水槽热发表面的空气流动速度，建议取 0.3 m/s；

　　　a——系数，围护结构表面散湿，$a = 0.0002325$，水槽表面散湿，a 值根据不同的水温由表6-25查得。

其余符号意义同前。

表6-25　不同水温下的 a 值

水温/℃	30以下	40	50	60	70	80	90	100
$a \times 10^4$	1.65	2.1	2.475	2.775	3.075	3.45	3.825	4.5

2. 机床乳化冷却液散湿量

机床乳化冷却液散湿量 W 可用式（6-67）计算。

$$W = 0.15\eta N \tag{6-67}$$

式中　N——使用乳化液机床的总安装功率，kW；

　　　η——使用乳化液机床的同时使用系数，视实际情况选用。

6.3.4　化学反应散湿量计算

洞内生产的某些工艺过程，需用煤气、氢气等烧焊产品零件，在燃烧放热过程中，也散发一部分湿量，其散湿量 W 按式（6-68）计算。

$$W = n_1 n_2 G\omega \tag{6-68}$$

式中　n_1——燃料的燃烧系数，建议取0.95；

　　　n_2——负荷系数，即每个燃烧点每小时实际燃料消耗量与最大燃料消耗量之比；

　　　G——每小时燃料最大消耗量，m^3/h；

　　　ω——燃料的产湿量，kg/m^3，见表6-26。

表6-26　燃料的产湿量ω

燃料名称	产湿量 $\omega/(kg \cdot m^{-3})$	燃料名称	产湿量 $\omega/(kg \cdot m^{-3})$
乙炔	0.7	水煤气	0.4
氢气	0.7	干馏煤气	0.65

6.3.5　材料散湿量计算

材料进洞前含水率较大或被淋湿，进洞后就会蒸发水分使洞内湿度增大。材料水分蒸发的含湿量可按式（6-69）近似计算。

$$W = \frac{G(u_1 - u_2)}{\tau} \tag{6-69}$$

式中　　G——材料的质量，kg；

　　　　u_1——材料最初含水率，%；

　　　　u_2——在洞内一定的温湿度条件下，材料的最终含水率，%；

　　　　τ——含水率由u_1变到u_2所延续的时间，h。

6.3.6　人体散湿量计算

$$W = nw \tag{6-70}$$

式中　　n——工作人数；

　　　　w——每个人散发的湿量，$g/(h \cdot 人)$，见表6-12。

6.3.7　人为散湿量计算

工作人员的湿衣、湿鞋、雨具等带入地下空间内，以及地下空间内人员日常生活引起的水分蒸发，如洗脸、洗毛巾和吃饭、喝水的水分蒸发，人员出入盥洗室、厕所等房间开门和从上带出的水分蒸发等。

为了减少这些人为散湿，设计中应与建筑、工艺等很好配合，合理布置湿源，如在洞口设置雨具存放室、设单独的盥洗室以及加强地下空间内管理等措施。由于这部分散湿量很难准确确定，在设计时，一般对长期在地下空间内工作的人员按$30\sim40$ $g/(h \cdot 人)$计算，预防措施较好的取下限，措施不完善的取上限。

6.4　地下工程的风温、风量计算

6.4.1　一般通风地下空间夏季温湿度的确定

夏季一般通风地下空间内的空气温湿度受进风温湿度、通风量、地下空间内的发热量和产湿量、生产班制及通风班制等因素的影响，变化很复杂。夏季一般通风地下空洞内的空气相对湿度往往不容易满足使用要求，特别是发热量较小的地下空间，这个问题尤为突出。

一般通风地下空间，在均匀送排风和通风量已确定的情况下，夏季当量圆柱体地下空间内的空气最高温度 t_{max} 和最低温度 t_{min} 可根据夏季地下空间内的空气日平均温度 t_{np}、地下空间外空气温度日周期性波动引起地下空间内的空气温度日波幅 θ_{n2}、地下空间内发热量日周期性波动引起的室温日波幅 θ_q 及年平均地温 t_0 按下面公式确定:

$$t_{max}(t_{min}) = t_{np} + \theta_{n2} + \theta_q \qquad (6-71)$$

式中　t_{np}——夏季地下空间内的空气日平均温度,℃;

　　　θ_{n2}——地下空间外空气温度日周期性波动引起地下空间内的空气温度日波幅,℃;

　　　θ_q——地下空间内发热量日周期性波动引起的室温日波幅,℃。

根据地下空间内空气最高温度和最低温度及排风含湿量,不难确定夏季地下空间内的空气相对湿度的变化范围。

下面分别介绍温度 t_{np}、θ_{n2} 和 θ_q 的计算式。

1. 在连续通风间歇生产的情况下

$$t_{np} = \frac{(M-N)t_{nd} + 2(Gct_{wp} + t_0N + \mu Q - Q_s)}{2Gc + M + N} \qquad (6-72)$$

$$\theta_q = \frac{f_1 Q}{A_2 E_2 + Gc} \qquad (6-73)$$

式中　t_{nd}——冬季设计的地下空间内空气日平均温度,℃;

　　　t_{wp}——地下空间外最热月的空气日平均温度,℃;

　　　t_0——年平均地温,℃;

　　　Q——地下空间内的发热量,W;

　A_2、E_2——参数,定义和确定方法同式(6-10)中所述;

　f_1、μ——参数,根据生产班制查表6-27;

　　　N——壁面年平均传热量计算系数,W/℃;

　　　M——壁面年波动传热量计算参数,W/℃;

　　　G——通风量,m³/h;

　　　c——空气比热,J/(kg·℃);

　　　Q_s——地表面温度年周期性波动引起的壁面传热量,W,夏季由壁面向地下空间内放热,Q_s 为"-",冬季由地下空间内向壁面传热,Q_s 为"+"。

表6-27　参　数　表

符号	一班制		二班制		三班制
	计算最高温度时	计算最低温度时	计算最高温度时	计算最低温度时	计算最高或最低温度时
f_1	0.68	-0.36	0.32	-0.70	0
f_2	0.16	0	0.59	0	1
μ	1/3		2/3		1
$\Delta\theta_2$	$0.827\theta_2$		$0.413\theta_2$		0
D	0.727		0.313		0

温度日波幅 θ_{n2} 按式（6-12）计算。

计算式（6-72）和式（6-73）对于深埋和浅埋地下空间都适用。不过在确定式中的参数 N、Q_s、M 值时，应根据相应的公式进行计算：

（1）对于深埋地下空间，$Q_s = 0$，参数 N 和 M 分别按式（6-32）和式（6-33）计算。

（2）对于单建式浅埋地下空间，参数 N、Q_s 和 M 值分别按式（6-35）、式（6-36）和式（6-38）计算。

2. 在间歇通风间歇生产和连续通风连续生产情况下

$$t_{np} = \frac{(M-N)t_{nd} + It + 2(t_0 N - Q_s)}{I + M + N} \tag{6-74}$$

$$I = \frac{2\mu G c A_2 E_2}{A_2 E_2 + DGc} \tag{6-75}$$

$$t = t_{wp} + \Delta\theta_2 + \frac{Q}{Gc} \tag{6-76}$$

$$\theta_{n2} = \frac{\theta_2 Gc f_2}{A_2 E_2 + Gc} \tag{6-77}$$

$$\theta_q = \frac{Gc(t - t_{np})f_1}{A_2 E_2 + DGc} \tag{6-78}$$

式（6-75）至式（6-78）中的参数 μ、D、$\Delta\theta_2$、f_1 和 f_2 值，可根据生产班制查表6-28。

式（6-74）中的参数 N、Q 和 M 的定义和计算公式同式（6-72）中所述。

6.4.2　夏季升温通风降湿送风温度的确定

对于发热量较小的地下空间，夏季由于室温偏低，空气相对湿度较大，不能满足正常使用要求。这种情况可以采取升温通风降湿的办法，改善地下空间内的空气温湿度状况，使之满足使用要求。

设夏季满足地下空间内空气相对湿度要求的空气温度为 t_n，冬季地下空间内的空气日平均温度设计为 t_{nd}。室外进风温度日波幅为 θ_2，年平均地温为 t_0。在通风量 G 已确定和均匀送排风情况下深埋和浅埋当量圆柱体地下空间，夏季白天升温降温送风温度 t_s 可按式（6-79）确定。

$$t_s = t' + \theta_2 - \Delta\theta_2 - \frac{Q}{Gc} \tag{6-79}$$

$$t' = \frac{(t_n - \theta_{n2})(M+N+I) - (1-f)[(M-N)t_{nd} + 2(t_0 N - Q_s)]}{(M+N)f + I} \tag{6-80}$$

$$f = \frac{Gc f_1}{A_2 E_2 + DGc} \tag{6-81}$$

式中　　θ_{n2}——地下空间内的空气温度日波幅，℃，按式（6-77）计算；

f_2、$\Delta\theta_2$——参数，根据生产班制查表6-28；

I——参数，按式（6-75）计算。

t'——地下空间内的空气温度，℃；

f——参数，无具体含义。

式（6-80）中的参数 N、Q_s 和 M 的定义和计算公式同式（6-72）中所述。

6.4.3 冬季加热送风温度的确定

冬季地下空间壁面传热量较小，甚至壁面还向地下空间内放出一部分热量。因此，地下空间冬季加热送风温度的确定方法与地面建筑不同。

若冬季地下空间内的空气日平均温度设计为 t_{nd}，通风量为 G，空气比热为 c，地下空间内发热量为 Q，年平均低温为 t_0，在连续均匀送排风情况下，深埋或浅埋当量圆柱体地下空间冬季加热送风温度 t_s 可按式（6-82）计算。

$$t_s = t_{nd} - \frac{1}{2Gc}\left[2(Q + t_0 N - Q_s) - (M + N)t_{nd} + (M - N)t_{np}\right] \tag{6-82}$$

式中 t_{np}——三班制生产时，夏季地下空间内的空气日平均温度，℃，按式（6-74）计算。

其余符号意义和确定方法同前。

6.4.4 夏季通风量的确定

一般情况下，地下空间壁面传热量，夏季主要是由地下空间内向围护结构传递，而地面建筑与此正好相反，即夏季室外热量通过围护结构传向室内。因此，从排余热的角度来确定夏季风量的方法，地下空间与地面建筑有所不同。

根据设计的夏季地下空间内空气最高温度 t_{max}，冬季地下空间内的空气日平均温度 t_{nd}，地下空间内发热量 Q，夏季通风地下空间外计算温度 t_{wx}，最热月的地下空间外空气日平均温度 t_{wp}，地下空间外空气温度日波幅 θ_2 及年平均地温 t_0 在连续均匀送排风情况下，深埋或浅埋当量固柱体地下空间夏季通风量 G 可按式（6-83）确定。

$$G = \frac{-b_0 \pm \sqrt{b_0^2 - 4a_0 c_0}}{2a_0} \tag{6-83}$$

$$a_0 = 2c^2(t_{max} - t_{wx}) \tag{6-84}$$

$$b_0 = c\left[2A_2 E_2(t_{max} - t_{wp}) - (M + N)\theta_2 + B\right] \tag{6-85}$$

$$c_0 = A_2 E_2 B \tag{6-86}$$

$$B = (M + N)t_{max} - (M - N)t_{nd} - 2(t_0 N + Q - Q_S) \tag{6-87}$$

式中符号意义同前。

如果 $a_0 = 0(t_{max} - t_{wx} = 0)$ 时，通风量应按式（6-88）计算。

$$G = \frac{c_0}{b_0} \tag{6-88}$$

参数 b_0 和 B 值计算式中的 N、Q 和 M 的定义和计算公式同式（6-72）中所述，而 A_2 和 E_2 的定义和确定方法同式（6-10）中所述。

当地下空间内发热量较大或进风温度较高时，按式（6-83）或式（6-88）计算夏季风量，可能出现偏大，甚至无论多大风量，夏季地下空间内的空气温度都将超过设计温度时，进风应作降温处理；当地下空间内发热量较小或进风温度较低时，可能出现夏季的风量较小，甚至不通风，地下空间内的空气温度也不会超过设计温度，此种情况，夏季通风量可根据排湿、排除有害气体等因素综合考虑确定。为了便于设计人员在运用式（6-

83）和式（6－88）时，处理所遇到的问题，为此提出选择合理风量的几点说明，见表6－28。

表6－28 选择合理风量的说明

编号	判		断	说 明
1	$a_0 \neq 0$	$b_0^2 - 4a_0c_0 \geqslant 0$	按式（6－83）确定 G 为一正一负时	风量 G 取正值，同时考虑换气、排湿、排除有害气体的要求
2			按式（6－83）确定 G 为同号时	G 都为正时，根据换气、排湿、排除有害气体要求取两根之间的值
3				G 都为负时，通风量根据换气、排湿、排除有害气体综合考虑确定
4		$b_0^2 - 4a_0c_0 < 0$	$a_0 > 0$，$c_0 < 0$	风量 G 根据换气、排湿、排除有害气体综合考虑确定
5			$a_0 < 0$，$c_0 < 0$	进风温度较高或通风余热较大，无论风量多大，地下空间内的空气温度将超过设计温度，进风应作降温处理，使 $b_0^2 - 4a_0c_0 \geqslant 0$，再按编号 1~3 确定风量（计算参数 a_0 时，应取冷却后的空气温度）
			$b_0 < 0$，$c_0 < 0$	
6	$a_0 = 0$	$b_0 > 0$，$c_0 > 0$		通风余热为负，无论多大风量，地下空间内的空气温度也不会超过设计温度，G 可按编号 3 确定
7		$b_0 > 0$，$c_0 < 0$		风量按式（6－88）计算，同时考虑换气、排湿、排除有害气体的要求

对于浅埋地下空间，夏季通风量的计算步骤与深埋地下空间的计算步骤相同，这里不再举例说明了。

这里需要指出的是，按三班制生产确定的夏季风量也满足其他生产班制。

6.4.5 纵向通风气流温度的确定

风道外温度近似按余弦规律变化的空气，纵向流经地下风道过程中，夏季被冷却，冬季被加热，气流温度波幅，尤其温度日波幅将发生显著的衰减。

夏季气流流经地下风道过程中，受到冷却，从风道某段开始，壁面可能出现结露，放出相变热，使风道气流温度有所升高。但是，壁面出现结露之后，传热能力也加强了，这是一个复杂的传热量过程，下面将分别介绍壁面不结露和结露情况下的气流温度计算。

1. 不结露情况下风道气流温度的计算

气流流经地下风道过程中，气流最高或最低温度随流程的变化可按式（6－89）确定。

$$t(1) = t_c(1) + \theta_1(1) + \theta_{1d}(1) + \theta_2(1) \tag{6-89}$$

式中　$t(1)$——距入口为 1 m 处风道中的气流最高或最低温度，℃；

$t_c(1)$——距入口为 1 m 处风道中的气流年平均温度，℃；

$\theta_1(1)$——距入口为 1 m 处风道中的气流温度年波幅，℃；

$\theta_{1d}(1)$——地表面温度年周期性变化引起距入口为 1 m 处风道中的气流温度年波幅，℃，对于深埋地下风道，$\theta_{1d}(1)=0$；

$\theta_2(1)$——距入口为 1 m 处风道气流温度日波幅，℃。

下面分别介绍温度 $t_c(1)$、$\theta_1(1)$、$\theta_{1d}(1)$ 和 $\theta_2(1)$ 的计算。

1）深埋地下风道

在连续通风情况下：

$$t_c(1) = t_0 + (t_{wc} - t_0)e^{-x} + \frac{ql}{A_1 E_1}(1 - e^{-y}) \tag{6-90}$$

$$\theta_1(1) = \pm\theta_1 e^{-y} \tag{6-91}$$

$$\theta_2(1) = \pm\theta_2 e^{-z} \tag{6-92}$$

$$x = \frac{E_1 Bi[1 - f(Fo, Bi)]}{Gc} \tag{6-93}$$

$$y = \frac{A_1 E_1}{Gc} \tag{6-94}$$

$$z = \frac{A_2 E_2}{Gc} \tag{6-95}$$

式中　G——空气流量，kg/s；

q——风道中单位时间里长度的发热量，W/m；

l——风道长度，m；

t_{wc}——风道外空气年平均温度，℃；

θ_1——风道外空气温度年波幅，℃

θ_2——风道外空气温度日波幅，℃；

其余符号意义同前。

如果风道内无热源（$q=0$）时，则式（6-90）可写成：

$$t_c(1) = t_0 + (t_{wc} - t_0)e^{-x} \tag{6-96}$$

利用式（6-91）至式（6-96）可以确定连续通风情况下，风道内无热源的气流温度。

在间歇通风（风道内无热源）情况下：

$$t_c(1) = t_0 + (t_{wc} - t_0)e^{\frac{-x}{\mu}} \tag{6-97}$$

$$\theta_1(1) = (\theta_1 + \Delta\theta_2)e^{\frac{-y}{\mu}} \tag{6-98}$$

$$\theta_2(1) = [(\theta_2 + \Delta\theta_2)f_1 + \theta_2 f_2]e^{\frac{-z}{\mu}} \tag{6-99}$$

式（6-96）至式（6-98）中的参数 μ、f_1、f_2 和 $\Delta\theta_2$ 值，根据通风班制查表 6-28，其余符号意义同前。

式（6-96）至式（6-98）同样可以用来确定连续通风情况下，风道中的气流温度。

2）浅埋地下风道（风道内无热源）

城市人防通道，多数属于浅埋地下风道。不少单位（如工厂、影剧院）利用人防通道降低夏季进风温度，收到了良好的效果。

在连续通风的情况下，气流流经浅埋地下风道过程中，气流温度 $\theta_1(1)$、$\theta_2(1)$、$t_c(1)$仍分别按式（6-91）、式（6-92）和式（6-96）计算。而在温度年波幅 $\theta_1(1)$出现时刻，地表面温度年变化所引起的气流温度年波幅 $\theta_{1d}(1)$ 按式（6-100）计算。

$$\theta_{1d}(1) = \pm \frac{\theta_d \theta_{db}}{1-A_1}(1-e^{-\varphi})\cos(-\omega_1 \tau_0) \qquad (6-100)$$

$$\varphi = \frac{E_1 Bi(1-A_1)}{Gc}$$

式中　　φ——参数；

θ_d——地表面温度年波幅，℃；

τ_0、θ_{db}——延迟时间和温度参数，根据风道周围介质的热物理系数 λ 和 α 及覆盖层厚度 h_d、风道的宽度 b 确定，查表6-29或表6-30。

表6-29　温度参数 θ_{db} 和时间延迟 $\tau_0[\alpha=8.1\ W/(m^2 \cdot ℃)]$

h_d/m	$\lambda/(W \cdot m^{-1} \cdot ℃^{-1})$	b/m					
		2		3		4	
		θ_{db}	τ_0/s	θ_{db}	τ_0/s	θ_{db}	τ_0/s
1	1.16	0.06034	360	0.05187	300	0.04718	300
	1.51	0.07547	360	0.06495	300	0.05910	300
	1.74	0.08493	360	0.07314	300	0.06658	300
2	1.16	0.03600	780	0.03015	700	0.02605	660
	1.51	0.04546	780	0.03818	700	0.03301	660
	1.74	0.05148	840	0.04330	700	0.03746	660
3	1.16	0.02449	1320	0.02040	1260	0.01703	1140
	1.51	0.03098	1380	0.02589	1260	0.02163	1140
	1.74	0.03512	1380	0.02941	1320	0.02458	1140
4	1.16	0.01693	1920	0.01430	1360	0.01143	1680
	1.51	0.02142	1980	0.01773	1860	0.01453	1680
	1.74	0.02427	1980	0.02037	1920	0.01651	1680

表 6-30　温度参数 θ_{db} 和时间延迟 τ_0 $[\alpha = 14.0\,\mathrm{W/(m^2 \cdot ℃)}]$

h_d/m	$\lambda/(\mathrm{W \cdot m^{-1} \cdot ℃^{-1}})$	b/m					
		2		3		4	
		θ_{db}	τ_0/s	θ_{db}	τ_0/s	θ_{db}	τ_0/s
1	1.16	0.02723	300	0.03196	300	0.02905	240
	1.51	0.04726	360	0.04059	300	0.03690	240
	1.74	0.05368	360	0.04612	300	0.04612	300
2	1.16	0.02189	780	0.01826	720	0.01629	660
	1.51	0.02796	780	0.02337	720	0.02088	660
	1.74	0.03189	780	0.02668	720	0.02385	660
3	1.16	0.01485	1320	0.01231	1300	0.01095	1200
	1.51	0.01879	1320	0.01578	1260	0.01404	1200
	1.74	0.02167	1320	0.01803	1260	0.01606	1200
4	1.16	0.01027	1920	0.00853	1800	0.00760	1740
	1.51	0.01313	1920	0.01093	1800	0.00760	1740
	1.74	0.01499	1980	0.01249	1860	0.01115	1800

2. 壁面出现结露情况下气流温度的近似计算

夏季室外空气（其状态点为 A）流经地下风道过程中，空气状态点逐步发生变化。当气流温度降到露点温度 t_{11} 时的状态点为 B（根据实测结果，风道断面空气平均相对湿度达到 90% 左右，壁面开始结露）。为了计算简化起见，空气状态点从 A 到 B，近似视为等湿降温过程，空气状态点从 B 到 C 视为减湿降温过程，如图 6-12 所示。这样的工程计算中，空气状态点的变化可分别按等湿降温过程和减湿降温过程近似计算。

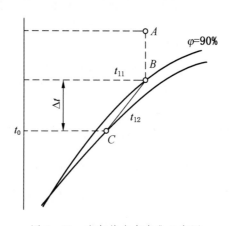

图 6-12　空气状态点变化示意图

1）等湿降温过程

若已知等湿降温过程的终温 t_{11}，则等湿降温段的长度 l_1 为

$$l_1 = \frac{Gc}{qP}\ln\frac{t_w - t_0}{t_{11} - t_0} \qquad (6-101)$$

式中　t_w——地下空间外的空气日平均温度，℃，取一个月的平均温度；

　　　t_{11}——等湿降温过程终段的空气温度，℃；

　　　t_0——年平均地温，℃；

　　　G——气流流量，kg/s；

　　　c——空气比热，J/(kg·℃)；

　　　P——风道断面周长，m；

　　　q——风道壁面热流强度，W/(m²·℃)，根据傅里叶准数 $Fo = \dfrac{a\tau}{r_0^2}$ 和比欧准数 $Bi = \dfrac{\alpha r_0}{\lambda}$ 值，查图 6-13（谢尔巴恩绘制）得 $f(Fo, Bi) = \dfrac{qr_0}{\lambda}$，则 $q = \dfrac{\lambda}{r_0}f(Fo, Bi)$。

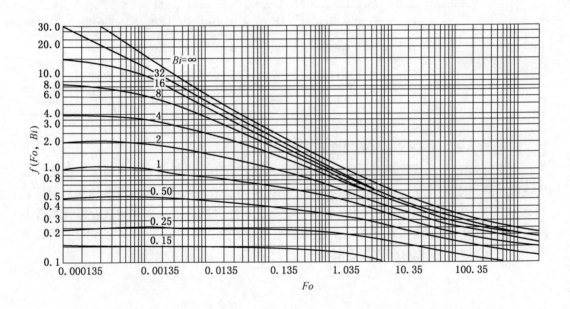

图 6-13　进风温度恒定，气温与岩石温度差 1℃时，计算 q 值曲线图

2）减湿降温过程

减湿降温过程，空气热量的变化不仅有显热变化，而且还包括了潜热变化，即 $Gc\Delta t$ 应用 $G\Delta i$ 来代替，同时壁面出现结露时，增强了壁面热交换，约增强 $\xi = \dfrac{\Delta i}{c\Delta t}$ 倍。根据 $i-d$ 图求得减湿降温过程的角系数 $\varepsilon(B \to C)$，然后按式（6-102）确定系数 ξ。

$$\xi = \frac{\varepsilon}{\varepsilon - 595} \qquad (6-102)$$

对于减湿降温过程的气流温度 t_{l2}，可按式（6-103）确定。

$$t_{l2} = t_0 + (t_{l1} - t_0)e^{-x} \qquad (6-103)$$

$$x = \frac{q_s P}{Gc\xi}l_2 \qquad (6-104)$$

式中　　x——参数；

l_2——减湿过程段长，m；

q_s——壁面热流强度，W/(m^2·℃)，根据准数 $Fo = \dfrac{a\tau}{r_0^2}$、$Bi = \dfrac{\alpha r_0}{\lambda}$ 值查图 6-13。

其余符号意义同前。

参考习题

1. 某深埋地下车间，长 L 为 100 m，宽 b 为 9 m，高 h 为 7 m，车间内表面面积 S 为 3200 m^2，体积 V 为 6300 m^3；建筑物周围为岩石，导热系数 λ 为 3 W/(m·℃)，导温系数 $a = 1.25 \times 10^{-6}$ m^2/s；车间内表面为 400 mm 厚的钢筋混凝土衬砌，其导热系数 λ 为 1.5 W/(m·℃)，导温系数 a_b 为 8.33×10^{-7} m^2/s；进风温度日波幅 θ_2 为 5 ℃，通风量 G 为 13.3 kg/s，换热系数 α 为 8.1 W/(m·℃)。根据上述条件，在均匀送排风的情况下，计算车间空气温度日周期性波动波幅 θ_{n2}（进风空气未经处理）。

2. 有一地下车间，其构造尺寸同习题 1。年平均地温 t 为 14 ℃，要求恒热预热两个月后，车间内的空气温度达到 28 ℃。求预热负荷 Q、壁面温度 $t(r_0, \tau)$ 及加热深度 δ。

3. 如习题 1 所介绍的地下车间，采用通风方式预热，通风量 G 为 6.67 kg/s，进风日平均温度 t_{wp} 为 24 ℃，温度日波幅 θ_2 为 5 ℃，其余计算参数同习题 2。计算在均匀送排风情况下，预热两个月，使车间的空气日平均温度 t_{np} 达到 27 ℃时的预热负荷 Q。

4. 某恒温地下车间，其构造尺寸同习题 1。恒热预热两个月，将车间空气温度预热到 22 ℃后再恒温，换热系数 α 为 8.1 W/(m^2·℃)，年平均地温 t_0 为 14 ℃。计算恒温过程壁面热流强度 q_1 和传热量 Q_1 及壁面温度 $t(r_0, \tau)$。

5. 某单建式浅埋恒温地下车间，长 l 为 100 m，宽 b 为 12 m，高 h 为 4 m，覆盖层厚度 h_d 为 2 m，墙壁为 400 mm 厚的钢筋混凝土衬砌，其 λ_b 为 1.5 W/(m·℃)，a_b 为 8.33×10^{-7} m^2/s；建筑物周围为土壤介质，其 λ 为 1.5 W/(m·℃)，a 为 5.56×10^{-7} m^2/s；地表面温度年波幅 θ_d 为 18 ℃，年平均地温 t_0 为 14 ℃，换热系数 α 为 8.14 W/(m^2·℃)；车间内空气恒温 22 ℃。计算冬夏季壁面传热量 Q_1。

6. 某深埋地下车间，其构造尺寸同习题 1。地下空间内发热量 Q 为 69 kW，散湿量 W 为 35 kg/h，夏季通风量 G 为 13.3 kg/s，换热系数 α 为 8.1 W/(m^2·℃)。气象参数：夏季大气压力 B 为 96000 Pa，夏季地下空间外通风计算温度 t_{wx} 为 29 ℃，最热月地下空间外空气日平均温度 t_{wp} 为 24 ℃，进风温度日波幅 θ_2 为 5 ℃，年平均地温 t_0 为 14 ℃，夏季地下空间外通风空气含湿量 d 为 16 g/kg$_{干空气}$。冬季车间空气日平均温度 t_{nd} 设计为 16 ℃。根据生产工艺和卫生要求，夏季车间空气温度不超过 30 ℃，空气相对湿度不大于 70%。根据上述条件，计算夏季车间不同生产班制的空气温湿度是否满足使用要求。

7. 某深埋地下车间，其构造尺寸同习题1，地下工程内外的计算参数同习题5。当冬季车间空气日平均温度 t_{nd} 设计为16℃时，计算夏季车间空气最高温度 t_{max} 设计为28℃、29℃和30℃时的通风量 G。

8. 有一深埋地下风道，长 l 为500 m，高 b 为2.3 m，宽 h 为2 m，当量半径为1.37 m。风道周围为土壤介质，其 λ 为1.5 W/(m·℃)，a 为5.56×10^{-7} m²/s，风道壁面为240砖墙衬砌，其 λ_b 为0.81 W/(m·℃)，a_b 为5.06×10^{-7} m²/s。风道外的空气年平均温度 t_{wc} 为14℃，温度年波幅 θ_1 为16℃，日波幅 θ_2 为5℃，年平均地温 t_0 为16℃，气流流量 G 为14 kg/s，风道中的气流速度 v 为2 m/s，换热系数为10.5 W/(m·℃)（计算值）。计算在不同通风班制时，风道通风两年时的冬夏季风道出口处的气流最高温度和最低温度（风道内无热源）。

7　地下工程空气调节系统

地下重要工程，因其用途不同，对进入地下室、库的空气有一定质量要求，如温度、湿度、含热量和含湿量等。为满足这些要求所进行的工程称为空气调节工程，简称为空调。

地上地下空间和建筑物虽然冬暖夏凉，但并不能完全满足生产、生活和贮存物品时对气象条件的要求，在某些条件下必须在地下工程进行通风的同时，还需进行空调。一般用途的地下空间和人防工程，其空气调节的主要任务是防止潮湿和调节温度。

7.1　空调系统的基本组成

空调系统主要由空气处理设备，空气输送和分配设备，供冷、供热设备三部分组成，如图 7 - 1 所示。

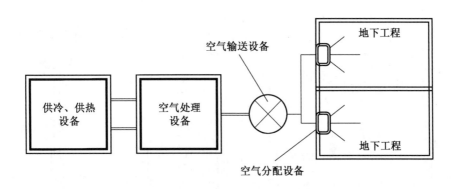

图 7 - 1　空调系统的组成示意图

7.1.1　空气处理设备

空气处理设备是指按照对空气各种参数的要求，对空气进行过滤净化、加热、冷却、加湿、去湿等处理的设备，主要包括过滤器、喷水室、加热器、加湿器等。

7.1.2　空气输送和分配设备

空气输送设备主要是指将处理后的空气输送到各个空调房间和从空调房间排出部分空气的设备，主要包括送、回风机，送风管等。

空气的分配设备是指为合理组织分配室内气流的设备，主要包括送风口和回风口等。

7.1.3　供冷、供热设备

供冷、供热设备指的是为空调系统提供冷量和热量的设备，如锅炉房、冷冻站、冷水机组等。

7.2 空调系统的形式及分类

随着科学技术事业的发展，空气调节技术也得到了不断的改进和提高，出现了大量的新设备品和控制仪表，可用来组成多种形式的空气调节系统，为在不同的工程中选用最佳系统方案创造了条件。出于不同的要求，在空气调节系统分类上也各有不同，如根据空气处理设备中集中程度分类，有集中式空调系统、半集中式空调系统和分散式空调系统。根据负担室内热湿负荷所用的介质不同，有全空气系统、全水系统、空气－水系统和冷剂系统。根据空调系统使用的空气来源不同，有直流式系统、封闭式系统和回风式系统，回风式系统还可分为一次回风系统和二次回风系统。为了便于说明系统设计及运行特点，推荐采用按处理负荷介质种类的方法，当前最常用的有全空气系统及空气－水系统，分述如下。

7.2.1 全空气系统

全空气系统是指全部室内热湿负荷，均由经过集中处理的空气介质所吸收，不需另外的二次冷却。目前，常用的集中式空调系统就属于这种类型，其组成如图7-2所示。

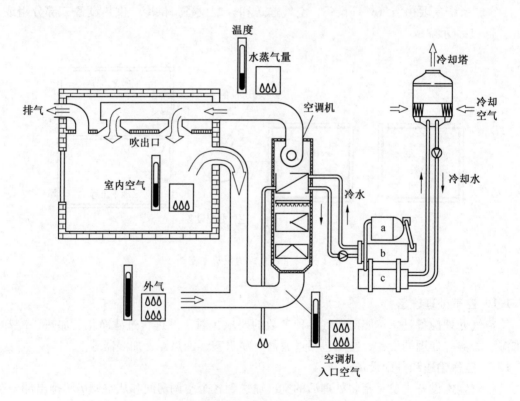

a—压缩机；b—蒸发器；c—冷凝器

图7-2 全空气系统

在全空气系统中，按照控制室温的方式又可分为定风量系统和变风量系统两种。定风量系统把风量作为一个常量，用改变送风温度来补偿室内热负荷的变化，从而维持室温不变；变风量系统则把送风温度作为常量，用改变送风量补偿室内热负荷的变化以维护室温不变。变风量系统具有节省能量、减少运行费用和安装方便等特点。

不论是定风量系统还是变风量系统，都可以按处理空气的流程分为单风道和双风道系统。单风道系统空气经过同一台冷却器、加热器处理后，由一条主风道分别送入各房间，为了维持室内温度，必须在进入房间的支风道上安装室温控制加热器或变风量末端装置。双风道空气分别经过加热和冷却器，再相应地经过热、冷两条主风道送出，在进入房间之前，经双风道末端装置，按照室温要求以适当的比例混合热冷空气。双风道系统虽然末端装置和风道都较复杂，一次投资较高，但在节能和应用灵活等方面仍有可取之处。

系统的选用应根据上述特点结合实际工程要求并进行技术经济比较决定。

全空气系统适用生产、科研及舒适性空调工程中，可满足多种使用要求，如气流组织、温湿度控制及洁净度控制等。在一般情况下，其主要优点是：

（1）空气处理设备可集中安装，统一管理和维修，在使用地点不需敷设冷、热介质及凝结水管道。

（2）在过渡季节，可利用全新风消除余热余湿，减少冷冻机运行时数，降低能量消耗。

（3）全空气的双风道系统，对于同一系统中的各个空调地点具有较大的适应能力。例如，在同一时间内，可以满足某些空调地点冷却而另一些空调地点加热的要求，而整个系统的运行制度不必改变。

（4）由于设备集中布置，便于能量的再生和利用。例如，利用夏季排风预冷进风，利用冬季排风预热进风等。

（5）对于装有局部排风的空调地点，便于补偿排风。

（6）可设计成为任何形式的气流组织。

全空气系统的缺点：

一是作为冷热介质的空气热容量小，容积流量大，风道断面及其所占用的空间也大。

二是一般需设单独的采暖系统，以供非生产时间使用。

三是在无自动平衡风量的系统中（如低速的再热系统），各空调地点的风量平衡比较困难，特别是同一系统中有些空调地点关掉了送风，造成了风量的重新分配。

全空气系统按照是否采用回风又可分为全新风系统、一次回风系统和二次回风系统。

1. 全新风系统

全新风系统又称为直流式系统，送入房间的空气全部采用室外的新风。新风在空调地点进行热湿交换后，全部由排风管排到室外，没有回风管道。全新风系统卫生条件好，但是能耗大、经济性差，只有系统内各空调地点散发有毒有害物质、不允许循环使用时，才采用全新风系统。全新风系统布置如图 7-3 所示。

2. 一次回风系统

为节约能源，在空调系统中回收一定量的室内空气并引入一定新鲜的室外空气与之混合，这种系统称为一次回风系统。室外新风量最少为总风量的 10% 或按卫生标准确定。在组装式的空调箱中设有一个新回风混合室。新回风混合的百分比可按需要由对开式风阀进行调节。一次回风系统的组成如图 7-4 所示。

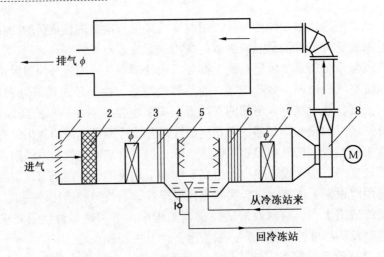

1—百叶窗；2—粗过滤器；3——次加热器；4—前挡水板；5—喷水排管
及喷嘴；6—后挡水板；7—二次加热器；8—风机

图7-3　全新风系统

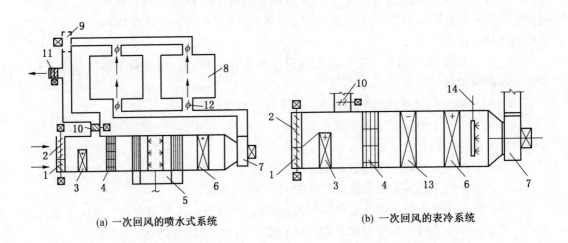

(a) 一次回风的喷水式系统　　　　　　　(b) 一次回风的表冷系统

1—最小新风阀；2—最大新风阀；3—预热器（第一次加热器）；4—过滤器；5—淋水室；

6—第二次加热器；7—送风机；8—空调室；9—回风机；10——次回风阀；

11—排风阀；12—调节阀门；13—表面式冷却器；14—加热器

图7-4　一次回风系统

　　一次回风系统的应用很广泛，为大多数中央空调系统所采用，除中央式空调系统的组合式空调机外，整体式（柜式）空调机也设有新风口和回风口。

　　3. 二次回风系统

　　二次回风系统是在一次回风系统的基础上将空调碉室内的循环回风分成两部分引入设备内，一部分回风在一次混合室内与新风混合，另一部分回风的风口开在空调设备的二次混合室。

二次回风系统的采用没有一次回风广泛。它具有同时节省空调冷量和空调热量的显著效果，但是由于加设了二次回风管和回风口，使设备不可避免地在安装和调节方面比一次回风式复杂些。二次回风系统的组成如图7-5所示。

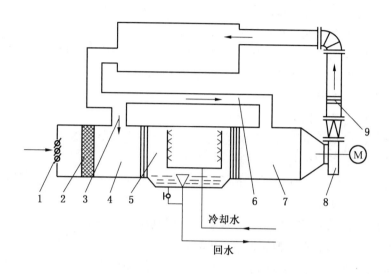

1—新风口；2—过滤器；3—一次回风管；4——次混合室；5—喷雾室；
6—二次回风管；7—二次混合室；8—风机；9—电加热器

图7-5 二次回风系统

7.2.2 空气-水系统

空气-水系统利用空调机、冷水机组、锅炉和风机盘管，可对房间进行空气调节。风机盘管为末端装置，可吹送出冷、热风。空气-水系统的组成如图7-6所示。

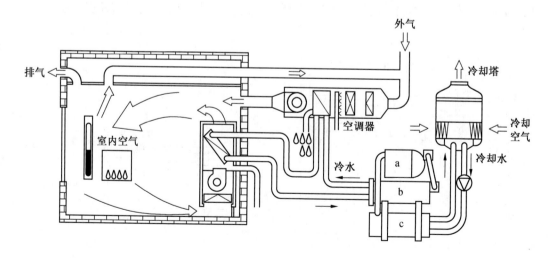

a—压缩机；b—蒸发器；c—冷凝器

图7-6 空气-水系统

这种系统空气介质仅处理一小部分室内负荷，大部分室内负荷则由设在空调房间中的二次冷却器处理，因而就避免了冷热抵消造成的能量浪费，同时，也解决了大风道及占用空间的问题。诱导空调器及风机盘管等，皆属于这种系统。如回风量较少，也可不设回风道，更有利于节省空间。这种系统在旅游建筑中应用较多。在地下空间或空间窄小的改建工程中，有条件地采用空气－水系统，也是可行的。

在地下空间中采用空气－水系统，必须对负荷特点、可供利用的空间以及冷冻机运行时数进行周密分析以后，确实合理时再予选用。

空气－水系统的主要优点：

一是节省空间，节省投资。

二是调节二次冷却，可以补偿室内负荷变化，有一定的节能效果。

三是二次冷却器可用于冬季的采暖。

四是可避免各房间的空气串通（指不设回风的空气－水系统），有利于卫生和安全。

空气－水系统的缺点：

一是全年固定新风不变，因而，过渡季也无法利用新风消除室内热湿负荷，延长了冷冻机的运行时间，造成了能耗和运行费用的增加。

二是除湿能力小（二次冷却按"干冷"设计），在湿负荷较大的地方采用，受到限制。

三是设备分散在各使用房间中，不便于集中管理和维修。

四是由于末端装置已固定，气流组织的灵活性受到限制。

五是产生有害气体、粉尘的房间不能采用。

除全空气系统和空气－水系统外，还有全水方式、直接冷却方式等。

7.2.3 全水方式

全水方式是利用冷冻机制造出的冷水或锅炉制造出的热水通过空调硐室的风机盘管中对室内空气进行冷却或加热的，如图7-7所示。这种方式多用于饭店的客房系统或商场的空调场合。

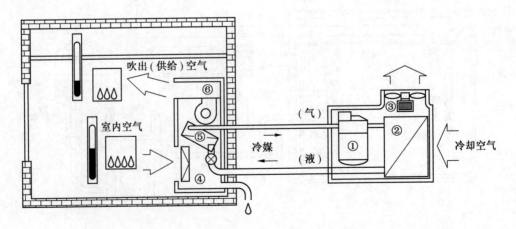

图7-7 全水方式

7.2.4　直接冷却方式

直接冷却方式是利用直接蒸发式表面冷却器热交换器中的制冷剂，汽化蒸发吸热来冷却室内空气，所以叫直接冷却方式。这种方式广泛应用在各种房间空调器（窗式、分体式）和小面积的中央空调系统。

直接冷却方式如图7-8所示。当热交换器内通以锅炉房来的热水或低压蒸汽时，交换器可用于对空气的加热。

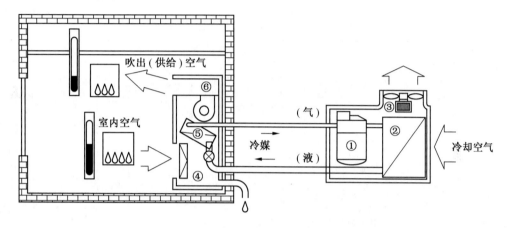

图7-8　直接冷却方式

这种供热方式广泛用于恒温恒湿空调机和中央式空调系统。

以上空调方式的分类可综合概括，见表7-1。

表7-1　空调方式分类表

分	类		名	称
中央空调方式	全空气方式	（A）单风道方式	（A1）定风量方式	（A1a）无末端再热器 （A1b）附有末端再热器
			（A2）变风量方式	（A2a）无末端再热器 （A2b）附有末端再热器
		（B）双风道方式	（B1）定风量双风道方式 （B2）多区域机组方式 （B3）变风量双风道方式	
	机组结构使用方式 （空气-水方式）	（C）与风道结合使用的柜式空调机组方式 （D）各层机组方式		
		（E）风机盘管方式（与风道结合使用） （F）诱导器方式 （G）辐射冷暖气方式		
	全水方式	（H）风机盘管方式		
个别方式	（P）房间冷却器 （Q）多台式机组型房间冷却器 （R）柜式空调机组方式 （S）闭环路式水热源热泵机组方式			

7.3 通风降湿系统

常用于地下空间的空气降湿方法：升温通风降湿、冷却除湿、液体吸湿剂除湿、固体吸湿剂除湿或联合使用这些方法。每种方法，各有特点，应根据当地自然条件、工程特点、造价和运行费等进行综合技术经济比较后选用。各种降湿方法的原理、优缺点、适用范围见表7-2。

表7-2 各种降湿方法的原理、优缺点、适用范围

降湿方法		原 理	优 点	缺 点	适 用 范 围
升温、通风、升温通风法降湿	升温法	加热地下空间内空气，以降低相对湿度	简单、经济、短时间内维护一定的相对湿度较有效	不能减少空气中含湿量，由于地下空间内散湿，相对湿度就会逐渐升高	临时性局部烘烤
	通风法	当地下空间外空气含湿量小于地下空间空气含湿量，并且通风后不致造成因地下空间温度降低而使地下空间室内相对湿度提高时借助通风换气，达到防潮目的	简单、经济、操作容易、运行费低、空气新鲜	受地下空间外空气参数制约，风量较大	地下空间内温湿度无严格要求，并有足够的余热产生，可在热车间如锅炉房、发电站、柴油发电机房中采用
	升温通风降湿法	加热升温降湿，通风排除余湿	方法简单，比较经济，操作容易，运行费较低，空气新鲜	受地下空间外空气参数制约，受地下空间内散湿量和升温程度的限制，所需的通风量较大	1. 夏季地下空间外计算含湿量小于地下空间内计算含湿量的地区； 2. 地下空间投入使用前的预热烘烤； 3. 夏季非工作时间地下空间加热
液体吸湿剂除湿	氯化钾溶液、三甘醇溶液	利用溶液水蒸气分压力低的特性，吸收空气中水分，达到除湿目的	1. 能连续处理较大量的空气，温度、湿度可以同时调节到较小的波动范围； 2. 可以获得低露点的空气参数； 3. 装置除泵、风机以外，无转动部件，故障少，维修简便； 4. 经过处理后的空气中细菌数可减少90%以上	1. 需要较多的冷却水，必须具备热源、电源和水源； 2. 装置占地面积较大； 3. 氯化锂有腐蚀性； 4. 三甘醇溶液再生温度过高时，可能引起聚合，产生树脂状的物质，再生过程有少量蒸发损失	1. 大风量和热湿比较小的场合； 2. 需要露点温度在4℃以下的场合； 3. 有病菌等需要消除的地方； 4. 需送大量具有一定湿度空气的地方
固体吸湿剂除湿		靠其水蒸气分压力比空气水蒸气分压力低的特性，吸收（或吸附）空气中水分	1. 初投资低，设备简单； 2. 低温时仍有良好的降湿效果，最低的露点温度可以到-70℃； 3. 可直接用于对空气进行干燥升温处理	1. 某些吸湿剂需要经常更换再生； 2. 处理期间空气参数不够稳定； 3. 对空气要冷却处理时，须加表面冷却器	1. 要求常温低湿的场合； 2. 要求露天温度在4℃以下的场合； 3. 硅胶常用于仪器贮存，如仪表箱内除湿

表7-2（续）

降湿方法		原理	优点	缺点	适用范围
冷却除湿	表冷式、喷淋式	将空气冷却到露点温度以下,使水蒸气凝结成水	1. 除湿稳定、可靠; 2. 表冷式结构紧凑、简单,机房占地面积较小; 3. 喷淋式可作净化空气的辅助措施	1. 初投资和支持费较高; 2. 不易获得低于4℃以下的露点温度; 3. 有些表冷器消耗有色金属较多	1. 要求降湿又需降温的场合; 2. 对温湿度有严格要求的场合
	壁冷式	空气流经低于露点温度的岩壁时,空气中水蒸气凝结成水析出	利用自然条件,运行费低	除湿幅度较小,温湿度不易控制	对温湿度要求不严格的地下空间,可作空气预冷用

7.3.1 升温通风降湿系统

1. 升温通风降湿的理论和应用

1) 原理

在一定范围内,空气含湿量不变,温度提高 1℃,相对湿度可降低 4% ~ 5%,因而加热后的空气容纳水汽的能力较原来的空气有所提高。

例如,如图 7-9 所示,大气压力为 98666 Pa,已知 N_1 状态点的空气温度为 $t_1 = 26$ ℃,相对湿度为 $\varphi_1 = 90\%$,含湿量为 $d_1 = 19.7$ g/kg$_{干空气}$,饱和含湿量 22 g/kg$_{干空气}$;当空气温度升为 $t_1 = 30$ ℃时,相对湿度变为 72%,饱和含湿量变为 28 g/kg$_{干空气}$。计算得出,空气容纳水汽的能力增加 28 g/kg$_{干空气}$ - 22 g/kg$_{干空气}$ = 6 g/kg$_{干空气}$,说明随着空气温度的升高,空气自身的饱和含湿量随之增大。

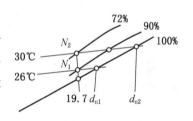

图 7-9 空气加热前后饱和含湿量图

若只加热不通风时,仅能降低空气的相对湿度,而不能改变地下空间内空气的含湿量。地下空间由于有湿源存在,时间一长,相对湿度又会升高。所以单纯地加热空气,只能暂时维持地下空间内一定的相对湿度,而不是根本的降湿方法。

2) 通风对降湿的作用

例如,地下空间内车间要求保证的状态点为 N 点,如图 7-10 所示,该点空气含湿量为 d_n,如果通入的地下空间外空气其含湿量 $d_w < d_n$ 时,则该空气可带走一部分地下空间内空气的湿量。如果通风量足够的话,就能够保证地下空间内空气的含湿量为 d_n 的要求,但不能同时保证地下空间内温湿度的要求。

为此,一般都采用升温和通风降湿相结合的方法,即利用加热的方法提高地下空间内温度,降低相对湿度,并借助通风来排除地下空间内的余湿,以维持地下空间内一定温度、相对湿度和风速的要求,就克服了单纯加热或单纯通风的不足之处。

3) 应用的前提条件

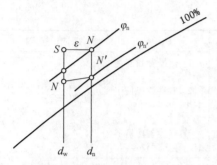

图 7 - 10 升温通风降湿原理图

升温通风降湿应用的前提条件是地下空间外空气含湿量小于地下空间内空气含湿量（$d_w < d_n$），且地下空间外空气温度等于或小于送风温度（$t_w \leqslant t_0$）的场合，如图 7 - 10 所示。

由于这种方法要求（$d_w < d_n$）及要求对空气进行加热，因而它的应用往往受到地下空间外气象条件及地下空间内允许温度的制约。另外，当地下空间内外含湿量相差很小时，往往会使换气次数过大，增加了一次投资和运行管理费用，因此在选用降湿方法时应进行技术经济比较确定。

升温通风降湿法的应用地区一般包括大部分北方集中采暖地区；夏季空气相对湿度大，温度不高，空气含湿量较小的部分高寒地区，如云贵高原的一部分；空气含湿量较小的少部分过渡地区。

4）其他用途

升温通风降湿还可以应用在地下空间建成未投入生产时的预热烘干，每年潮湿季节来临之前的地下空间预热，夏季非工作时间地下空间内保温和其他降湿方法的辅助措施。

2. 升温通风降湿系统的形式

升温通风降湿系统根据加热设备安装位置及通风方式可分为机械送风集中加热或机械送风集中加热与采暖相结合、机械通风与采暖相结合三种形式。

1）机械送风集中加热

这种形式是地下空间外空气在进风小室内经过加热器加热到送风温度，然后送入地下空间内，以满足地下空间内空气温度和相对湿度要求，并通过排风将地下空间内的余湿量排走达到降湿效果。其特点是可以根据地下空间内车间温湿度要求控制送风温度和送风量，车间内的空气量及气流组织可以根据需要进行分配，工作区的温度场和速度场易于保证。例如，在地下空间内车间生产人员较多，工作区的温度场和速度场有一定要求时，宜采用这种形式。

2）机械送风集中加热与采暖相结合

机械送风集中加热与采暖相结合，采暖设备可用在机械送风集中加热停止运行后维持车间的温度；使相对湿度不致急速上升；也可以在工作时间和非工作时间作为机械送风集中加热的辅助降湿措施。

机械送风集中加热（或机械送风集中加热与采暖相结合）系统平面图如图 7 - 11 所示，其空气过滤器视需要而设计。

3）机械通风与采暖相结合（采暖形式为散热或辐射板）

这种形式分为机械送风自然排风与自然进风机械排风两种形式。

（1）机械送风自然排风：地下空间外空气不经集中加热处理，利用机械通风送入地下空间内，再利用布置在地下空间内的散热器或辐射板加热空气，达到升温通风降湿的目的。

（2）自然进风机械排风：地下空间外空气不经集中加热处理，利用机械排风将空气

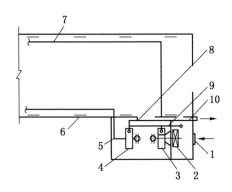

1—新风口；2—空气加热器；3—送风机；4—回风机；5—回风管；6—暖气片或辐射板；
7—送风管；8—风阀；9—旁通风管；10—排风管

图 7-11　机械送风集中加热系统平面图

吸入地下空间内，再利用引洞及地下空间内的散热器或辐射板加热空气，达到升温通风降湿的目的。

当利用机械送风自然排风时，由于地下空间外空气未经加热处理，在北方集中采暖地区及大部分过渡地区，地下空间外空气温度较低，时间又长，容易产生送风温差过大的现象。

当利用自然进风机械排风时，应注意产生沿纵深方向温差过大的现象。

这种形式受到地下空间外气象条件和地下空间内卫生条件的限制，应用有很大的局限性，不宜在地下空间内车间采用。

冬季地下空间外通风计算温度较高的地区和温湿度要求不高的小型车间可考虑采用，设计时应根据送风温差合理地组织气流。

在计算热湿比值时应注意，余热量应包括采暖设备的散热量。

在设计中不应片面地强调节约，如在集中采暖地区和过渡地区、大型地下空间设计成自然进风机械排风，不设计集中加热，而是利用引洞两侧散热器加热空气，将会造成沿纵深方向较大的区域温差，不能满足使用要求。实践证明集中加热均匀送风的方式，使用中能得到良好效果。

7.3.2　冷冻除湿机通风降湿系统

1. 冷冻除湿原理

冷冻除湿机（简称除湿机，又名降湿机、去湿机、吸湿机）由制冷系统和送风系统组合而成。

利用制冷机将空气温度降低至其露点温度以下时，空气中水分凝结，含湿量下降。将此干燥后的空气送入地下空间内，从而达到降低地下空间内空气湿度的目的。图 7-12 所示为一般除湿机的去湿过程。

制冷系统：由压缩机压出高压、高温制冷剂（氟利昂或氨）气体流入冷凝器，将热量传给已被冷却的空气后，冷凝成高压液体。液体流经贮液缸、过滤器经节流装置减压后进入蒸发器，吸收通过蒸发器的空气中的热量后变成低温、低压气体，再吸回压缩机。一

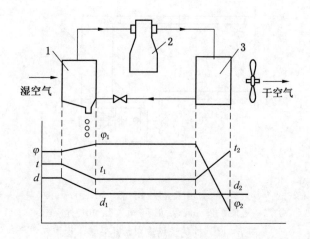

1—蒸发器；2—压缩机；3—冷凝器；φ—相对湿度；t—空气温度；d—含湿量

图 7-12　除湿机的去湿过程

般除湿机（氟利昂）蒸发温度为 5 ℃左右。

送风系统：湿空气进入蒸发器后，被冷却到露点温度以下，这时空气中水分凝结并析出，含湿量下降。冷空气进入冷凝器时，冷却冷凝器中的制冷剂，吸收制冷剂的热量而升温。这时含湿量不变，相对湿度降低。湿空气不断通过除湿机除湿后，湿度降低、温度有所升高。

2. 除湿机种类及主要技术性能

随着我国工业的发展，全国各地有许多工厂生产了不同类型、不同规格的冷冻除湿机，其主要技术性能和技术经济指标详见表 7-3。

3. 除湿机在地下空间中的应用

以除湿为主的地下空间采用冷冻除湿机是一种比较有效的除湿方法。

1）除湿机的选择原则

应根据系统要求的温湿度以及所需的总除湿量、除湿技术经济指标先进、设备使用灵活性、维修简单、噪声小及设备来源等因素综合考虑确定。

2）除湿系统

除湿系统一般可分为直流式系统（全部地下空间外新风）、循环式系统（全部地下空间内回风）和混合式系统（部分地下空间外新风）。

3）除湿机与加热装置配合问题

地下空间余热量不大，除湿机通风降湿系统一般应辅以加热装置。除湿机与加热器串联如图 7-13 所示，除湿机与加热器并联如图 7-14 所示。

除湿机与加热装置配合的优点：

（1）当经除湿机处理后的空气送入地下空间内不能达到室温要求时，这时空气加热器投入运行，就可以适当地提高地下空间内空气温度，降低相对湿度。

（2）除湿机一般都不考虑备用，一旦发生故障，地下空间内空气湿度借加热装置可

表7-3　除湿机主要技术性能

项　目		KQF-5型空气去湿器	KQF-6型空气去湿器	KQS-3型空气去湿器	C-3型吸湿机	XS$_4$-7型空气吸湿机	XS$_4$-10型空气吸湿机	JY-15型降湿机
生产厂		上海冰箱厂		天津医疗器械厂		广州冷冻机厂		大连冷冻机厂
形式		整体立柜式		整体立柜式	整体式	整体立柜式		整体式
除湿量	进口空气参数(t,φ)	27℃,70%		27℃,70%		27℃,70%		27℃,70%
	除湿量/(kg·h⁻¹)	3.0	6.0	3.4	4.9	4.8	6.0	15.0
使用条件(环境温、湿度)		15~35℃,<90%		<35℃,>90%		17~35℃,50%~90%		
通风机	型号	离心式	离心式	自制单进风	轴流式460	二台双进风No.2	一台双进风No.2	二台11-74-36
	风量/(m³·h⁻¹)	860	2200	1100	1200	1850	2600	6000
	风压/mmH₂O							
	电动机功率/kW	0.18	0.4	0.18		0.4	0.6	2.2
压缩机	型号	2FM₄	2FM₄G	全封闭	2FZ-6.6	2FV₅B	3FV₅B	2FZ10
	电压/V	380	380	380	380	380	380	380
	电动机功率/kW	1.5	2.2	2.2	4.0	2.2	3.0	10.0
	转速/(r·min⁻¹)	1400	2800	1440	500	1440	1400	960
蒸发器	形式	直接蒸发	直接蒸发	直接蒸发	直接蒸发	直接蒸发	直接蒸发	直接蒸发
	散热面积/m²	9.4	22	10	20	15.6	21.0	61.0
	指数	4	4	3		4	4	
	防化系数	11	11	3~4		14.7	14.6	

表 7-3（续）

项　目		KQF-5型空气去湿器	KQF-6型空气去湿器	KQS-3型空气去湿器	C-3型吸湿机	XS₄-7型空气吸湿机	XS₄-10型空气吸湿机	JY-15型降湿机
蒸发器	迎风面积/m²	0.115	0.24	0.198		0.25	0.33	0.585
	使用工质	F-22	F-22	F-22	F-12	F-12	F-12	F-12
	冷凝方式	风冷	风冷	风冷	风冷	风冷	风冷	风冷
冷凝器	传热面积/m²	17.0	33.0	20	30.0	29.0	47.0	67.0
	迎风面积/m²	0.104	0.24	0.198	0.30	0.25	0.50	0.585
空气过滤器		设备自带	设备自带	设备自带				无
电加热器功率/kW		无	无	3.0				无
安装形式		固定式	固定式	活动式	活动式	固定式	固定式	活动式
电器控制				手动				
机组质量/kg		120	150	110	300	300	350	1250
外形尺寸（长×宽×高）/(m×m×m)		0.65×0.5×1.27	0.7×0.45×1.25	0.6×0.41×1.27	1.05×0.84×0.75	0.7×0.55×1.65	0.85×0.62×1.7	2.1×1.2×1.29
单位电能除湿量/(kg·kW⁻¹·h⁻¹)		1.79	2.31	2.66	1.23	1.85	1.67	1.23
单位体积除湿量/(kg·m⁻³·h⁻¹)		7.27	15.24	10.88	7.31	7.56	6.70	4.61
单位质量除湿量/(kg·100⁻¹kg⁻¹·h⁻¹)		2.5	4.0	3.09	1.63	1.60	1.71	1.20

表7-3（续）

项目		GS-6.3型除湿机	GS-20型降湿机	TC-30型除湿机	LC5型除湿机	LCT-20型调温降湿机	LC-20型冷冻除湿机	WQC-20型冷冻除湿机	LC-40型冷冻除湿机
生产厂		宁波冷冻机厂	上海冷冻机厂	天津冷冻机厂	南京冷气机厂				
形式		整体立柜式	整体式	组合式	整体立柜式	整体式			
除湿量	进口空气参数(t,φ)	27℃,70%	27℃,70%	27℃,70%	27℃,70%				
除湿量	除湿量（$kg \cdot h^{-1}$）	4.7	21.0	35.0	5.0	26.0	20.0	20.0	46.8
使用条件(环境温,湿度)		18~35℃, 60%~90%	15~27℃, 60%~90%		10~35℃, <90%				
通风机	型号	11-74No.2	用户自备风机	CQ8-1	双进风	用户自备风机	二台双进风	二台双进风	用户自备风机
通风机	风量（$m^3 \cdot h^{-1}$）	1800	5000~5500	8000	2000	6000	6000	5060	13000
通风机	风压/mmH_2O	11		60					
通风机	电动机功率/kW	0.4	估5.5	3.0	1.2	7.5	1.5	2.2	估10.0
压缩机	型号	2F6.3		$6FW_7B$	2F-65	$4FS_7B$	$4FS_7B$	$4FS_7B$	$8FS_7B$
压缩机	电压/V	380	380	380	380	380	380	380	380
压缩机	电动机功率/kW	4.0	11.0	17.0	3.0	13.0	13.0	13.0	22.0
压缩机	转速（$r \cdot min^{-1}$）	1430	1430	1440	1430	1440	1440	1440	
蒸发器	形式	直接蒸发	直接蒸发	直接蒸发	直接蒸发	直接蒸发	直接蒸发	直接蒸发	直接蒸发
蒸发器	散热面积/m^2	20.5	46.5	85.0		69.4		38.5	95.1
指数		8	8	6				4	8
防化系数								11.2	

表 7 - 3（续）

项目		GS-6.3型除湿机	GS-20型降湿机	TC-30型除湿机	LC5型除湿机	LCT-20型调温降湿机	LC-20型冷冻除湿机	WQC-20型冷冻除湿机	LC-40型冷冻除湿机
蒸发器	迎风面积/m²	0.33	0.686	1.11				0.763	1.49
	使用工质	F-12	F-12	F-12	F-12	F-12	F-12	F-12	F-12
	冷凝方式	风冷	风冷	风冷		壳管式水冷	钢管套铝片风冷	风冷	风冷
冷凝器	传热面积/m²	30	30	140		11.7	130.5	151.5	175.0
	迎风面积/m²			0.96				0.763	
空气过滤器		设备自带	无	无			设备自带	设备自带	设备自带
电加热器功率/kW							无	无	无
安装形式		固定式	固定式	活动式			固定式	活动式	固定式
电器控制				自动					手动,自动
机组质量/kg		600	780	1520	220	970	1300	1500	1200
外形尺寸（长×宽×高）/(m×m×m)		1.05×0.67×1.75	1.3×0.96×1.55	2.3×1.5×1.65	0.9×0.485×1.68	1.34×0.88×1.7	1.35×0.76×2.1	1.95×1.47×1.5	1.5×0.86×2.15
单位电能除湿量/(kg·kW^{-1}·h^{-1})		1.07	1.75	1.75	1.19	1.27	1.38	1.32	1.46
单位体积除湿量/(kg·m^{-3}·h^{-1})		3.83	6.15	6.15	6.82	12.97	9.28	4.65	16.87
单位质量除湿量/(kg·100^{-1}kg^{-1}·h^{-1})		0.78	2.30	2.30	2.27	2.68	1.54	1.33	3.90

以起着一定作用。

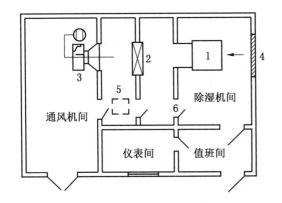

1—除湿机；2—加热器；3—通风机；
4—百叶风口；5—回风口；6—引风门

图 7-13 除湿机与加热器串联

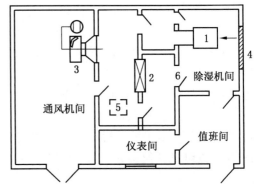

1—除湿机；2—加热器；3—通风机；
4—百叶风口；5—回风口；6—引风门

图 7-14 除湿机与加热器并联

（3）一般情况下除湿机仅在夏季高温高湿时使用。为了节省电能，在其他时间开启加热器，升温通风降湿。

4. 冷冻除湿的优缺点

1）优点

在目前的技术经济条件下，冷冻除湿机具有以下优点：

（1）除湿机除湿性能稳定、可靠，可以连续除湿。

（2）不要求热源（蒸汽或热水等），不要求冷却水，只要有电源即可工作，有利于隐蔽。

（3）当要求地下空间内相对湿度相同，采用冷冻除湿的洞内空气温度要比升温通风降湿低，因此，在高温高湿地区采用冷冻除湿机优点就很明显。

（4）冷冻除湿机一般使用比较灵活。

2）缺点

冷冻除湿机也存在以下缺点：

（1）要求把空气露点温度降到 4 ℃以下时，用冷冻除湿机就比较困难。

（2）初次投资比较高，有些除湿机还需要一定数量有色金属。

（3）消耗一定的电能，运转费用较高。

（4）机械维修比较困难。

（5）噪声及振动较大。

7.3.3 液体吸湿剂通风降湿

1. 液体吸湿剂除湿的特点

（1）液体除湿是利用一定浓度的吸湿剂与被处理空气间的水蒸气分压力差进行吸湿的，因此它并不要求空气温度降到露点。

（2）在热湿比值较小的场合，用液体吸湿剂除湿能有效地利用能量。以地下空间冷加工车间为例，一般是余热小而余湿大，热湿比值较小。图 7 – 15 所示为用冷却除湿和液体吸湿剂除湿的空气处理过程，点 W 表示室外空气状态，点 N 表示室内空气状态，热湿比 ε，送风状态点为 S。用冷却除湿法其处理过程为 $W—l—S—N$，可以看出，由点 W 到点 S 只需减焓 ΔI_1，但由点 W 到点 l 需减焓 ΔI，其中多耗冷量 ΔI_1，而且还多耗热量 ΔI_2。显然，用这种除湿方法是不经济的。而用液体吸湿剂除湿可直接将空气处理到送风状态点（处理过程为 $W—S$），达到了充分利用能量的目的。

（3）用水处理空气时，根据水的温度决定是加湿过程还是减湿过程。如图 7 – 16 所示，用水处理空气的除湿过程只能在比较窄的 ABC 范围内，而液体吸湿剂除湿在理论上可将空气处理到任何参数，与其他降湿方法比较，有着更广泛的处理范围。

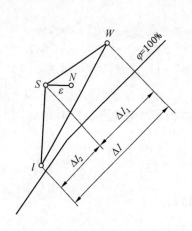

图 7 – 15　液体吸湿剂除湿与冷却
　　　　　除湿空气处理过程

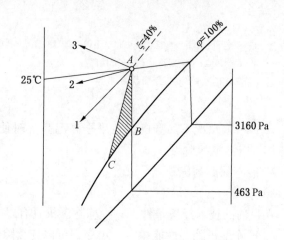

图 7 – 16　用水与用液体吸湿剂
　　　　　处理空气比较图

（4）在相同温度的条件下，液体吸湿剂表面的水蒸气分压力比水表面的水蒸气分压力低得多。如温度 25 ℃、浓度 40% 的氯化锂水溶液的水蒸气分压力为 493 Pa，是同温度下水表面的水蒸气分压力 3160 Pa 的 1/6.4 左右（图 7 – 16）。所以，用液体吸湿剂处理空气，就比用同温度的水处理空气有更好的去湿效果。

（5）欲获得低温低露点（4 ℃以下）的空气参数，用冷却除湿法较困难，制冷设备的初投资及运行费将迅速上升，并且还有结霜问题。如液体除湿与制冷机联合应用，很容易达到这种参数。如用 7 ℃冷却水，出口空气的露点温度接近 – 8 ℃（三甘醇吸湿剂）。

2. 液体吸湿剂除湿优缺点

液体吸湿剂除湿在技术上是可靠的，与其他除湿方法比较有以下优缺点。

1）优点

（1）可以连续除湿，除湿幅度较大，特别在大风量和热湿比较小的场合，用液体吸湿剂除湿更经济。

（2）与制冷机联合应用，能较容易地获得低湿低露点的空气。

（3）除湿装置除泵和风机外，无转动部件，构造简单，运行平稳，维修简便。

（4）可以同时调整温度、湿度到较小的波动范围。

（5）既能减湿，也可以加湿。

（6）经氯化锂、三甘醇溶液处理后空气中细菌含量可减少90%以上。

2）缺点

（1）使用液体吸湿剂除湿必须具备电源、热源和水源，对小规模除湿工程不如只需电源的热泵型冷冻除湿机和氯化锂转轮除湿机那样灵活方便。

（2）氯化锂盐溶液对除湿装置有腐蚀性，需采用防腐材料和添加缓冲剂。另外，如除雾处理不好，空气中带出氯离子对空调房间的设备也有影响。

（3）有机吸湿剂加热再生时，温度过高可能引起聚合和产生树脂状的物质。

（4）冷媒对除湿效果影响较大，当天然冷源的水温不能满足要求时，使用时受到制约。

（5）装置占地面积较大。

3. 液体除湿最佳的应用范围

（1）出口空气温度 27～50 ℃ 之间的中等温度范围，含湿量一般小于 8.6 g/kg$_{干空气}$，一般用廉价的冷却塔循环水即可实现，这一范围适用于地下空间通风降湿、化铁炉送干风等。

（2）出口空气温度 7～27 ℃ 之间，含湿量均低于 8.6 g/kg$_{干空气}$，这是空气调节的基本范围，常常将液体吸湿剂与深井水或机械制冷联合使用，以除去其显热负荷。

（3）出口空气温度在 7～18 ℃ 之间的制冷范围内，含湿量低于 6.4 g/kg$_{干空气}$，这一范围常常用液体吸湿剂与冷盐水表面冷却器或直接蒸发制冷联合使用，适用于啤酒发酵室、存肉库、青霉素的生产过程等。

（4）出口空气温度在 -18 ℃ 以下的低温范围，这一范围应用于植物培育室、糖果店的隧道冷却装置等。在 -1～-68 ℃ 的范围内，吸湿剂溶液除主要用于吸湿装置外，还可以造成一种不结冰的无霜冷却盘管，因而可以获得最大的冷却面积，以达到所需的低温。

4. 选用液体吸湿剂应具备条件

选用液体吸湿剂时，一般要求具备下列条件：

（1）溶液表面具有水蒸气分压力低的特性。

（2）化学稳定性好。

（3）没有毒性和无腐蚀性。

（4）凝固点低。

（5）溶解热要小。

（6）黏性小，易流动。

（7）再生容易。

（8）货源丰富，价格低廉。

一些常用的液体吸湿剂见表 7-4。在这些物质中，氯化锂和三甘醇被普遍地用于以除湿为主的空调和地下空间除湿工程。

表 7-4 常用液体吸湿剂

吸湿剂	在室温下可经济地获得的相对湿度/%	浓度范围/%	毒性	腐蚀性	稳定性	主 要 用 途	备　注
氯化钙水溶液	20~25	40~50	无	无	稳定	城市煤气吸湿	为除去凝结热和溶解热设有后冷却装置;用冷却器控制内部溶液温度,用密度控制再生浓度
二甘醇(乙二醇)	5~10	70~95	—	无	稳定	一般气体吸湿	具有245℃的高沸点,不需要精密的分馏装置,在150℃再生时不损失吸湿剂且可除去大部分水分
甘油	30~40	70~80	无	无	在高温下氧化分解	工业煤气的干燥	用真空蒸馏再生,用热不多,浓度50%~60%仍可吸收相当多的水分
氯化锂水溶液	10~20	40~50	无	在再生温度下有电腐蚀,但镁合金除外	在沸点下稳定	空调、低温真空干燥	为除去凝结热和溶解热设有后冷却装置;用冷却器控制内部溶液温度,用密度控制再生浓度
磷酸	5~20	80~95	有	有	稳定	实验用吸湿剂	因有腐蚀性和毒性,难以用于工业吸湿上
苛性钠、苛性钾	10~20		有	有	稳定	液体空气、工业压缩空气、气体装置	因溶液高温加热和腐蚀性一般,难以使用,多用于 CO_2 和 H_2O 的分离
硫酸	5~20	60~70	有	有	稳定	化学装置及各种气体的吸湿	因操作有危害,被其他吸湿剂所替代;如有可能使用时,则有高效率
三甘醇	5~10	70~95	—	无	稳定	一般气体吸湿	沸点288℃,吸湿剂无损失,能再生

在实用上,氯化锂和三甘醇吸湿剂各有优缺点。选用时必须注意其适应性。氯化锂溶液具有腐蚀性,除掺加缓蚀剂外,除湿机采用的材料要充分选择。再生装置由于加热容易引起腐蚀,所以必须采用耐腐蚀材料。吸湿装置的冷却排管温度不高,由于经常和空气接触,也会有些腐蚀,可采用镀锌管和肋片。三甘醇突出的优点是它本身没有腐蚀性,可以用普通材料制作。

在另一些性能方面,氯化锂比三甘醇优越,如在相同温度的条件下,对于浓度同样变化2%来说,用氯化锂处理的空气露点温度变化只为三甘醇的一半,见表7-5。因而为了获得同样的除湿能力,三甘醇的流量必须较氯化锂增加1倍。同时,由于三甘醇使用浓度较高,再生温度高,于是部分再生热量便要回到吸湿部分,因此增加了冷却接触器的负荷而使效率降低。这样在吸湿装置和再生装置之间就要设较大的热交换器。当没有热交换器时,采用三甘醇所需的冷却水和再生蒸汽量大约为采用氯化锂的1倍。两种吸湿剂(以氯化理为准)每除湿1kg水分所需的动力、热量和运行费比较见表7-6。

表7-5　用三甘醇与氯化锂吸湿剂处理后空气的露点温度比较

吸湿剂	浓度/%	温度/℃	露点温度/℃	浓度变化2%时空气的露点温度差/℃
三甘醇	95 93	32 32	7.2 11.7	4.5
氯化锂	45 43	32 32	-2.2 0	2.2

表7-6　两种吸湿剂（以氯化锂为准）每除1 kg水分所需的动力、热量及运行费比较

除湿机出口空气露点温度为7℃时	除去每1 kg水分			
	耗电	再生蒸汽	冷却水	运行费
氯化锂除湿机	100%	100%	100%	100%
三甘醇除湿机	（150%）	230% （97%）	186% （157%）	（110%）

注：1. 除湿机进风空气温度为32℃，露点温度为25℃。

2. 括号内的数字指使用热交换器时的数据。

5. 液体吸湿剂除湿原理及热湿交换过程

液体吸湿剂具有吸收空气中水分或向空气中加湿的性能。当溶液和湿空气相接触时，如果湿空气的水蒸气分压力 p_c 比液体吸湿剂表面的水蒸气分压力 p_g 大，空气中水分就要向溶液移动，空气被干燥，溶液将变稀，同时放出其潜热，产生吸湿过程。相反，当 $p_c < p_g$ 时，溶液内水分就要转移到空气中去，溶液被浓缩，同时吸收蒸发潜热，产生再生（浓缩）过程。

例如，与溶液接触的空气参数 $t = 31$ ℃、$\varphi = 60\%$、$p_c = 2667$ Pa，当三甘醇溶液浓度为95%时，不同温度下 p_g 见表7-7。

表7-7　不同温度下 p_g

$t/$℃	30	40	50	60	70
$p_g/$Pa	933	1600	2667	4400	6667

由此看出，溶液温度在50℃以下，$p_g < p_c$，此时产生吸湿过程，温度越低，p_c 越小，吸湿能力越强。当溶液温度在50℃时，$p_g > p_c$，产生浓缩过程，温度越高，p_c 越大，再生能力越大。

应该指出，上述过程并不伴随有化学反应，而是一种单纯的物理过程。吸湿或再生速率主要取决于它们的水蒸气分压力差，为使气液两相能够达到良好传质所需的接触状况，吸湿和再生过程都是在热湿交换设备中进行的，液体除湿机就是利用上述原理制造的。

湿空气与吸湿剂接触后，空气参数与吸湿剂参数都要变化。当吸湿剂的循环量很大

时，吸湿剂参数变化得比较小，因此空气是向着吸湿剂表面空气状态点方向变化的。具体的变化过程线目前大致可以认为：对喷淋室、逆流喷淋冷却塔是空气初状态点与吸湿剂平均状态点（初状态点与终状态点的平均值）的连线；并对流喷淋冷却塔，是空气初状态点与吸湿剂终状态点的连线。

因为吸湿剂状态点遍布于 $i-d$ 图上，它可以实现各种处理过程，但就吸湿而言，主要有三种过程，如图 7-16 所示，降温降湿过程（$A—1$）、等温降湿过程（$A—2$）、升温降湿过程（$A—3$）。

6. 三甘醇吸湿剂通风降湿系统

三甘醇（二缩三乙二醇）的分子式 $C_6H_{14}O_4$，结构式为 $HOCH_2CH_2OCH_2CH_2OCH_2CH_2OH$，它是无色无味的液体（国产的稍带淡黄色），能溶于水和醇，微溶于醚，在常温常压下水溶液的平衡水蒸气分压力低，吸湿性能好。不水解、化学性能稳定。长期暴露于空气中，转化成酸性。无须缓蚀剂或控制 pH 值。三甘醇水溶液与氯化锂水溶液相比最突出的优点是没有腐蚀性和不产生结晶，三甘醇可按任意比例溶解于水。

综上所述，三甘醇是一种良好的吸湿剂。因为三甘醇有灭菌的作用，所以很早就被用作空气消毒剂。三甘醇诸性质的详细数据见表 7-8 和图 7-17 至图 7-21。

表 7-8 三甘醇的物理性质

名　称		数　值	名　称	数　值
沸点	101325 Pa 时	287.4 ℃	初始分解温度	206 ℃
	6666 Pa 时	198 ℃	分子量	150.17
	1333 Pa 时	162 ℃	反射指数（20 ℃）	1.4559
沸点的变化量 98666~101325 Pa		0.405 ℃/kPa	反射指数的变化（20~30 ℃）	0.00031/℃
20 ℃时的膨胀系数		0.00069/℃	密度（20 ℃）	1.1254 g/cm³
燃点		173.89 ℃	密度的变化量（5~40 ℃）	0.00078 g/(cm³·℃)
闪点（散口杯）		165.56 ℃	比热（20 ℃）	2.198 kJ/(kg·℃)
冰点		-7.2 ℃	蒸气压（20 ℃）	<1.33 Pa
一个大气压下的蒸发热		4162 kJ/kg	绝对黏度（20 ℃）	47.8×10⁻³ Pa·s

三甘醇除湿机由吸湿装置和再生装置两个主要部分组成，另有风机、溶解循环泵、换热器等附属设备。

1）吸湿装置

吸湿装置由过滤器、喷嘴、冷却接触器、除雾器等部件组合而成，工作过程如下：

湿空气经过滤器（粗孔泡沫塑料或金属网过滤器）进入装置内，与喷嘴（或采用带孔管）出来的三甘醇液滴表面相接触，空气与溶液并流进入冷却接触器，溶液湿润肋片表面使之形成液膜，空气又与液膜层表面相接触。由于溶液表面的水蒸气分压力小于空气的水蒸气分压力，空气中水分不断地被溶液吸收，干燥后的空气经除雾器除掉空气中夹带

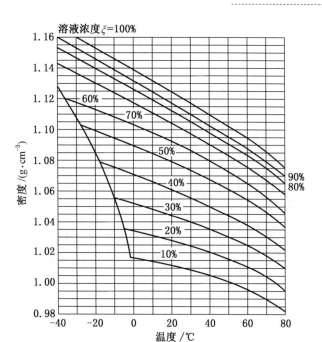

图7-17 三甘醇水溶液的密度

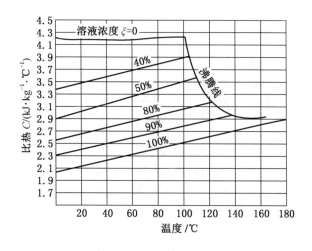

图7-18 三甘醇水溶液的比热

的液滴，最后由风机送到地下空间。

为使溶液与空气进行充分的热湿交换，应安装有一定高度带有翅片的盘管，以保证有足够的接触时间和接触面积。在吸湿过程中，空气中水分被溶液吸收并放出潜热，这些热量势必使溶液温度提高，从而影响传湿效果。为了保持稳定的传湿效果，通常在接触器内通冷水（冷却塔、水冷盐水），或其他冷媒直接蒸发，将这部分热量带走。

2）再生装置

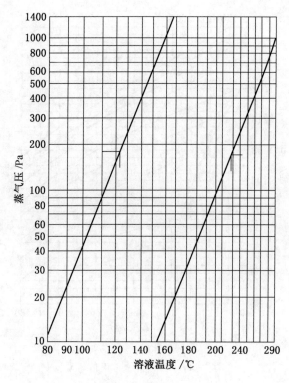

图 7-19 三甘醇的蒸气压

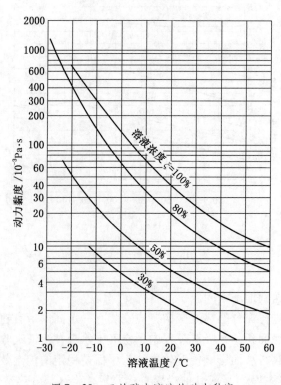

图 7-20 三甘醇水溶液的动力黏度

溶液吸收了空气中水分，浓度要下降，就会使除湿能力降低。为此，必须将一部分溶液再生，提高浓度后与稀释的溶液混合，最后维持喷淋出口的浓度不变。溶液的浓缩一般采用空气再生方式，并根据不同的加热方式可分为气液同时加热和溶液集中加热两种系统。

再生装置由空气过滤器、喷嘴、加热接触器、除雾冷却器、除雾器等部件组成，工作过程如下：

由循环泵送来的约为总流量30%的溶液，经换热器后，均匀地喷淋在加热器上，与从过滤器进入的空气相接触，溶液由于加热而使它的表面水蒸气分压力明显地高于空气分压力，溶液中水分蒸发到空气中。吸收了大量水分的高温高湿空气经除雾冷却器、除雾器后排到室外。浓缩后的高温溶液，用回液泵送到换热器，冷却后汇集到吸湿装置底部贮藏池，如此循环。

溶液在加热再生过程中，部分三甘醇伴随水蒸气蒸发而夹带在湿热空气中，温度越高，夹带越多，为减少这部分损失，可采取下列措施：

（1）设置除雾冷却器。夹带一定数量三甘醇雾滴和三甘醇蒸气的湿热空气，碰撞在冷却器表面时，夹带的三甘醇蒸气凝结在冷却器表面，然后落到贮液池。冷却器表面温度应控制到不低于空气露点，以防止空气中水蒸气也凝结析出。

（2）控制再生装置中空气通过除雾器的流速，一般在 1.0 m/s 以下。

（3）选用效率较高的除雾器。设置除雾器是为了捕捉空气中带走的三甘醇雾滴，减少溶液损失。为了提高除雾器效率，除雾器材料应符合要求：除雾性能好；阻力小；不易积液；物理化学性能稳定，不脱落，不溶解，不污染溶液；坚固耐用。除雾器常用以下几种滤料：

① 上海金属丝网厂生产的 0.23 mm 金属丝网，厚度 50 mm。

② 上海第七塑料厂生产的中孔泡沫塑料，厚度 10 mm。

③ 棕毛（经过粗加工），采用交错分层敷设，厚度 50 mm。

④ 永安维尼纶厂生产的维尼纶纤维，分层填充，厚度约 50 mm（滤料重约 0.5 kg/m^3）。

⑤ 先经厚 50 mm 的金属丝网，另加一层上海沪光造纸厂生产的 516 号酚醛树脂合成纸。

上述五种滤料的三甘醇损失量测定结果整理在图 7-21 上。

（4）选用粗喷嘴或喷孔管。溶液的喷淋可采用粗喷管或带孔管。喷嘴比喷孔管喷洒均匀，因此喷液量可比带孔管小而获得相同的效果。但喷嘴所需的喷淋压力比带孔管大，因而动力消耗就大。带孔管在防止雾化减少三甘醇蒸发损失方面比喷嘴好。

喷嘴可选用 Y-1 型粗喷嘴（d_0 =4~6 mm），喷淋压力取 1.0~20.0 kg/cm^2。喷嘴的排列应保证喷出的液滴能均匀地喷洒在整个断面上。喷嘴的布置密度，根据喷液量和喷嘴距冷却接触器的高度来确定。一般喷嘴密度取 25~40 个/m^3，每个喷嘴喷液量按其喷水量的80%计算。

带孔管的孔径可采用 2~2.2 mm，喷孔总面积按装置断面积的0.4%确定。各排孔口均匀交错分布，各排喷管间距为 200~300 mm。根据需要确定喷管排数，两排喷孔间夹角一般可采用15°左右。

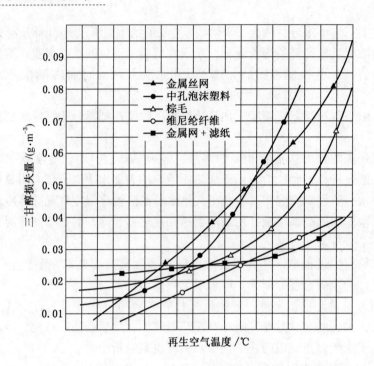

图 7 - 21　五种除雾器滤料与空气中三甘醇含量损失的关系

7.3.4　固体吸湿剂通风降湿

固体吸湿剂又分为吸附剂和吸收剂两类。硅胶（呈胶状的二氧化硅）属于前类，氯化钙、氯化镁、活性氧化铝等属于后类。氯化钙也常用于液态吸湿。

1. 硅胶吸湿

硅胶是种无臭无味无毒的固体，不论静态或液态吸湿，其对金属及其他物品均无腐蚀作用。处理设备简单，再生也比较容易。吸湿后易粉碎而吸湿效率下降，其物理性质见表 7 - 9。

表 7 - 9　硅胶的物理性质

密度/ (kg·m⁻³)	平均孔隙率/%	热传导率/ (W·m⁻¹·℃⁻¹)	比热/ (J·kg⁻¹·℃⁻¹)	再生温度/℃
610 ~ 640	50 ~ 65	0.14(38 ℃)	921	150 ~ 180
表面积/ (m²·kg⁻¹)	平均孔径/mm	吸湿层温度/℃	再生时耗热量/ (J·kg$_{水}^{-1}$)	吸附热量/ (J·kg$_{水}^{-1}$)
6000	0.04	5 ~ 30	(4605 ~ 7118) × 10³	> 335 × 10³

硅胶能吸收相当于本身重量的 25% ~ 50% 的水分。硅胶加热去水的过程为再生，再生后可以继续使用。

硅胶的化学分子式为 $S_iO_2 \cdot nH_2O$，其颗粒中有许多孔隙，形成毛细管。国产硅胶有细孔、粗孔和灰色、变色几种，细孔的使用时间较长。影响硅胶吸湿能力的因素有温度、湿度和结构。当温度相同时，相对湿度越大其吸湿能力越强。一般在 20 ~ 25 ℃ 时的吸湿性能最好，温度升高则吸湿量下降。硅胶除湿有静态、动态两种方法。小体积地下空间用静态吸湿，即将硅胶放在窗纱铁网盘内置于需要局部吸湿的地方，每 1 m^3 体积的空间可放 $0.5 \sim 1 \text{ kg}$。如地下空间内有包装箱的仪表，可将硅胶装入纱布袋后放入箱内。

　　动态吸湿是在风机作用下，使湿空气通过吸湿剂层，进行快速湿热交换，适用于空气湿度大、体积大的地下空间。硅胶的动态吸湿可分两种情况：一种是吸湿与再生过程分开的；另一种是用两个平行硅胶箱，一个吸湿，一个再生，交替使用。动态吸湿设备由通风机、硅胶箱外壳、抽屉式硅胶降湿层和分风挡板及向房间送风的管道等部件组成，如图 7 – 22 所示。

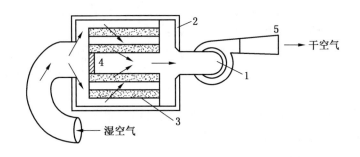

1—通风机；2—硅胶箱外壳；3—抽屉式硅胶降湿层；4—分风挡板；5—管道

图 7 – 22　动态吸湿设备示意图

2. 氯化钙通风降湿

1）氧化钙的性质及吸湿原理

氯化钙是种白色、多孔、有苦咸味的强电解盐类，其分子式为 $CaCl_2$，分子量为 110.9，相对密度为 2.16，溶解热为 678.7 kJ/kg，一般分为含水氯化钙（$CaCl_2 \cdot 2H_2O$）和无水氯化钙（$CaCl_2$），具有较强的吸湿能力。氯化钙的水溶液对金属有腐蚀作用。各种氯化钙的成分见表 7 – 10。

表 7-10　各种氯化钙的成分　　　　　　　　　　　　　　%

名　称	氯化钙含量	盐及杂质	水分	分子式
含水氯化钙	≥70	≤7	23	$CaCl_2 \cdot 2H_2O$
无水氯化钙	≥90	≤7	3	$CaCl_2$
蜂窝氯化钙	≥90	≤3	7	$CaCl_2 \cdot 6H_2O$

　　购买 1 t 无水氯化钙（其中含氯化钙 0.9 t），一般相当于购买 2.75 t 含水（工业）氯化钙（其中约含氯化钙 1.9 t），所以选用含水氯化钙，比较经济合理。

　　氯化钙吸湿原理是由于空气中水蒸气分压力大于氯化钙表面饱和水蒸气分压力，在压力差的作用下，空气中的水蒸气被氯化钙吸收，氯化钙逐渐转变为水溶液，随着压力差的减少，吸湿能力逐渐减弱，直到两者压力达到平衡时吸湿即停止。

氯化钙饱和水溶液的水蒸气分压力与溶液温度有关，温度越高，水蒸气分压力越大，其关系见表7－11。

表7－11　不同温度下氯化钙饱和水溶液的水蒸气分压力

氯化钙温度/℃	10	15	20	25	30
氯化钙饱和水溶液的水蒸气分压力/Pa	467	573	747	920	1107
空气相对湿度为75%时空气的水蒸气分压力/Pa	907	1293	1760	2387	3187

氧化钙吸收空气中水分时，只放出溶解热，而不产生氯化氢等有害气体，只有在700～800 ℃高温时才稍有分解。氧化钙对钢铁容器有一定的腐蚀性。

无水氯化钙吸湿后由固态变为液态，为了重复使用，必须将溶液加热，使水分蒸发，凝成固体，变成又可吸湿的固体氯化钙，这个过程称为氯化钙再生还原过程。

2）氯化钙的吸湿方法

氯化钙的吸湿方法，一般分为空气自然流动吸湿（静态吸湿）和空气强制流动吸湿（动态吸湿）。动态吸湿有集中通风除湿装置和局部除湿装置。

（1）铸型氯化钙集中通风除湿装置：氯化钙溶液在再生炉内熬煮至约168 ℃，绝大部分水分已蒸发掉，将溶液状态的氯化钙浇注入模具内。待冷却凝固脱模后，即成为一定形状的铸型氯化钙。图7－23所示为肋片形板块（表面积4 m²/块，净重125 kg/块）。图7－24所示为5块肋片形板块组成的一个除湿单元。

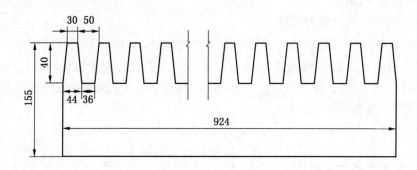

图7－23　肋片形板块

（2）铸型氯化钙除湿装置的特点：

① 便于实行机械化操作，与碎块的氯化钙除湿装置相比能节省人力。

② 将不同数量的除湿单元重叠起来（最多不超过8个除湿单元）组成大小不同的除湿装置，可适合于不同容积的洞库。

③ 通风阻力小，如在8个除湿单元组成的除湿装置中，当迎面风速为2 m/s时（除湿装置条缝中的平均风速约为8 m/s），阻力损失为30～40 Pa。

④ 氧化钙在除湿单元的吸湿过程中，前3块为吸湿工作段，后2块为预备吸湿段。氯化钙的溶化情况如图7－25所示。湿空气从A断面进入除湿装置，沿板块条缝流动，空

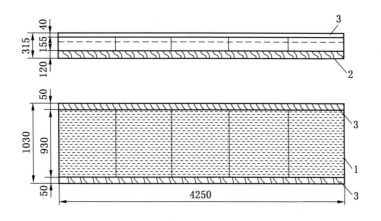

1—肋片形板块；2—垫板；3—空隙

图 7-24　除湿单元

气中水分不断被氯化钙吸收而变得干燥，至 B 断面时，空气中水蒸气分压力与氯化钙表面饱和水蒸气分压力达到平衡而停止湿交换。当 A 断面溶解成锥形再向前推移时，B 断面也随之向前推移，直到整个除湿装置的氯化钙全部变为溶液。

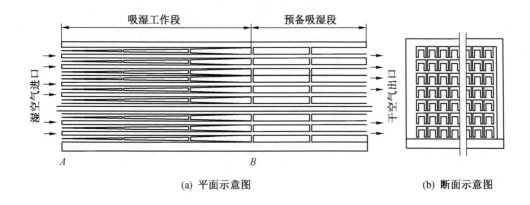

(a) 平面示意图　　　　　(b) 断面示意图

图 7-25　氯化钙吸湿过程示意图

（3）铸型氯化钙除湿单元的吸湿性能见表 7-12。

表 7-12　铸 型 氯 化 钙 吸 湿 性 能

风速/ $(m \cdot s^{-1})$	风量/ $(m^3 \cdot h^{-1})$	阻力/ Pa	进风空气参数				出风空气参数				单位除湿量 $\Delta d = d_1 - d_2$/ $(g \cdot kg^{-1}_{干空气})$	除湿单元除湿量 d_{ch}/ $(kg \cdot h^{-1})$
			T_0/℃	T_{sh}/℃	φ/%	d_1/ $(g \cdot kg^{-1})$	T_0/℃	T_{sh}/℃	φ/%	d_2/ $(g \cdot kg^{-1})$		
2	2336	40	30	25.7	71	19.3	38.5	24.5	31	13.2	6.1	17.1
2	2336	40	30	27.1	80	21.7	38.6	25.0	33	14.2	7.5	21.0
2	2336	40	30	28.7	90	24.6	38.2	26.0	37	15.6	9.0	25.2

表 7 - 12（续）

风速/ (m·s⁻¹)	风量/ (m³·h⁻¹)	阻力/ Pa	进风空气参数				出风空气参数				单位除湿量 $\Delta d = d_1 - d_2$/ (g·kg⁻¹干空气)	除湿单元除湿量 d_{ch}/ (kg·h⁻¹)
			T_0/℃	T_{sh}/℃	φ/%	d_1/ (g·kg⁻¹)	T_0/℃	T_{sh}/℃	φ/%	d_2/ (g·kg⁻¹)		
2	2336	40	27	22.8	70	15.9	34.5	22.2	33	11.3	4.6	12.9
2	2336	40	27	24.3	80	18.2	35.9	23.1	33	12.4	5.8	16.3
2	2336	40	27	25.6	90	20.5	36.5	24.2	35	13.5	7.0	19.6
2	2336	40	24	20.3	70	13.4	31	20.1	35	9.9	3.5	10.1
2	2336	40	24	21.6	80	15.2	32	23.1	36	10.7	4.5	12.6
2	2336	40	24	22.8	90	17.0	32.9	22.2	37	11.6	5.4	14.9
2	2336	40	21	17.4	70	11.0	26.5	17.3	38	8.2	2.8	7.9
2	2336	40	21	18.5	79	12.5	28.0	18.3	38	9.0	3.5	10.7
2	2336	40	21	19.7	90	14.0	30.3	19.8	36	9.4	4.6	12.1
2	2336	40	18	14.7	70	9.0	23.7	14.9	37	6.7	2.3	6.5
2	2336	40	18	15.9	80	10.4	24.5	15.8	39	7.4	3.0	8.4
2	2336	40	18	16.9	90	11.7	25.5	16.9	40	8.2	3.5	9.8
2	2336	40	15.3	12.9	76	8.3	19.1	12.5	46	6.3	2.0	5.6
2	2336	40	15.2	13.1	79	8.6	19.6	12.9	45	6.4	2.2	6.2
2	2336	40	15.2	14.1	89	9.6	21.4	14.0	43	6.9	2.7	7.6

注：1. 表中数据是在吸湿段测得的，未加备用吸湿段，空气经条缝的长度为 2.55 m。

2. 当除湿单元有备用段时，其通风阻力为 50 ~ 60 Pa。

3. 洞库周围环境温度为 15 ~ 16 ℃。

（4）除湿装置的计算。

① 已知进口空气状态 t、φ、d_1，查表 7 - 12 或图 7 - 26 得除湿单元的除湿量 d_{ch}。

② 确定除湿单元的数量：

$$n = \frac{D_y}{d_{ch}} \tag{7-1}$$

式中 n——除湿单元数量，个；

       D_y——洞库余湿量，kg/h；

       d_{ch}——除湿单元的除湿量，kg/(h·个)。

③ 确定氯化钙的用量：

$$G_c = ng_c \tag{7-2}$$

式中 G_c——氯化钙用量，kg；

       n——除湿单元数量，个；

       g_c——每个除湿单元的氯化钙用量，kg，一般 $g_c = (3 + 2)$ 块 × 125 kg/块 = 625 kg。

④ 确定除湿装置的组合条数：

$$m = \frac{n}{n_g} \tag{7-3}$$

式中　　m——组合条数，条；

　　　　n——除湿单元数量，个；

　　　　n_g——除湿装置中每一条所含除湿单元的数量，个，一般 $n_g \leqslant 8$ 个。

⑤ 确定通过的风量：

$$Q = ahv \tag{7-4}$$

式中　　Q——通过的风量，m^3/s；

　　　　a——除湿装置断面的宽度，m；

　　　　h——除湿装置断面的高度，m；

　　　　v——通过除湿装置的迎面风速，m/s，一般取 2 m/s。

除湿单元数量，除湿装置断面宽度、高度，通过的风量选用见表7-13。

表7-13　除湿装置计算参数选用

除湿单元数量/个	除湿装置断面的宽度 a/m	除湿装置断面的高度 h/m	通过的风量 Q/($m^3 \cdot s^{-1}$)
1	1.033	0.315	0.65
2	1.033	0.470	0.97
3	1.033	0.625	1.29
4	1.033	0.780	1.61
5	1.033	0.935	1.93
6	1.033	1.090	2.25
7	1.033	1.245	2.57
8	1.033	1.400	2.89

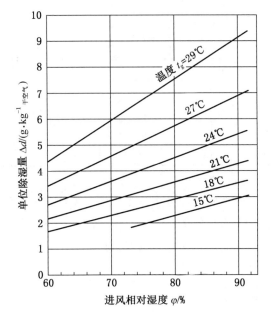
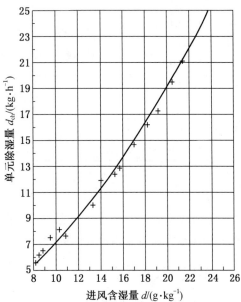

图7-26　除湿性能曲线

⑥ 铸型氯化钙阻力见表 7-12。

⑦ 固体吸湿剂选择。固体吸湿剂种类很多，它们的化学分子式、温度范围、相对的平衡湿度见表 7-14。

表 7-14 固体吸湿剂的湿温物性表

化学分子式	最高温度/℃	相对湿度/%	化学分子式	最高温度/℃	相对湿度/%
$H_3PO_4 \cdot \frac{1}{2}H_2O$	24.5	9	$Mg(C_2H_5O_2)_2 \cdot 4H_2O$	20	65
$ZnCl_2 \cdot \frac{1}{2}H_2O$	20	10	$NaNO_2$	22	66
$KC_2H_3O_2$	168	13	$(NH_4)_2 \cdot SO_4$	108.5	75
$LiCl \cdot H_2O$	20	15	$(NH_4)_2 \cdot SO_4$	20	81
$KC_2H_3O_2$	20	20	$NaC_2H_3O_2 \cdot 3H_2O$	20	76
KF	100	22.9	$Na_2S_2O_3 \cdot 5H_2O$	28	87
$NaBr$	100	22.9	NH_4Cl	20	79.2
$CaCl_2 \cdot 6H_2O$	24.5	31	NH_4Cl	25	79.3
$CaCl_2 \cdot 6H_2O$	20	22.3	NH_4Cl	30	79.5
$CaCl_2 \cdot 6H_2O$	18.5	35	KBr	20	84
CrO_3	20	35	Ti_2SO_4	104.7	84.8
$CaCl_2 \cdot 6H_2O$	10	38	$KHSO_4$	20	85
$CaCl_2 \cdot 6H_2O$	5	39.8	$Na_2CO_3 \cdot H_2O$	24.5	87
$K_2CO_3 \cdot 2H_2O$	24.5	43	K_2CrO_4	20	88
$K_2CO_3 \cdot 2H_2O$	18.5	44	$NaBrO_3$	20	92
$Ca(NO_3)_2 \cdot 4H_2O$	24.5	51	$Na_2CO_2 \cdot 10H_2O$	18.5	92
$NaHSO_4 \cdot H_2O$	20	52	$Na_2SO_4 \cdot 10H_2O$	20	93
$Mg(NO_3)_2 \cdot 6H_2O$	24.5	52	$Na_2HPO_4 \cdot 12H_2O$	20	95
$Ca(NO_3)_2 \cdot 4H_2O$	18.5	56	NaF	100	96.6
$CaClO_3$	100	54	$Pb(NO_3)_2$	20	98
$Mg(NO_3)_2 \cdot 6H_2O$	18.5	56	$TiNO_3$	100.3	98.7
$NaBr \cdot 2H_2O$	20	58	$TiCl$	100.1	99.7

当地下工程中的空气中混入其他气体时，要注意吸湿剂发生化学反应。例如，氨气可以和氧化钙起反应，浓硫酸蒸气能和碳氢化合物等有机气体起化学变化。此外，还应考虑吸湿剂对容器的腐蚀性和对人体的毒性，应选择无腐蚀、无毒的吸湿材料。

7.4 中央空调系统

7.4.1 中央空调机的结构

中央空调是一种大型的可对建筑物进行集中空气调节并进行管理的设备，该设备设有使空气降温去湿的冷却器（或明水室）、加热器、加湿器、风机及风阀、空气过滤器等。图7-27所示为中央空调机的结构。空调机对空气制冷常用两种方法：一种是制冷机直接蒸发式表面冷却器，它通过制冷系统内的制冷剂在表面冷却器内蒸发面制冷；另一种空调机用的冷水机组制冷，先由制冷机制出冷冻水（水温4~10 ℃），再由冷水管路送至表面冷却器内。对空气的加热是通过热源和加热器进行的，空调系统所用的热源有热泵供热水、高温制冷剂蒸气、热水锅炉和蒸汽锅炉。我国常用的是热水锅炉，比较安全可靠。

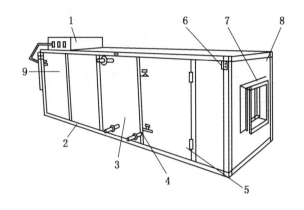

1—混合箱；2—过滤段；3—空气加热（冷却）段；4—挡水板；5—送风段；6—强化支撑组件；
7—出风口；8—按需要可选出风口方向；9—检查门

图7-27　中央空调机的结构

卧式组合式空调箱用于大型空调系统，其结构如图7-28所示。这种金属外壳的组合式空调箱可分为不同的空气处理段。各种型号都有不同的功能段，供设计单位和用户按不同需要选用组合。

（1）新回风混合段：接新风和回风管用，并配有对开式多叶调节阀门。

（2）初效空气过滤段：滤料采用25 mm粗孔聚氨酯泡沫塑料，平片，人字形安装。

（3）中效空气过滤段：滤料采用10 mm无纺布空气过滤卷材，口袋形。

（4）表面冷却器段（又叫表冷段）：铜管串铝片的冷热交换器。排深有4 mm、8 mm两种，配有挡水板，挡水板为二折，间距40 mm。

（5）蒸汽加热段：采用SRZ型蒸汽加热器。

（6）热水加热段：采用铜管串铝片的冷热交换器。排深有2 mm、4 mm两种。

（7）干蒸汽加湿段：配有带保护套管的干蒸汽加湿器。供气的表压力为98 kPa，喷蒸汽嘴数可按需要堵上若干个。

（8）二次回风段：顶部设有二次回风阀门。

（9）空段：过渡段。

（10）送风机段：配有离心式双进风风机。

（11）回风机段：配有离心式双进风风机，配有新风间、回风间、排风间和截断阀。

（12）淋水加湿段：采用单排速喷方式，加湿量较大。

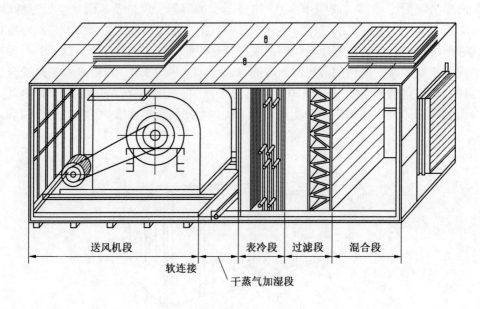

图 7 – 28　卧式空调箱

（13）淋水段：采用单级双排对喷方式。

风机盘管是空调系统的末端装置，主要由风机和盘管组成。当盘管内通以冷冻水时风机可吹出冷风，当盘管内通以热水时风机可吹出热风。风机盘管结构如图 7 – 29 所示。

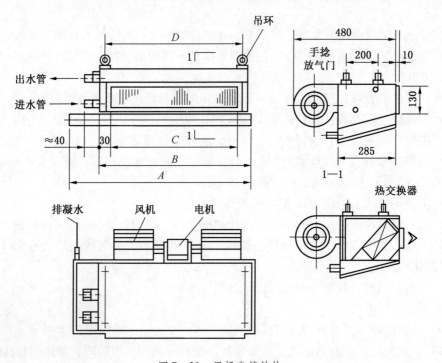

图 7 – 29　风机盘管结构

7.4.2　中央空调系统的冷、热源

1. 冷水机组

空调系统的冷源——冷水机组。冷水机组有各种各样的，如活塞式冷水机组、螺杆式冷水机组、离心式冷水机组及无污染的溴化锂吸收式冷水机组等。

有关冷水机组的技术性能产品介绍及选择等请参照本书以后的相应章节内容。

2. 水源热泵机组

水源热泵机组是一种水冷的整体式供冷/供热机组，该机组带有一套可逆式的制冷循环，因而它是一种全年运转的空调制冷设备。

3. 吸收式制冷水机组

吸收式制冷水机组（采用蒸汽双效溴化锂吸收式或直燃式）可以为空调系统提供制冷用的空调冷水和供暖用的热水。

4. 锅炉

燃气式锅炉可为空调系统提供热水和蒸汽。

5. 其他

如蓄冷装置、电加热装置等。

7.4.3　中央空调系统的控制

1. 室温控制

室温的自动调节是保证空调系统的送风合格，使空调房间内的温度符合要求，主要方式有位式调节、比例调节、变风量调节。

1）位式调节

采用位式调节器控制电动阀对风机盘管的供水进行双位控制。在工业空调中也有采用电加热器进行双位或三位调节的，通过接触器控制。

2）比例调节

采用比例调节器通过执行机构所带动的反馈电位器取得位置反馈而进行的。比例调节应用实例之一就是根据室温情况，按比例调节回风阀门和加热器蒸汽阀门的开启度，实现恒定在一定范围内的室温。

3）变风量调节

变风量可以通过调节送、回风机的转速来实现，也可以通过送风末端 VAV 来调节。变风量末端装置有气阻型和旁通型等多种。

2. 室内相对湿度控制

室内相对湿度的控制是用控制送风温度和送风相对湿度这两个参数来实现的，主要方法有控制露点温度、控制送风温度和相对湿度。

1）控制露点温度

夏季，通过改变三通阀位置调节冷冻水和循环水的比例，控制喷水温度（或控制进入表面冷却器的冷冻水量）以固定露点温度。冬季，利用喷水室对空气进行绝热加湿处理并通过一次加热量来恒定露点温度。

2）控制送风温度和相对湿度

由安装空调房间出口处的敏感元件测试，再通过调节器调节三通阀以改变喷水温度。

冬季则调节喷水量。

3. 计算机控制

利用电子计算机控制空调系统能对制冷空调系统中各过程、各控制点的参数作巡回检测、数据处理、越限报警、制表输出等。

中央空调系统的电子计算机控制框图如图 7-30 所示。

空调制冷系统的电子计算机控制框图如图 7-31 所示。

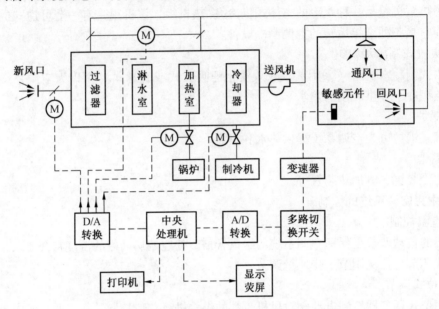

图 7-30　中央空调系统的电子计算机控制框图

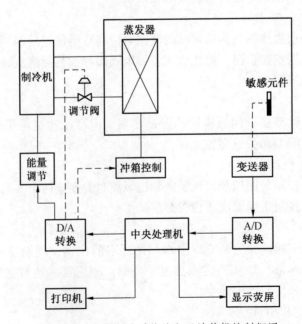

图 7-31　空调制冷系统的电子计算机控制框图

4. 智能化管理（大型中央空调）

楼宇智能化应包括通信自动化（CA）、办公自动化（OA）和建筑物自动化（BA），所以智能建筑又称 3A 建筑。在建筑物自动化中，制冷空调的自动控制占有相当大的比重。

制冷空调自动控制功能的优点是节能、舒适、安全、快捷而可靠。

在制冷空调系统中，计算机控制过程可分为实时数据采集、实时决策和实时控制三个步骤，同时也对设备的运行状态及故障进行监测、越限报警和保护、记录数据打印等。

计算机监控系统的应用方式有数据采集和数据处理、直接数字控制（DDC）及集散系统（TDS）。

5. VRV 控制系统（小型中央空调系统）

VRV（Variable Refrigerant Volume）意为变制冷剂流量系统，用于小型家用空调系统。

VRV 以制冷剂作为热的输送介质，并采用先进的变频调速技术、自动控制技术。一组室外机最多可连接 16 台室内机，在 1000 ~ 10000 m² 的建筑内具有更大的实用性。

VRV 控制系统具有高效的容量控制、方便的微机监控系统及多种多样的控制方式的特点。

日本大金公司研制生产的 VRV 多区域空调机及其带有热回收的 H 系列、K 系列是最早的创新产品，近年在中国的公寓、别墅及办公楼等建筑中较常选用，VRV 属于新型的家用和商用中央空调机系列产品。

参考习题

1. 空调系统有哪几个基本组成部分？
2. 空调系统有哪几种形式？
3. 全空气系统的优缺点是什么？
4. 常用于地下空间的空气降湿方法有哪几种？
5. 升温通风降湿系统有哪几种形式，特点是什么？
6. 除湿机的选择原则是什么？
7. 简述空调机对空气制冷常用的方法。
8. 某地下机械加工车间，为两班制生产，总建筑面积为 1552 m²，体积为 7760 m³，表面积为 5700 m²。夏季地下空间内车间计算温度为 28 ℃，相对湿度为 70%，余热量为 −5000 W，余湿量为 85.4 kg/h；冬季设计温度为 16 ℃，相对湿度为 50%，余热量为 60000 W。夏季地下空间外计算含湿量为 15.8 g/kg$_{干空气}$，计算温度为 26.5 ℃，冬季计算干球温度为 −6 ℃，相对湿度为 40%。所在地区夏季和冬季大气压力约为 98666 Pa。求排除余湿（或余热）所需的通风量和加热量。
9. 地下库房，库内温度 $t_n = 18$ ℃，相对湿度 $\varphi = 80\%$，洞库内余湿量为 60 kg/h，试设计固体氯化钙除湿装置。

8　地下工程空调设计

8.1　地铁工程空气调节设计

1863 年 1 月 10 日，世界上第一条地铁线路伦敦"大都会"线路开通运营，"大都会"号由于采用蒸汽机驱动运行，机车排放出的烟气造成地下车站环境湿热难挡；"大都会"号以后的伦敦地铁引入了电力机车，其间又遇到了新的问题，由于电力机车的功率很大，放出的热量也更多，伴随着客运量的增大，伦敦地铁车站内部环境进一步恶化。

1905 年 10 月，纽约第一条地铁开通运行，设计人员在设计过程中对于隧道和车站的强迫通风没有多加考虑，他们认为人行道上的通风口就能为地铁系统提供足够的新鲜空气。次年夏天由于地面通气口不畅而引起的地铁内温度过高问题变得严重起来，后来为了增加通气量，车站的屋顶上不得不设置了更多的通气口，并在站内及站间加装了风机和通风管道。

吸取了纽约地铁的设计教训，在 1909 年 5 月修建波士顿地铁时，设计人员已充分认识到为乘客提供一个舒适环境的必要性。首次采用隧道顶部的风管进行通风并加大了车站出入口面积，提出"采用机械通风方式获得纯净空气"，总结出"温度问题与通风有关，加大通风换气次数，将减少隧道内外温差"，通过工程实践，使得地铁的内部环境大为改善。

1943 年，芝加哥的第一条地铁建成，在开始设计芝加哥地铁时，设计师就关注到车站环境控制的问题。Edcson Brock 为这条地铁通风系统的建立作出了巨大贡献，在"芝加哥地铁通风计算的进展"中建立了计算列车活塞效应的方法和计算式，为了在地铁中实现热量平衡，不仅考虑了为保持舒适的地铁环境所需的空气变化量，同时也考虑了隧道壁、土壤温度日变化和年变化影响以及热量的累积作用，并测定了多种温度及循环下的累积效应，在设计芝加哥地铁时充分利用了这些数据，创造了在未使用空调情况下，地下车站内部几乎全年都能提供充分通风和宜人环境温度的车站环控系统。

芝加哥地铁内环境问题的成功解决，使得其他许多计划修建地铁的城市在设计的早期阶段就开始寻找解决环境问题的方案。1954 年开通的多伦多地铁基本上是以芝加哥地铁设计为蓝本的。为了降低工程造价，设计人员将通风竖井之间的间距增大了近 3 倍，列车的阻塞比则提高了 15%，隧道中高速行驶的列车所形成的活塞风对站台乘客的生理、心理带来了很多负面的影响。随后，多伦多地铁为了克服上述不良影响，采用了一些结构上的改变以及利用隧道周围岩土层的蓄热（冷）性能，采用夜间通风，达到较好的环境要求。

从 1863 年伦敦建成第一条地下铁道以来，至今世界上已有近 100 座大城市拥有地铁。随着我国城镇化规模的不断扩大，城市人口流通量急剧增加，交通拥堵现象日益严重，传统的公共交通工具已经无法满足城市人群日常出行需求。地铁快捷、便利、环保、大客流量运输的特点，使它成为解决现代化城市交通紧张的有效运具。我国的第一条地铁线路于1965年7月在北京开工兴建，1971年1月开始试运营，随后相继建设开通了上海地铁、广州地铁、深圳地铁、南京地铁，目前正在修建的还有杭州地铁、沈阳地铁、西安地铁等。随着已开通地铁的运营，地铁通风空调系统（又称城市轨道交通环控系统，简称环控系统）已成为满足和保证人员及设备运行所需内部空气环境的关键工艺系统，是地铁中不可或缺的一个重要组成部分。

8.1.1 地铁通风空调系统组成

城市轨道交通环控系统的目的就是在正常运行期间为地铁乘客提供舒适的环境，以及在紧急情况下迅速帮助乘客离开危险地并尽可能减少损失。一条城市轨道交通线路的环控系统都必须满足以下三个基本要求：

一是列车正常运行时，环控系统能根据季节气候，合理有效地控制城市轨道交通系统内空气温度、湿度、流速和洁净度、气压变化和噪声，以提供舒适、卫生的空调环境。

二是列车阻塞运行时，环控系统能确保隧道内空气流通，列车空调器正常运行，乘客感到舒适。

三是紧急情况时，环控系统能控制烟、热、气扩散方向，为乘客撤离和救援人员进入提供安全保障。

根据城市轨道交通隧道通风换气的形式以及隧道与车站站台层的分隔关系，城市轨道交通环控系统一般划分为开式系统、闭式系统和屏蔽门系统三种制式。

1. 开式系统

隧道内部与外界大气相通，仅考虑活塞通风或机械通风，它是利用活塞风井、车站出入口及两端硐口与室外空气相通，进行通风换气的方式，如图8-1所示。开式系统主要用于北方，我国采用该系统的有北京地铁1号线和环线。

图8-1 开式系统

2. 闭式系统

闭式系统是一种地下车站内空气与室外空气基本不相连通的方式，即城市轨道交通车站内所有与室外连通的通风井及风门均关闭，夏季车站内采用空调，仅通过风机从室外向车站提供所需空调最小新风量或空调全新风。区间隧道则借助于列车行驶时的活塞效应将车站空调风携带入区间，由此冷却区间隧道内温度，并在车站两端部设置迂回风通道，以满足闭式运行活塞风泄压要求，线路露出地面的硐口则采用空气幕隔离，防止硐口空气热湿交换。闭式系统通过风翼控制，可进行开、闭式运行。我国采用该种形式的有广州地铁1号线、上海地铁2号线、南京地铁1号线和哈尔滨地铁1号线等。

另一种闭式系统即大表冷器闭式系统，在其空气处理模式方面同上述闭式系统基本一致，只是将隧道事故风机多功能化以取代组合空调机组的离心风机和回、排风机，采用结构式空调设备，空气过滤装置和翅片式换热装置设置于土建结构的风道内。我国采用该系统的有南京地铁2号线，北京地铁4号线、5号线、10号线、复八线。

在闭式系统的城市轨道交通线中，为了增加乘客的安全性，许多车站在站台边缘设置了安全门，但其并没有将隧道和车站的空气隔离开来。

3. 屏蔽门系统

屏蔽门安装在站台边缘，是一道修建在站台边沿的带门的透明屏障，将站台公共区与隧道轨行区完全屏蔽，屏蔽门上各扇门上活动门之间的间隔距离与列车上的车门距相对应，看上去就像是一排电梯的门，如图8-2所示。列车到站时，列车车门正好对屏蔽门上的活动门，乘客可自由上下列车，关上屏蔽门后，所形成的一道隔墙可有效阻止隧道内热流、气压波动和灰尘等进入车站，有效地减少了空调负荷，为车站创造了较为舒适的环境。此外，屏蔽门系统的设置可以有效防止乘客跌入轨道，减小噪声及活塞风对站台候车乘客的影响，改善了乘客候车环境的舒适度，为轨道交通实现无人驾驶奠定了技术基础，但屏蔽门的初投资费用较高，对列车停靠位置的可靠性要求很高。若客流密度较大，车门

图8-2 屏蔽门系统

口可能出现拥挤，且对长期运行隧道内温度超标难以解决。采用该系统的有香港新机场线、深圳各地下线、广州地铁 2 号线及以后所有地下线、广佛地铁、上海地铁除 2 号线外的各地下线、杭州地铁 1 号线、苏州地铁 1 号线、重庆地铁 1 号线、成都地铁 1 号线、长沙地铁 1 号线等我国近年来修建的大部分地下线。

新加坡、中国、马来西亚、日本、法国、英国、美国和丹麦等国的轨道交通系统早已采用屏蔽门技术，其应用情况大致分为两类：一类为气候炎热的热带和亚热带地区，采用屏蔽门系统主要是为了简化车站空调通风系统，以节能和减少工程投资为主要目的，这类屏蔽门在站台为全封闭式，如新加坡 NEL 线、香港新机场线、将军坳线等；另一类为在非炎热地区，采用屏蔽门的主要目的是考虑乘客候车时的安全，主要应用于无人驾驶的城市轨道交通系统或有高速列车通过的车站。

4. 各系统应用的效果评价

（1）屏蔽门系统优点：由于屏蔽门的存在创造了一道安全屏障，可防止乘客跌入轨道；屏蔽门可隔断列车噪声对站台的影响；此外，同等规模的车站加装屏蔽门系统的冷量约为未加装屏蔽门系统冷量的 2/5，相应的环控机房面积可减少 1/3 左右，这样年运行费用仅是闭式系统的一半。但是安装屏蔽门需要较大投资，并随之增加了屏蔽门的维修保养工作量和费用，且屏蔽门的存在将影响站台层车行道壁面广告效应，站台有狭窄感，对于侧式站台这种感觉尤甚。

（2）闭式系统的优点：车站和区间隧道内设计温度和气流速度在不同工况条件下符合设计要求，环控工况转换简明，站台视野开阔，广告效应良好，但其相对屏蔽门系统带来冷量大、所需环控机房面积大、耗能高，此外站台环境受到列车噪声影响。

（3）只采用通风的开式系统主要应用在我国的北方，在我国夏热冬冷和夏热冬暖地区是不适合采用的。闭式系统和屏蔽门系统在夏热冬冷和夏热冬暖地区应用较多，偶尔也有大表冷器闭式系统的出现。

城市轨道交通环控系统制式优缺点对比见表 8 – 1。

表 8 – 1　城市轨道交通环控系统形态优缺点对比

制式	描　　述	优　　点	缺　　点	应用范围
开式系统	活塞作用或机械通风，通过风亭使地下空间与外界通风换气	系统简单，设备少，控制简单，运行能耗低	标准低，无法有效控制站内环境、组织防排烟	欧美北部地区老线，北京地铁 1 号线、2 号线
闭式系统	隧道通风设施，隧道通风系统的运行方式根据室外气候的变化，通过风阀控制可采用开式和闭式运行；车站空气与隧道相通	活塞效应将车站的空气引入区间隧道内降低温度作用；区间隧道内的空气温度较同样运行条件下的屏蔽门系统低；站台视野开阔，广告效应好	车站的温度场、速度场无法维持稳定，车站空气品质难控制；当乘客因意外或特殊情况坠入轨道时，将对正常营运带来严重影响；空调季节空调系统投资和运行费用高；通风空调系统机房大；土建投资大	国内长江以北城市

表 8-1（续）

制式	描　述	优　点	缺　点	应用范围
屏蔽门系统	在闭式系统的基础上，用屏蔽门将车站与隧道区域隔离开	提高安全性；降低活塞效应对车站的影响，减少车站与隧道的空气对流，减少车站冷负荷的损失，提高车站空气洁净度，降低列车进站带来的噪声；节省通风空调系统的初投资、运行费用和土建初投资	增加初投资和运营费用；增加与有关专业的接口关系；活塞效应将区间隧道的热空气排至外界，引入室外的新风冷却隧道；高温季节很难控制隧道内的温度	国内长江流域及以南城市

我国 2013 年颁布的《地铁设计规范》（GB 50157—2013）中要求：地铁的通风与空调系统应保证其内部空气环境的空气质量、温度、湿度、气流组织、气流速度和噪声等均能满足人员的生理及心理条件要求和设备正常运转的需要。

在城市轨道交通设计中，确定夏季空气调节新风的室外计算干球温度时采用"近 20 年夏季地下铁道晚高峰负荷时平均每年不保证 30 h 的干球温度"，而不采用《采暖通风与空气调节设计规范》（GB 50019—2003）规定的"采用历年平均不保证 50 h 的平均温度"。因为《采暖通风与空气调节设计规范》（GB 50019—2013）是主要针对地面建筑工程的，与地下铁道的情况不同。《采暖通风与空气调节设计规范》（GB 50019—2013）的每年不保证 50 h 的干球温度一般出现在每天的 12—14 时，而据城市轨道交通运营资料统计，此时城市轨道交通客运负荷较低，仅为晚高峰负荷的 50% ~70% ，若按此计算空调负荷，则不能满足城市轨道交通晚高峰负荷要求；若同时采用夏季不保证 50 h 干球温度与城市轨道交通晚高峰负荷来计算空调冷负荷，则形成两个峰值叠加，使空调负荷偏大。因此，采用地下铁道晚高峰负荷出现的时间相对应的室外温度较为合理。

区间隧道正常工况最热月日最高平均温度 $f \leqslant 35$ ℃，列车阻塞工况温度标准 $f \leqslant 40$ ℃，主要考虑到列车阻塞在区间隧道工况为使列车空调冷凝器继续正常运转，须由列车后方站 TVF（Tunnel Ventilation Fan）风机向区间隧道送入新风，由前方站区间隧道 TVF 风机将区间隧道内空气排至地面，区间隧道内气流方向与列车前进方向一致。由于阻塞在区间隧道内的列车其冷凝器产热连续释放到周围空气中去，而这时列车活塞风已停止，从而使列车周围气温迅速升高，当列车空调冷凝器进风温度高于 46 ℃，则部分压缩机将卸载；当进风温度高于 56 ℃，压缩机就停止转动，那么列车内温湿度环境将会使乘客无法忍受。由于列车顶部空调冷凝器周围空气温度又比列车周围空气温度高出 5 ~6 ℃，为使冷凝器周围空气温度低于 46 ℃，就要求列车周围空气温度低于 40 ℃。

车站相对湿度控制在 45% ~65% 。人员最小新风量：城市轨道交通工程为地下工程，站内空气质量较室外差，因此人员的新风量标准就显得尤为重要，按规定，并考虑到各地的具体情况，站厅、站台空调季节采用乘客按不小于 12.6 m^3/（h·人），且新风量不小于系统总风量的 10% ；非空调季节乘客按不小于 30 m^3/（h·人），且换气次数大于 5 次/h；设备管理用房人员新风量按不小于 30 m^3/（h·人），且不小于系统总风量的 10% 。

空气质量标准为 CO_2 浓度小于 1.5‰。各种噪声控制标准：正常运行时，站厅、站台公共区不大于 70 dB(A)；地面风亭白天不大于 70 dB(A)，夜间不大于 55 dB(A)；环控机房不大于 90 dB(A)；管理用房（工作室及休息室）不大于 60 dB(A)。在站厅、站台层公共区气流组织方面，由于城市轨道交通车站是一个长方形的有限空间，具有较大的发热量，要求车站长度方向均匀送风，回风口宜设置在上部，因此典型的岛式车站采用两侧由上往下送风，中间上部回风采用两送一回或两送两回形式，送风管分设在站厅和站台上方两侧，风口朝下均匀送风，回风管设在车站中间上部，如图 8-3 所示，也可采用在车站两端集中回风的形式。侧式站台则分别采用一送一回形式，站台排风由列车顶排风和台下排风组成，列车顶排风道布置在列车轨道上方，列车顶排风口与列车空调冷凝器的位置对应，列车顶排风道兼作排烟风道；站台下送排风道为土建风道，站台下排风口与列车下发热位置对应。

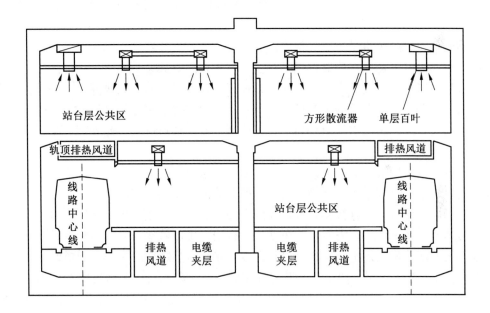

图 8-3　岛式车站排风系统

风速设计标准按正常运营情况和事故通风与排烟两种情况设定。

正常运营情况下，结构风道、风井风速不大于 6 m/s；风口风速为 2～3 m/s；主风管风速不大于 10 m/s；无送、回风口的支风管风速为 5～7 m/s，有送、回风口时风速为 3～5 m/s；风亭格栅风速不大于 4 m/s；消声器片间风速小于 10 m/s。

事故通风与排烟情况下，区间隧道风速控制在 2～11 m/s，排烟干管风速小于 20 m/s（采用金属管道），排烟干管风速小于 15 m/s（采用非金属管道），排烟口的风速小于 10 m/s。防灾主要设计标准：城市轨道交通火灾只考虑一处发生，站厅火灾按 1 m³/(min·m²) 计算排烟量，站台火灾按站厅至站台的楼梯通道处向下气流速度不小于 1.5 m/s 计算排烟量，区间隧道火灾按单洞区间隧道过风断面风速 2～2.5 m/s 计算排烟量。

8.1.2 地铁车站内部通风系统

城市轨道交通通风空调系统的组成实际上与各地下车站功能区的划分密切相关，其中还必须考虑安全性，如防排烟系统的设置问题。不管是站台加装了屏蔽门的屏蔽门系统还是通常所说的闭式系统，车站内部的通风空调系统均可简化为 4 个子系统：公共区通风空调兼排烟系统、设备管理用房通风空调兼排烟系统、隧道通风兼排烟系统、空调制冷循环水系统。

1. 公共区通风空调兼排烟系统

城市轨道交通车站的站厅、站台层公共区是乘客活动的主要场所，也是环控系统空调、通风的主要控制区。设计中除在站厅、站台长度范围内设有通风管道均匀送、排风外，还在站台层列车顶部设有车顶回、排风管（OTE），站台层下部设有站台下网、排风道（UPE），并在列车进站端的车站端部设有集中送风口，其作用是使进站热风尽快冷却、增加空气扰动、减少活塞风对乘客的影响。车站公共区空调兼排烟系统原理如图 8 - 4 所示。

车站的空调、通风机设于车站两端的站厅层，设备对称布置，基本上各负担半个车站的负荷。车站公共区通风空调兼排烟系统主要有 4 台组合式空调机组，4 台回、排风机及相应的各种风阀、防火阀等设备，其作用是通过空调或机械通风来排除车站公共区的余热余湿，为乘客创造一个舒适的乘车环境，并在发生火灾时通过机械排风方式进行排烟，使车站内形成负压区，新鲜空气由外界通过人行通道或楼梯口进入车站站厅、站台，便于乘客撤离和消防人员灭火。

站厅层空调采用上送上回形式，站台层采用上送上回与下回相结合的形式，一般在列车顶部设置轨顶回、排风管，将列车空调冷凝器的散热直接由回风带走；同时，在站台下设置站台下回、排风道，直接将列车下面的电器、制动等发热和尘埃用回风带走。

车站站台或列车发生火灾时，除车站的站台回、排风机运转向地面排烟外，其他车站公共区通风空调兼排烟系统的设备均停止运行，使站台到站厅的上、下通道间形成一个不低于 1.5 m/s 的向下气流，便于乘客迎着气流撤向站厅和地面；车站站厅发生火灾时，站厅回、排风机全部启动排烟，公共区通风空调兼排烟系统的其他设备均停止运行，使得出、入口通道形成由地面至车站的向下气流，便于乘客迎着气流撤向地面。

2. 设备管理用房通风空调兼排烟系统

车站的管理及设备用房区域内主要分布着各种运营管理用房和控制系统的设备用房，它的工作环境好坏将直接影响城市轨道交通能否安全、正常地运营，实际上它是城市轨道交通车站管理系统的核心地带，也是环控系统设计的重点地区，这类用房根据各站不同的需要而设置。机房一般布置在车站两端的站厅、站台层，站厅层主要集中了通信、信号、环控电控室、低压供电、环控机房以及车站的管理用房，站台层主要布置的是高、中压供电用房。车站设备管理用房通风空调兼排烟系统原理如图 8 - 5 所示。

由于各种用房的设备环境要求不同，温湿度要求也不同，根据各种用房的不同要求，车站设备用房通风空调兼排烟系统的空调、通风基本上根据以下 4 种形式分别设置独立的送风和（或）排风系统：

（1）需空调、通风的用房，如通信、信号、车站控制、环控电控、会议等用房。

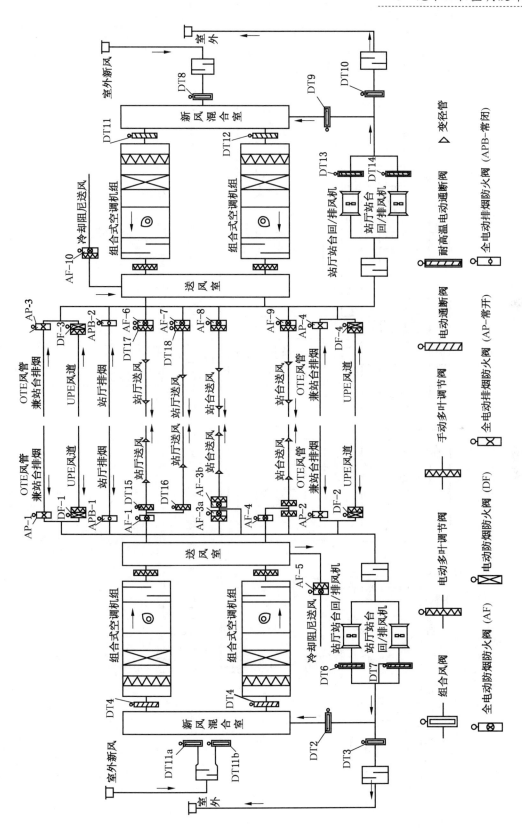

图 8-4 车站公共区空调兼排烟系统原理

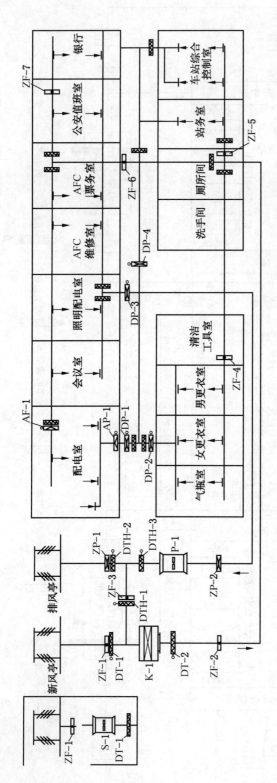

图 8 - 5 车站设备管理用房通风空调兼排烟系统原理

（2）只需通风的用房，如高、低压，照明配电，环控机房等用房。

（3）只需排风的用房，如洗手间、储藏间等。

（4）需气体灭火保护的用房，如通信、信号设备室，环控电控室，高低压室等。

车站设备用房通风空调兼排烟系统的设备组成主要包括为车站的设备及管理用房服务的轴流式风机，柜式、吊挂式空调机组及各种风阀，其作用是通过对各用房的温湿度等环境条件的控制，为管理、工作人员提供一个舒适的工作环境，为各种设备提供正常运行的环境。在火灾发生时，通过机械排风方式进行排烟，有利于工作人员撤离和消防人员灭火。在气体灭火的用房内关闭送、排风管进行密闭灭火。

3. 隧道通风兼排烟系统

隧道通风系统的设备主要由分别设置在车站两端站厅、站台层的 4 台隧道通风机以及其相应配套的消声器、组合风阀、风道、风井、风亭等组件构成，其作用是通过机械送、排风或列车活塞风作用排除区间隧道内余热余湿，保证列车和隧道内设备的运行。典型区间段通风兼排烟系统如图 8 - 6 所示。此外，在每天清晨运营前 0.5 h 打开隧道通风机，进行冷却通风，既可以利用早晨外界清新的冷空气对城市轨道交通进行换气和冷却，又能检查设备及时维修，确保发生事故时能投入使用；在列车由于各种原因停留在区间隧道内，而乘客不下列车时，顺列车运行方向进行送一排机械通风，冷却列车空调冷凝器等，使车内乘客仍有舒适的旅行环境；当列车发生火灾时，应尽一切努力使列车运行到车站站台范围内，以利于人员疏散和灭火排烟。当发生火灾的列车无法行驶到车站而被迫停在隧道内时，应立即启动风机进行排烟降温：隧道一端的隧道通风机向火灾地点输送新鲜空气，另一端的隧道通风机从隧道排烟，以引导乘客迎着气流方向撤离事故现场，消防人员顺着气流方向进行灭火和抢救工作。

此外，隧道通风系统还包括闭式系统隧道洞口处的设备及过渡段折返线处的局部通风设施。隧道洞口和车站出入口通道是外界大气与城市轨道交通地下空间直接相通的地方，为了减少外界高温空气对城市轨道交通空调系统的影响，在地面至隧道洞口处设有空气幕隔离系统，该系统由两台风机和空气幕喷嘴组成，机房设置在地下隧道洞口处；折返线两端均设道岔与正线相连接，折返线一般在正线的中部，断面积较大，原车站内的隧道通风机很难满足正线和折返线的同时通风，另设风机将增大机房面积，也较难实施。通过各种方案比较，较常采用的是射流风机通风的方案，由射流风机和车站隧道通风机共同组织气流，此设计主要是解决地下空间紧张及折返线（过渡段）气流组织困难的问题。

4. 空调制冷循环水系统

车站空调制冷循环水系统的作用是为车站内空调系统制造冷源并将其供给车站公共区域通风空调兼排烟系统、设备管理用房通风空调兼排烟系统中的空气处理设备（组合式空调箱、柜式风机盘管），同时通过冷却水系统将热量送出车站。

目前，城市轨道交通通风空调系统根据冷源与车站的配置关系分为独立供冷与集中供冷两种形式。

1）独立供冷

一般每个地下车站中均设置独立冷冻站，通常采用两台制冷能力相同的较大的（制冷量≥1000 kW）螺杆式机组和一台较小的（制冷量≤500 kW）螺杆式冷水机组（或活塞

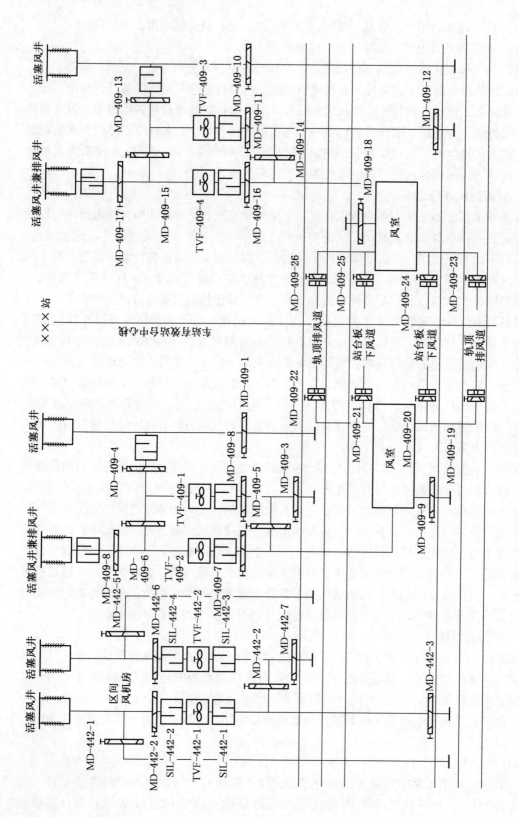

图 8－6　典型区间段系统原理

式冷水机组及其他形式）组合运行的模式。两台制冷量大的螺杆式机组按车站公共区域通风兼排烟系统空调冷负荷选型；一台制冷量小的螺杆式冷水机组按车站设备管理用房通风空调兼排烟系统空调冷负荷选型，它既可单独运行，也可并入车站公共区域通风兼排烟系统，与大容量的螺杆式机组联合运行。空调制冷循环水系统还包括冷冻水泵、冷却水泵、冷却塔、空调箱等末端设备。独立供冷系统原理及流程如图 8-7 所示。

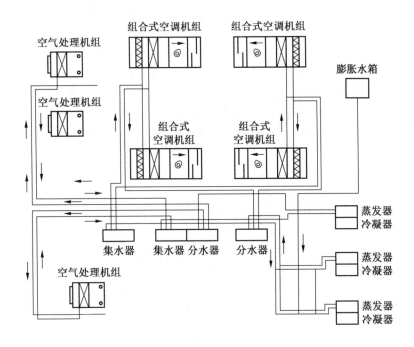

图 8-7　独立供冷系统原理及流程

空调制冷循环水系统中冷冻水泵、冷却水泵与冷水机组台数一一对应，车站设备管理用房通风空调兼排烟系统分集水器与公共区冷源分集水器间通过管道连通，连通管上设有阀门，正常运行时关闭，需要互为备用时手动开启。冷冻站集中设置在车站一端制冷机房内，位置尽可能靠近负荷中心，力求缩短冷冻水供/回水管长度。

空调冷冻水温度：供水 7 ℃，回水 12 ℃。冷却水温度：供水 32 ℃，回水 37 ℃。冷冻水系统采用一次泵系统，车站设备管理用房通风空调兼排烟系统空调机组的回水管上设置电动二通阀，车站设备管理用房通风空调兼排烟系统集水器和分水器间设置压差式旁通阀，车站公共区域通风空调兼排烟系统集水器和分水器不连通。

冷冻水系统的定压采用膨胀水箱。

在空调季节正常运行工况下，根据车站冷负荷的大小来控制大容量螺杆式机组及小容量螺杆式冷水机组启停的台数；非空调季节，水系统全部停止运行。当发生区间隧道堵塞事故时，水系统按当时正常的运行工况继续运行。当站厅、站台公共区或区间隧道发生火灾时，关闭作为车站公共区域通风空调兼排烟系统冷源的水系统，只运行与车站设备管理用房通风空调兼排烟系统有关的水系统；当车站设备管理用房通风空调兼排烟系统设备用房发生火灾时，水系统全部停止运行。

2）集中供冷

集中供冷系统具有能效高、环境热污染小、便于维护管理等优点，其作为节能环保重要途径在城市的规划和发展中正成为一大趋势。

在城市轨道交通线路中采用集中供冷系统形式：第一，通过对线网中冷冻站合理布局减少冷却塔对周围环境的影响；第二，减少了前期为了室外冷却塔设备占地及美观等要求与城市规划部门的协调工作量；第三，减少了冷冻站的数量，节约了地下的有限空间；第四，提高了运营效率，同时也便于集中维护管理，提高自动化水平。集中供冷系统已在广州地铁2号线、中国香港地铁车站、埃及开罗地铁车站中成功应用。

城市轨道交通集中供冷系统采用集中设置冷水机组、联动设备及其他辅助设备，经过室外管廊、地沟架空、区间隧道敷设冷水管，用二次水泵将冷水输送到车站公共区域通风空调兼排烟系统末端。集中供冷系统的原理及流程如图8-8所示。

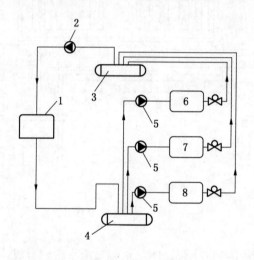

1—冷却塔；2—冷却水一次泵；3—集水器；4—分水器；5—冷却水二次泵；6—车站一
制冷冷水机组；7—车站二制冷冷水机组；8—车站三制冷冷水机组

图8-8 集中供冷系统原理及流程

8.1.3 地铁通风空调系统运行状态

城市轨道交通通风空调系统的运行可分为正常运行、阻塞及火灾事故运行两种状态，对应这两种状态系统又可细分出正常运行模式、阻塞及火灾事故运行模式。

1. 正常运行

1）车站空调、通风系统

在全新风空调、通风运行环境下，外界大气焓值 $i_外$ 小于车站空气焓值 $i_站$，启动制冷空调系统，运行全新风机，外界空气经由空调机冷却处理后送至站厅、站台公共区，排风则全部排出地面，此种运行模式称为全新风空调、通风运行。

在小新风空调、通风运行环境下，$i_外 \geq i_站$ 启动制冷空调系统，运行空调新风机。部分回/排风排出地面，部分作为回风与空调新风机所输送的外界新风混合，经由空调机冷却处理后送至站厅、站台公共区，此种运行模式称为小新风空调、通风运行。

在非空调、通风运行环境下，外界大气焓值小于或等于空调送风焓值，关停制冷系统，外界空气不经冷却处理直接送至站厅、站台公共区，排风则全部排出地面，此种运行模式称为非空调通风运行。

2）区间隧道通风系统

在自然闭式系统中，$i_{外} \geq i_{站}$，关闭隧道通风井，打开车站内迂回风道，区间隧道内由列车运行的活塞作用进行通风换气，活塞风由列车后方车站进入隧道，列车前方气流部分进入车站，部分从迂回风道循环到平行的相邻隧道内口。

在自然开式系统中，$i_{外} < i_{站}$，打开隧道通风井，由列车的活塞作用，外界大气从列车运行后方的隧道通风井进入城市轨道交通隧道，此方式为进风方式；由列车的活塞作用，外界大气从列车运行的前方隧道通风井排出地面，此方式为排风方式。

在机械开式系统中，$i_{外} < i_{站}$，自然开式又不能满足隧道内温湿度要求，隧道通风机启动，进行机械通风。外界大气从列车运行后方的隧道通风井经隧道通风机送至隧道内，此方式为送风方式；外界大气从列车运行的前方隧道通风井经隧道通风机排出地面，此方式为排风方式。

综上所述，可见区间隧道通风系统的运行模式以及通风方式是个较为复杂的问题，它不是完全独立的系统，与车站公共区域通风空调兼排烟系统有很多联系，运行中将与车站公共区域通风空调兼排烟系统共同动作。

2. 阻塞及火灾事故运行

1）阻塞事故运行

阻塞事故运行指列车在正常运行时由于各种原因停留在区间隧道内，此时乘客不下列车，这种状况下称为阻塞事故运行。

在车站空调、通风系统中，当列车阻塞在区间隧道内时，车站空调、通风系统按正常运行，当 TVF 风机需运转时，车站按全新风空调、通风运行。在运行 TVF 风机时，该端站台回、排风机停止运行，使车站的冷风经 TVF 风机送至列车阻塞的隧道内。

在区间隧道通风系统中，在机械闭式运行环境下，当车站自然闭式运行时，若发生列车在区间隧道内阻塞，TVF 风机运转，将车站冷风送至隧道内；在机械开式运行环境下，当车站开始运行时，若发生列车在区间隧道内阻塞，TVF 风机按机械开式的模式运行。

2）火灾事故运行

地下铁道空间狭小，一旦发生火灾，乘客疏散和消防条件较地面更为恶劣，因此，设计中应将其作为重点解决的问题。火灾时一切运行管理都应绝对服从乘客疏散及抢救工作的需要。火灾事故包括区间隧道火灾及车站火灾，其中车站火灾又包括车站内列车、站台、站厅火灾。

列车在区间隧道内发生火灾时，应首先考虑将列车驶入车站，如停在区间时，应判断列车着火的部位、列车的停车位置，按火灾运行模式向火灾地点输送新鲜空气和排除烟气，让乘客迎着新风方向撤离事故现场，同时让消防人员进入现场灭火抢救。

列车火灾及站台火灾时，应使站台到站厅的上、下通道间形成一个不低于 1.5 m/s 的向下气流，使乘客从站台迎着气流撤向站厅和地面，因此，除车站的站台回、排风机运转向地面排烟外，其他车站公共区域通风空调兼排烟系统的设备均停止运行。站厅发生火灾时，站厅回、排风机全部启动排烟，车站公共区域通风空调兼排烟系统其他设备均停止运行，使得出入口通道形成由地面至车站的向下气流，乘客迎着气流方向撤向地面。

8.1.4 地铁通风空调系统负荷计算

1. 屏蔽门系统负荷计算

采用屏蔽门系统，屏蔽门将隧道分隔在车站站台之外，车站空调负荷受隧道的影响相对较小，车站公共区域散热量已不包含列车驱动设备发热量、列车空调设备及机械设备发热量，仅包含站内人员散热量、照明及设备散热量、站台内外温差传热量、渗透风带入的热量。与闭式系统相比，少了列车和隧道活塞风对车站的影响，冷负荷大为减少，系统的复杂程度也随之下降，负荷计算相对简单。

1）人体热负荷

车站人员分为固定人员（包括车站工作人员、商业服务业人员等）与流动人员（主要为城市轨道交通乘客）。固定人员的数量全天逐时基本保持稳定，发热量计算参考静坐（或站立）售货状态下人体新陈代谢率，平均停留时间按工作时间计算；流动人员的数量全天逐时变化，高峰时段数量较大，发热量计算参考行走（或站立）状态下人体新陈代谢率。

因此人体热负荷的确定，关键在客流量的确定上，这一数据一般源自当地交通规划部门的客流预测报告，计算中尚需考虑车站所处地区的高峰小时客流量。根据资料及一些数据，上车客流在车站停留时间为 4 min，其中乘客从地面进入城市轨道交通站厅停留约 1.5 min、站台候车约 2.5 min，下车客流车站停留时间约 3 min，这一过程的平均时间与列车行车间隔相关。当上下车乘客在车站滞留的时间确定之后，考虑适当的群体系数，车站的人体热负荷就确定了。

2）机电负荷

照明设备、广告灯箱、自动扶梯、垂直电梯、导向牌、指示牌以及售（检）票机等的散热量可通过各种用电设施的实际功率很方便地计算得出。

3）屏蔽门传热负荷

屏蔽门隔离了两个不同的温度环境，站内环境与隧道之间的传热可以按一维稳态导热计算。在确定了车站屏蔽门的面积和材质之后，屏蔽门传热负荷就确定了。

4）渗透风带入的热量

此部分热量最大，对车站总冷负荷的影响亦最大。此部分分为出入口渗透风和屏蔽门开启时的渗透风，其中以屏蔽门开启时的渗透风最大。根据以往的设计经验，车站出入口的渗透风按断面面积 200 W/m^2 计算，屏蔽门每站按 5 ~ 10 m^3/s 估算其漏风量。

5）湿负荷

湿负荷分为人员散湿量、结构壁面散湿量和渗透风带入的散湿量。按照相关资料的经验推算，车站侧墙、顶板、底板散湿量为 1 ~ 2 $g/(m^2 \cdot h)$；人员散湿量取 27 ℃时轻劳动时的散湿量 193 g/h。

2. 闭式系统负荷计算

当站厅层未设置屏蔽门时，影响车站空调系统能耗的因素较为复杂，除上述已列举的一些参量外，尚需考虑车辆行驶（如发车密度、运行队数、停靠时间、牵引曲线等）的影响，此时列车运行散热带来的负荷，成为站台空调负荷的主要来源。此外，由于未设置屏蔽门，空调负荷计算难以将车站与隧道区别对待。

对于闭式系统空调负荷的计算方法有很多种，但目前只是停留在估算水平上，并且各种计算方法的准确度差异性也较大，以下引自《浅谈地铁环控通风》一文中的一种简单估算法供参考。

1) 列车产热量

列车产热量 Q_1 是城市轨道交通余热的主要构成部分，其计算式为

$$Q_1 = 2N_0 n_g n_j (G_i + g_p n_p) L \tag{8-1}$$

式中　L——列车行驶计算区段的长度，km；

　　　g_p——每人平均体重，t/人；

　　　n_p——每节车上的计算人数，人/节；

　　　G_i——每节车重，t/节；

　　　n_j——每列车的编组，节/列；

　　　n_g——列车运行密度（每小时计算列车对数），对/h；

　　　N_0——列车 1 t·km 电能消耗量，kW·h/(t·km)。

在计算产热量时，可取最大密度的 70%，此值在一般情况下比平均值大一些，一般按运行吨千米平均耗电量来计算 ［日本按 $0.05 \sim 0.07$ kW·h/(t·km)，俄罗斯按 0.052 kW·h/(t·km)］。如果列车上有空气调节设备，除以上的产热量外，尚应附加空调设备产热量。

2) 照明产热量

电力照明产热 Q_2，其计算式为

$$Q_2 = N_a A + N_1 l \tag{8-2}$$

式中　N_a——站厅站台单位面积照明负荷，kW/m²；

　　　A——站厅站台面积，m²；

　　　N_1——区间隧道每延米照明负荷，kW/m；

　　　l——区间隧道区段长度，m。

如果采用荧光灯具，照明电荷还应包括镇流器消耗的电量。

3) 人员产热量

人员产热量 Q_3，包括车站上人员及列车上人员两部分，其计算式为

$$Q_3 = q_p \left(\sum b + 2n_g n_j n_p \right) \frac{L}{v} \tag{8-3}$$

式中　v——列车行驶速度，km/h；

　　　L——区间隧道计算区段长度，km；

　　　$\sum b$——计算区间相邻两个车站上人数总和之半，人；

　　　q_p——人体产热量，kW/人。

人体产热量由显热和潜热两部分组成，计算余热时按全热计算。

当列车带空调时，冷凝器产热量代替了列车上人员产热量，一般为列车上人员产热量的1.5倍。

4）动力设备产热量

动力设备产热量 Q_4，其计算式为

$$Q_4 = N_w \qquad (8-4)$$

式中　N_w——散发热量的动力设备的千瓦数，kW，它包括电机及城市轨道交通系统中的其他动力设备。

Q_4 在决定时还要注意以下几个问题：在通风系统中，只考虑送风设备电机产热量，而排风设备电机产热量不予计入；排水泵散热量由于被水排除，因此也不计入；生产用房及设备用房内的设备产热量，均由局部通风系统考虑，不予计入。

5）洞壁吸热量

城市轨道交通系统内洞壁的吸热与放热取决于隧道周围地层的温度。当城市轨道交通系统内空气温度比洞壁表面温度高时，其洞壁吸热。当城市轨道交通系统内空气温度比洞壁温度低时，其洞壁放热。这些热量为 Q_5，其计算式为

$$Q_5 = KF\Delta t \qquad (8-5)$$

式中　K——传热系数，kW/(m² · ℃)；

　　　F——衬砌结构与周围地层的接触面积，m²；

　　　Δt——区间隧道平均气温 t_1 与周围地层计算温度 t_2 之差，℃。

导热系数 K 与许多因素有关，如衬砌材料及厚度、周围地层的性质、地下水的状态等，一般可按式（8-6）计算。

$$K = \frac{1}{\frac{1}{\alpha} + \frac{l_c}{\lambda_c} + \frac{l_e}{\lambda_e}} \qquad (8-6)$$

式中　　　α——壁面空气至隧道衬砌表面的对流换热系数，kW/(m² · ℃)；

　　　λ_c、λ_e——衬砌和周围地层的导热系数，其值与材料性质有关，kW/(m² · ℃)；

　　　l_c——混凝土衬砌的平均厚度，m；

　　　l_e——周围温度变化部分介质的厚度，m。

l_e 是从衬砌外表到土中温度不再变化的距离。因城市轨道交通是地下建筑物，所以周围地层的温度没有剧烈的变化，运营初期区间隧道内放出的热量传至地层中，而在地层中就产生热量消散的现象。经过一定时间之后，在距隧道内表面的地层若干距离处，温度就固定不变了。而这个距离与地下水、土质情况有关，一般在近似计算中按0.5 m左右考虑。周围地层的计算温度，按地层年平均温度计算，对于含水地层一般都采用地下水温度。

以上所述为城市轨道交通内的各种产热量及壁面的吸放热，因此城市轨道交通系统内的余热 Q 为

$$Q = Q_1 + Q_2 + Q_3 + Q_4 - Q_5 \qquad (8-7)$$

由于城市轨道交通系统内不同位置的热源热量各不相同，而且随着运营年段的不同，即使是同一位置处的发热量也随之改变。因此，详细的计算需要编制计算机程序进行模拟

计算。

8.2　矿井工程空气调节设计

8.2.1　矿井降温技术

改善矿井内气候条件的措施很多，但归纳起来只有两个方面：一是采取非人工制冷降温冷却风流的措施，二是采取人工制冷降温的措施。只有在采取一般措施达不到降温目的时，才考虑采取人工制冷措施。

1. 非人工制冷降温技术

1）改善矿井通风条件

（1）增加风量。风量不仅是改善矿井内气候的一个重要的、起决定作用的因素，而且是通过适当手段就能奏效的有效措施之一，有时费用也比较低。理论研究和生产实践都充分表明，加大采掘工作面风量对于降低风温、改善井下气候条件，效果是明显的。在岩石温度较高时，受热风流对采掘工作面危害最为严重，因此，提高采掘工作面的风量具有特殊的意义。以前世界各国都采用通风方法降低采掘工作面的风温。采用 U 形通风方式时风量对采煤工作面出口处风温的影响如图 8-9 所示。

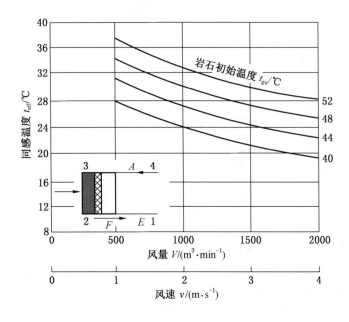

图 8-9　采煤工作面出口的同感温度 t_{eff} 值

从图 8-9 可以看出，随着采煤工作面风量的增大，风速增大，温度降低，从而使采区的气候条件得到明显改善。因此，应尽量使工作面进风量全部通过，避免漏入采空区，以减少采面的热量和水汽。

由图 8-9 可见，加大风量对降低风温的效果是明显的。

由于风量的增加，使围岩与风流的热交换加剧，空气的总吸热量增加，巷道调热圈的形成速度加快。因此，增加风量除能降低风流的温升外，还能为进一步降低围岩的放热强度创造条件。但是，增加风量时不应超过《煤矿安全规程》规定的最高允许风速值。

在一定条件下采用增加风量方法，再综合运用其他防止风流加热的措施，可以起到一定的降温效果。该方法在开采深度浅的情况下，比用人工制冷降温的方法更为经济。但是，当风量增加时，负压随之增加，主要通风机的功耗增大。经研究计算证明，在通风时间少于1年、风速超过4 m/s和通风时间超过1年、风速超过5 m/s时，风温便不再明显降低。因此，通风降温不是在任何情况下都是行之有效的。每个高温矿井都有其通风降温的可行界限，通风降温可行界限的确定直接影响到矿井设计方案和总投资，若采用通风降温，要求供风量大，井巷断面积也相应增大；而采用人工制冷降温，为了减少制冷量，应在满足其他安全因素的条件下力求风量小，井巷断面积也小，以减少风流与围岩的热交换，因此，不同的降温方法对矿井设计的要求亦不同。

（2）选择合理的矿井通风系统。从改善矿井气候条件的观点出发，选择合理的通风系统时，要考虑进风流经过的路线最短，主要进风巷布置在低岩温、低热导率的岩石中，使新鲜风流避开局部热源的影响等。

① 通风系统对井下风温的影响：在井田走向长度相同时，因通风系统不同，进风路线的长度也不相同，表8-2列出了在不同的通风系统中，其新鲜风流沿走向的流动距离。

表8-2 新鲜风流线路长度　　　　　　　　　km

井田走向长度	通风系统		
	中央式	侧翼式	混合式
5	2.5	1.25	0.83
6	3.0	1.50	1.00
7	3.5	1.75	1.17
8	4.0	2.00	1.33

中央式和对角式的新鲜风流路线长度是相同的，因此在进一步分析时只比较中央式、侧翼式和混合式三种通风系统（图8-10）。当井田的通风系统为侧翼式通风系统时，井田可划分为两个或三个独立的通风区域，其新鲜风流的路线长度是中央式通风系统中新鲜风流路线长度的40%~50%。

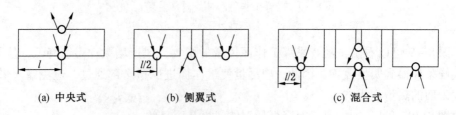

(a) 中央式　　　(b) 侧翼式　　　(c) 混合式

图8-10 三种通风系统

为了按热因素来比较这三种通风系统的优劣,据资料报道,苏联科切加卡尔矿对 -960 m 水平巷道的风温进行计算(井田走向长度为 6 km,风速为 2 m/s、3 m/s、4 m/s、5 m/s),在不同通风系统和风速时,集中运输大巷的终端风温见表 8 - 3。由表 8 - 3 可知,在风速相同时,中央式比侧翼式风温高 2.1 ~ 6.3 ℃,比混合式高 2.3 ~ 9.6 ℃。

表 8 - 3 风流的温升与通风系统的关系

风速/ (m · s⁻¹)	中央式/℃			侧翼式/℃			混合式/℃		
	1 月	4 月	7 月	1 月	4 月	7 月	1 月	4 月	7 月
2	23.0	26.0	30.0	16.8	20.7	26.3	13.4	18.9	25.0
3	18.6	22.7	27.8	13.6	18.5	24.8	11.5	17.6	24.0
4	16.1	21.0	26.4	12.0	17.0	24.0	10.7	16.9	23.7
5	15.4	19.7	25.6	11.9	16.9	23.5	10.1	16.5	23.3

② 以低岩温巷道为进风巷道:在高温矿井的通风系统设计时,要尽量使新鲜风流由上水平流入采煤工作面,在下水平回风。这是因为上水平的岩温要低于下水平的岩温。而巷道围岩温度越低,则风流通过巷道的温升越小。例如,在新汶孙村煤矿, -210 m 水平(岩温 21.5 ℃),夏季风流通过巷道 1 km 的温升为 -1.92 ℃;而 -600 m 水平(岩温 34.9 ℃),夏季风流通过巷道 1 km 的温升为 +0.56 ℃。

③ 要尽量使新鲜风流避开局部热源的影响:矿内的各种局部热源,如机电设备、运输中的煤和矸石、氧化以及采空区漏风等都要对风流加热。如果能使新鲜风流避开这些局部热源的影响,将会使风流的温升降低。

(3)改革通风方式。经研究表明,将上行通风改为下行通风,对改善采煤工作面的气候环境是有益的,一般情况下,可使工作面的风温降低 1 ~ 2 ℃。

世界各主要采煤国家对采煤工作面下行通风都有所限制。我国《煤矿安全规程》规定,有突出危险的采煤工作面不得采用下行通风。

不同的通风方式对于矿井气候产生较大的影响。走向长壁采煤工作面通风方式一般分成 U 形通风、E 形通风和 W 形通风三种。

① U 形通风:在工作面运输巷进风,经过工作面到回风巷回风,整个通风线路构成 U 字形状。

② E 形通风:通过腰巷向工作面中部引入温度较低的风流,目的在于降低工作面和回风侧的风流温度。

③ W 形通风:工作面回风巷和工作面运输巷进风,中间腰巷回风。这种通风方式缩短了风路,减少了风阻,相应加大了工作面的风量,降低了风温。

(4)利用调热巷道降温。调热巷道降温是利用位于恒温带地层的巷道进风,调节进风的温度、湿度来实现的。淮南九龙岗煤矿利用 -240 m 水平巷道在冬季通风,在巷道周围形成冷却圈;春季封闭,夏季启封。热风流通过调热巷道后,使 -540 m 水平井筒附近的风温降低 2 ℃。该方法降温效果有限,仅适用于浅井和夏季有轻度热害的条件。

（5）井下机电硐室单独回风。九龙岗煤矿井下机电硐室风流参数变化见表 8-4。

表 8-4　九龙岗煤矿井下机电硐室风流参数变化

地　　点	风量/(m³·s⁻¹)			温度/℃		
	改前	改后	差值	改前	改后	差值
630 m 井底				26.50	26.30	-0.20
充电室	0.80	2.91	2.11	35.00	28.00	-7.00
水泵房	1.91	2.36	0.45	32.00	27.00	-5.00
暗副井(车房)	1.45	3.50	2.05	37.20	29.40	-7.80
暗主井(车房)	1.08	2.80	1.72	35.60	28.50	-7.10
530 东办道	18.15	12.13	-6.02	27.10	26.50	-0.60
530 东一石门	15.41	15.41	0	26.70	26.00	-0.70

2）改革采煤方法及工作面顶板控制

在高温热害矿井中，采煤工作面是主要升温段，也是人员集中工作的场所。因此，采煤工作面应作为矿井降温的重点。采取集中生产，以及采煤工作面采用后退式采煤法、倾斜长壁采煤法、全面充填法进行工作面顶板控制，对改善采煤工作面的气候条件是有利的。

（1）集中生产。加大矿井开发强度，提高单产单进，虽然采掘工作面热量有所增加，但采掘面减少，井下围岩总散热减少，有利于提高人工制冷冷却风流的效果，相应降低吨煤成本的降温费用。

（2）后退式采煤法。在各种条件相同，后退式和前进式采煤法相比，漏风少，风量大。

（3）倾斜长壁采煤法。采用倾斜长壁采煤法，通风线路短，有效风量相应提高，对改善采煤工作面的气候条件是有利的，一般适用于缓倾斜煤层。

（4）全面充填法。向采空区充填温度较低的物质来降低采空区温度的方法称为全面充填法。据试验得知，采用全面充填法可以达到一台 400~500 kW 的空调设备的冷却效果。

3）井下热水治理

我国部分矿井的水温一般不低于 40 ℃。如河南平顶山八矿、辽宁北票台吉矿、广西合山矿务局里兰矿、湖北黄石胡家湾煤矿、湖南资兴周源山煤矿等。此外，湖南的 711 矿、水口山康家湾铅锌矿和江苏韦岗铁矿等都属于有热水涌出的矿井。

热水沿含水层或断裂带运移时，可产生大面积的或局部的异常热水，热水进入巷道使井下风流增湿增温，严重恶化井下环境。

热水治理应根据具体情况采取探、放、堵、截和疏导的措施治理。

（1）地下热水对风流的加热。矿内热水通过两个途径把热量传递给风流：一是漏出的热水，通过对流对风流直接加热加湿；二是深部承压的高温热水垂直上涌，加热了上部岩体，岩体再把热量传递给风流。

（2）矿井热水的治理包括超前疏干、排放热水。

①超前疏干就是将热水水位降到开采深度以下，是治理热水矿井行之有效的方法。

江苏镇江韦岗铁矿开采深度不大，但有44～47℃的热水涌出。在 - 100 m 水平开拓时，工作面的温度一般为30～33.4℃，最高达40.8℃，湿度达到100%，劳动条件极差，影响采掘进度。

为了保证 - 100 m 水平采掘工作在无热害条件下顺利进行，在 - 200 m 水平中段利用联络巷道布置4个硐室，间距为150 m，在每个硐室中施工3～5个放水孔。一年多的放水试验表明，热水很快降到 - 150 m 水平，由于 - 100 m 水平热水已疏干， - 100 m 水平巷道风温降到21.4～22.4℃（自然通风时），从而改善了采掘工作面的气候条件。降温效果如图 8 - 11 所示。

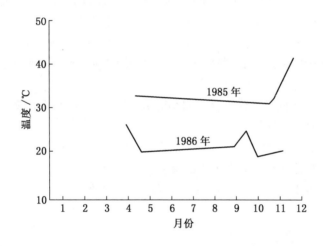

图 8 - 11　 - 100 m 5 号穿脉巷气温变化曲线

②热水的排放方法主要包括以下5种：

a）地面钻孔把热水直接排到地面。

为避免热水对矿井进风流的加热，在出水点附近打专门的排水钻孔，把热水就地排到地面。这种方法适合于热水埋藏浅、出水点较集中、水量较大的条件使用。

b）回风并排放热水。

凡回风水平涌出的热水都应在回风井底设水仓，建立泵房直接排出地面，避免热水对风流加热。

c）利用隔热管道或加隔热盖板的水沟导入井底水仓。

利用钻孔处理热水，可采用两种办法：一是对单孔涌水量小的孔进行封堵；二对流量大的孔进行导流，引入密封水沟排入井底水仓。

大巷水沟加盖隔热板，盖板之间用水泥砂浆勾缝，每隔5～6块盖板留1块活动盖板，以便进行清理。

d）在热水涌出量较大的矿井，可开掘专门的热水排水巷。

广西合山矿务局里兰矿、河南平顶山八矿建井期间都采用专门热水排水巷，取得了较好的效果。

e）对少量局部涌出的高温热水进行处理。

对沿裂隙喷淋和滴渗的高温热水，可采用打钻用水泥浆或化学浆液封堵和用隔热材料封闭出水段，把热水同风流隔开，将热水集中导入加隔热盖板的水沟中。

对缓慢渗出的高温水，美国曾用水基环氧树脂喷刷在出水岩壁上加以封堵。

4）其他技术措施

（1）减少采空区漏风。当采用前进式开采方式时，采空区漏风对采面的风温影响很大，工作面风温将增高 2 ~ 2.5 ℃，且漏风量比进风平巷进风量高出 20% ~ 30%。因此，高温矿井应尽量避免采用前进式开采方式，采用后退式回采、巷旁充填、W 形通风及均压通风都可以减少采空区漏风，提高采掘工作面的有效风量，取得较好的降温效果。

（2）局部地段或主要进风大巷的壁面隔热处理。据计算，岩温 39 ℃、长 100 m 的巷道，岩壁每小时可向 30 ℃ 的空气传热 2000 MJ。而涂上一层高炉硅渣隔热层后，只能传热 260 MJ，约为隔离前的 1/8，国外曾使用氨基甲酸泡沫剂喷到岩壁上进行隔热处理，有效期约为 1 年，对干燥巷道效果更佳。

（3）压气降温。在掘进工作面，也可以使用压气引射器及涡流器加大风速来改善人体的散热条件，增加人体的舒适感。

① YP - 100 型环缝式压气引射器是煤炭科学研究总院抚顺分院通风研究所研制的，如图 8 - 12 所示。先后在安徽淮南矿业集团、广西合山矿务局里兰矿、河南平顶山八矿等高温矿井使用，受到井下工人的欢迎，取得了较满意的效果。

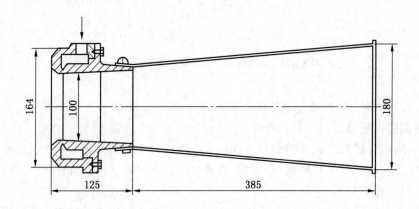

图 8 - 12　YP - 100 型环缝式压气引射器

在使用 YP - 100 型环缝式压气引射器时，试验得出出口风量最大可达 1.20 m³/s，最大引射系数可达 33，引射器的环缝宽度为 0.05 ~ 0.1 mm 时最佳。如果有风量减少现象，可拆开清除灰尘，即可消除。

环缝式压气引射器具有结构简单、体积小、质量轻、使用方便的特性，尤其是无电源、转动部件，工作安全，它不仅可以改善工作地点的气象条件，还可以解决掘进巷道顶部及局部瓦斯的积聚。

② 涡流器又称冷气分离器，是使用压缩空气制造冷和热空气的简单装置。其原理是将压缩空气输入一个 T 形管的中间端，经过节流，使气流高速旋转，气体充分膨胀，在 T 形管的一端（冷端）放出冷气，另一端（热端）放出热气，冷气可低于 0 ℃，热气可高于水的沸点。由于涡流管结构上无活动部件，使用寿命长，操作简单，井下压气充分，无须增加附加设备，因此该装置可作为井下局部降温手段之一。

煤炭科学研究总院沈阳研究院曾在安徽淮南矿业集团掘进头进行的试验：试验巷道断面 1.8 m×1.6 m，热端置于回风眼口，工作面温度 30 ℃（不使用涡流器时），冷端温度 0~2 ℃，0.23 m 处风流温度 25.6 ℃，1 m 处风流温度 27.6 ℃，2.8 m 处风流温度力 28.4 ℃。降温效果显著，可作为局部高温点降温手段之一。

（4）冰块降温。低于 0 ℃的冰块在升温到 0 ℃之前，温度每升高 1 ℃吸热 2.09 kJ/kg；从 0 ℃的冰到 0 ℃的水，吸热 335 kJ/kg；之后水每升高 1 ℃，1 kg 的水吸热 4.187 kJ。

矿区如有大量天然冰块的贮存条件，可以考虑在井下工作面进风口放置一定量的冰块吸收热量，降低风流的温度。以下计算式是单位质量的 -6 ℃的冰变为 24 ℃的水时，可吸收的热量 $q = 6 \times 2.09 + 335 + 24 \times 4.187 = 448$ kJ/kg。

根据这个数值和风流需要降低的温度，可计算每班或每小时所需要的冰块量。

通常，冰块放置在容器中，容器和局部通风机相接，如图 8-13 所示，冰块容器分上、中、下三格，外形尺寸为高 1.5 m、宽 0.6 m、长 2 m。

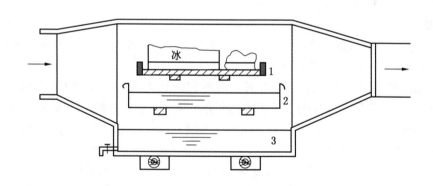

1—冰盘；2—冰水盘；3—积水盘

图 8-13 冰块容器

（5）煤壁注水预冷煤层。在采煤工作面回风巷沿倾向，平行工作面布置钻孔。将低温水注入煤层中，使煤层和顶底板岩体受到冷却，但该方法一般同防治冲击地压与煤尘时使用，很少单独使用。

5）矿工个体保护

矿工的个体保护是指矿工在矿内恶劣环境工作所采取的个体防护措施。例如，在高温矿井使用冷却服，可避免人身受高温气候的危害。

冷却服分为两类：自动系统和它动系统。自动系统是自带能源和冷源，它动系统需外接能源和冷源，使用不方便。

冷却服的作用：当矿工在高温地点作业时，一是可以防止对流传热伤害身体，二是可吸收人体在进行体力劳动时由新陈代谢产生的热量。对冷却服的要求主要有五点：冷却服的质量要轻，穿上后不能影响正常工作；冷却服应拥有自动制冷系统；供冷持续时间 5 ~ 6 h；制冷剂应采用无毒无害、不燃不爆物质；防止因穿冷却服导致皮肤冻伤或感冒等症状发生。下面介绍三种冷却服：

（1）压气冷却服。在 20 世纪 70 年代后期，德国矿业研究院研制出以压缩空气为冷却源的冷却服。

（2）冰水冷却坎肩。南非和德国莱格尔公司生产的冷却坎肩，安全性和冷却性较好。它是利用 5 kg 水的冷却能力进行冷却，没有冷媒循环系统及运动部件，质量轻，在 220 W 冷却功率的条件下，持续时间最少可达 2.5 h。

（3）干冰冷却坎肩。由南非加尔特里特（Gard - Ritc）公司研制的。它是将 4 kg 干冰分别装在 4 个袋中升华成 CO_2 气体直接流过身体的表面进行冷却，持续时间 6 ~ 8 h。干冰的升华热为 573 kJ/kg，冷却功率为 80 ~ 106 W。我国也已研制出适用于冶金、消防、防化学、煤炭用的冷却服，可供矿工使用。

2. 人工制冷降温技术

从 20 世纪 70 年代，人工制冷降温技术开始迅速发展，使用越来越广泛、越来越成熟。德国、南非、印度、波兰、俄罗斯和澳大利亚等国家多采用人工制冷降温技术，并已经成为矿井降温的主要手段。

1）矿井空调系统的工作原理

矿井空调系统一般由制冷剂、载冷剂（冷冻水）和冷却水 3 个相对独立的循环系统组成，其循环系统的工作原理如图 8 - 14 所示。

（1）制冷剂循环系统。制冷机组通过制冷剂的热力循环，以消耗一定量的机械能（电能）作为补偿条件来达到制冷（实现热量的转移），主要由制冷压缩机、冷凝器、蒸发器、节流阀及连接管路组成一个封闭的循环系统。制冷剂的循环是由压缩机不停地工作来完成的，在制冷系统中经历蒸发、压缩、冷凝和节流 4 个热力过程。

如图 8 - 14 所示，低温低压的制冷剂液体在蒸发器中吸收载冷剂（如冷水）的热量而被气化为低温低压的制冷剂蒸气，制冷剂单位时间吸收的载冷剂的热量即为制冷量。之后低温低压的制冷剂蒸气被压缩机吸入并经压缩升温，高温高压的蒸气再进入冷凝器，在冷凝器中高温高压的制冷剂蒸气被冷却介质（如冷却水）冷却，放出热量而被冷凝为高压液体。由冷凝器排出的高压液体制冷剂经节流阀节流降压后变为低温低压液体又进入蒸发器中，继续吸收载冷剂的热量，由此达到制冷的目的并重复进行制冷循环。

（2）载冷剂循环系统。由于制冷站的设置位置不同而形成不同的载冷剂循环系统。当制冷站设在地面时（图 8 - 14a），载冷剂有两个循环系统：由地面制冷机组的蒸发器、井底高低压换热器、冷冻水泵及冷冻水管构成一次循环系统；由井底高低压换热器、空气冷却器、冷冻水泵及冷冻水管构成二次循环系统。当制冷站设置在井下时（图 8 - 14b、图 8 - 14c），其循环系统由蒸发器、空气冷却器、冷冻水泵及冷冻水管组成。当地面和井

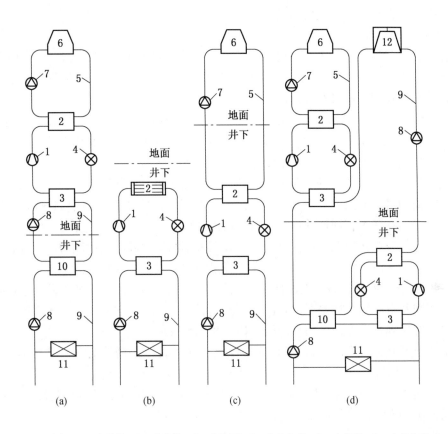

1—压缩机；2—冷凝器；3—蒸发器；4—节流阀；5—冷却水管；6—冷却塔；7—冷却水泵；
8—冷冻水泵；9—冷冻水管；10—高低压换热器；11—空冷器；12—蒸发式冷却器

图 8-14　矿井空调系统工作原理

下同时设制冷站时（图 8-14d），一次循环系统由蒸发器、高低压换热器、冷凝器、蒸发式冷却器、水泵和连接管路组成；二次循环系统由蒸发器（井下）、高低压换热器、空气冷却器、水泵和冷冻水管（井下）组成。

当载冷剂在空冷器中吸收风流的热量后，通过冷冻水管回流到蒸发器中（当制冷站设在地面时回流到高低压换热器中）。在蒸发器中，载冷剂将热量传递给制冷剂而自身温度降低。低温载冷剂又通过冷冻水管供给空冷器，继续吸收风流的热量，达到降温目的。

（3）冷却水循环系统。由冷凝器、冷却塔（或水冷却装置）、冷却水泵和冷却水管道组成。制冷剂在蒸发器中吸收载冷剂的热量和在压缩机中被压缩产生的热量，在冷凝器中放出传递给冷却水。冷却水吸收这部分热量后，经管道进入冷却塔。在冷却塔中，冷却水与风流通过热质交换及自身部分水分的蒸发最终把热量传递给空气而本身温度降低。较低温度的冷却水，经管道再流回冷凝器，继续吸收制冷剂的热量，达到连续排除冷凝热的目的。当地面、井下同时设制冷站时（图 8-14d），井下制冷机的冷凝热是通过一次载冷剂排掉的。

总之，矿井制冷空调就是通过上述 3 个相对独立又相互联系的循环系统连续、同时工作来达到降低矿井内风流温度的目的。

2）矿井空调系统的基本类型

根据制冷站设置位置的不同，可分为地面集中式空调系统、井下集中式空调系统、井上下联合式空调系统及井下分散式（局部）降温空调系统。此处主要依据冷凝热排放方式及制冷站设置位置不同进行介绍。

（1）地面集中式空调系统。将制冷站设置在地面的矿井空调系统统称为地面集中式空调系统。根据系统结构的不同，地面集中式空调系统分为以下两种情况：

① 在地面集中冷却矿井总进风风流：该系统制冷站和空气冷却装置均设置在地面，冷却后的风流沿井筒和井下进风巷道到达各用冷地点，该方式在国外部分矿井有应用，但因风流沿井筒的自压缩温升及沿途吸热，该方法在高温深井热害防治中的应用受到限制。最简单的例子，在冬季，即使井口房入口风流温度接近 $2\,℃$（《煤矿安全规程》规定进风井口以下的空气温度必须在 $2\,℃$ 以上）时，井下采掘工作面温度仍然超限。但该方法与其他降温方法共同降温也许是一种可行的深井降温空调方式。

② 制冷站设在地面，为使地面向井下供给的一次载冷剂不致因静水压力过高而破坏井下供冷管网及空冷器，在井下设置高低压换热器，二次载冷剂将一次载冷剂传递的冷量由泵通过管网送到各用冷地点的空冷器，如图 8 - 15 所示。

（2）井下集中式空调系统。当制冷站设置于井下时，根据冷凝热排放方式的不同，可分为以下三种情况：

① 井下排放冷凝热：利用矿井回风流或矿井涌水排放制冷设备排放的冷凝热，最终通过回风或矿井排水将冷凝热排向地面，如图 8 - 16 所示。

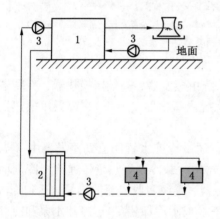

1—制冷机组；2—高低压换热器；3—水泵；
4—空冷器；5—冷却塔

图 8 - 15　地面设制冷站，井下设高低压换热器

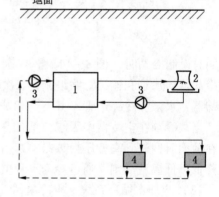

1—制冷机组；2—水冷器；
3—水泵；4—空冷器

图 8 - 16　井下制冷排热

② 地面排放冷凝热：制冷机组设置于井下专用制冷硐室，冷凝热由安设于地面的冷却塔排放，如德国的 WAT 降温系统即为该方式，其系统原理如图 8 - 17 所示。

③ 井上下联合布置：为了克服冷凝热排放困难及降低地面集中制冷存在的冷量损失

等问题，在地面和井下同时设制冷站，两级制冷站串联连接，实质是用地面制冷站的冷冻水作为井下制冷站的冷却水，构成矿井联合空调系统，如图8-18所示。

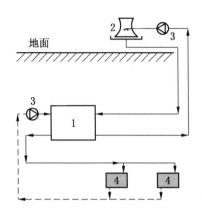

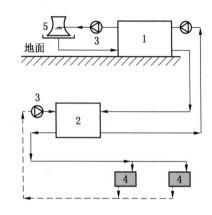

1—制冷机组；2—冷却塔；
3—水泵；4—空冷器
图8-17　井下制冷地面排热

1—地面制冷机组；2—井下制冷机组；
3—水泵；4—空冷器；5—冷却塔
图8-18　井上下联合制冷

根据降温系统载冷剂的不同，可分为水冷（图8-15至图8-18，其载冷剂均可为水）、冰冷（制冰机组安设于地面，制取的片状或管状冰在重力作用下滑落至井底融冰池，空冷器回水用于融冰，冰融化后形成的低温冷水被水泵输送至各降温点的空冷器，如图8-19所示）、乙二醇溶液（为提高载冷剂的输冷量，增大载冷剂供回水温差，一般采用降低载冷剂供冷温度，采用乙二醇等有机溶剂的溶液可使供冷温度低于0℃，增大输冷能力，该系统形式可用于图8-15所示系统，在地面制冷机组至井下高低压换热器之间的载冷剂选择乙二醇溶液）。

井下集中式空调系统、地面集中式空调系统、井上下联合式空调系统和井下分散式（局部）降温空调系统的比较见表8-5。

德国和我国实践表明：负荷小于2 MW的矿井，以采用分散式最优；负荷大于2 MW的矿井，采用集中式；集中式的三种形式，又以井下集中式投资费用较高，其次是井上、下联合式和地面集中式。

井下集中式空调系统的致命弱点是冷凝热排放困难；地面集中式和井上下联合式空调系统必须使用高低压换热设备，此设备在冷冻水转换过程中会产生3~4℃的温度跃升，为了尽可能地消除高低压换热器的温度跃升，德国研制的一种新型水能回收高低压转换器，其温度跃升可降低到0.2℃。

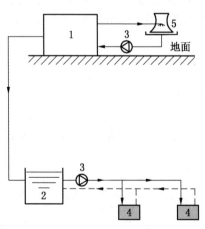

1—制冰机组；2—井底融冰池；
3—水泵；4—空冷器；5—冷却塔
图8-19　冰冷却空气调节系统

表 8 - 5　矿井空调系统比较（总制冷量相同且大于 2 MW）

比较项目	地面集中式空调系统	井下集中式空调系统	井上下联合式空调系统	井下分散式（局部）降温空调系统
设备投资	较小	较大	小	大
运行费用	相同	相同	相同	大
安装	简单	需要开掘专用空调硐室	管道敷设工作大	简单
制冷剂	能用氨	成本高，需要氟利昂	能用氨	成本高、防爆
排水	简单	在干燥矿井需额外费用	在干燥矿井需额外费用	
排热	简单	困难（如井下水不充足）	简单	简单
冷冻水到工作面	有时很复杂	简单	简单	简单
冷损	大	小	小	小
适用范围	高低压换热器		高低压换热器	

8.2.2　矿井通风除湿技术

　　常用于地下空间的空气除湿方法有膜除湿、升温通风降湿、冷却除湿、液体吸湿剂除湿、固体吸湿剂除湿或联合使用这些方法。每种方法各有特点，应根据井下实际自然条件、工程特点等综合考虑后选用。对于特定的膜材料，水蒸气的透过速率比氮气、氧气等的透过速率至少高两个数量级，膜除湿技术利用这一特性，使得湿空气在通过膜表面时，水蒸气透过膜进入渗透侧而其他气体不能透过，实现水蒸气与干燥空气分离。各种膜除湿方法的原理、应用情况见表 8 - 6。

表 8 - 6　各种膜除湿方法

膜除湿方法	除湿原理	应用情况分析
压缩法	靠压缩输入气流，形成传质势差	当含湿量较高时，增大压力易使水蒸气在膜的表面凝结，影响水蒸气向膜内的溶解扩散作用，降低膜的除湿效果。而且提高气体压力，必然导致对膜强度以及组件设备耐压性能的要求相应提高，从而对实际应用造成某些局限
真空法	靠降低渗透侧压力，产生传湿动力	对膜的强度要求非常高，而且耗功很大，因而在实际应用中受到限制
加热再生法	膜另一侧加热再生，靠膜两侧化学势差作为推动力	由于膜本身很薄，使得膜两侧不可能有较大的温差，温差是产生化学势差的原因，所以膜两侧的传湿动力很小。该方法存在成本高、不易操作、除湿量小且速度慢等不足，离实际应用尚有一定的距离

8.2.3　井口空气加热技术

1. 井口空气加热方式

井口一般采用空气加热器对冷空气进行加热，其加热方式有井口房不密闭的加热方式和井口房密闭的加热方式两种。

1）井口房不密闭的加热方式

当井口房不宜密闭时，被加热的空气需设置专用的通风机送入井筒或井口房。这种方式按冷、热风混合的地点不同，又分以下三种情况：

（1）冷、热风在井筒内混合。这种布置方式是将被加热的空气通过专用通风机和热风道送入井口以下 2 m 处，在井筒内进行热风和冷风的混合，如图 8 - 20 所示。

（2）冷、热风在井口房内混合。这种布置方式是将热风直接送入井口房内进行混合，使混合后的空气温度达到 2 ℃以上后再进入井筒，如图 8 - 21 所示。

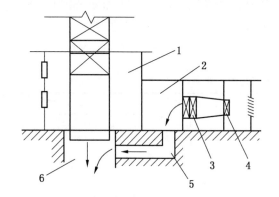

1—通风机房；2—空气加热室；3—空气加热器；
4—通风机；5—热风道；6—井筒

图 8 - 20　冷、热风在井筒内混合

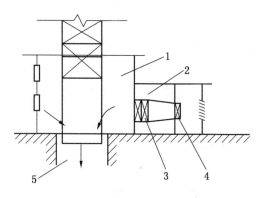

1—通风机房；2—空气加热室；3—空气加热器；
4—通风机；5—井筒

图 8 - 21　冷、热风在井口房内混合

（3）冷、热风在井口房和井筒内同时混合。这种布置方式是前两种方式的结合，它将大部分热风送入井筒内混合，而将小部分热风送入井口房内混合，如图 8 - 22 所示。

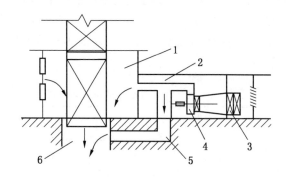

1—通风机房；2—空气加热室；3—空气加热器；4—通风机；5—热风道；6—井筒

图 8 - 22　冷、热风在井口房和井筒内同时混合

以上三种方式相比较，第一种方式冷、热风混合效果较好，通风机噪声对井口房的影响相对较小，但井口房风速大、风温低，井口作业人员的工作条件差，而且井筒热风口对面井壁、上部罐座和罐顶保险装置有冻冰危险；第二种方式井口房工作条件有所改善，上部罐座和罐顶保险装置冻冰危险减少，但冷、热风的混合效果不如前者，而且井口房内风速较大，尤其是通风机的噪声对井口的通信信号影响较大；第三种方式综合了前两种的优点，而避免了其缺点，但管理较为复杂。

2）井口房密闭的加热方式

当井口房有条件密闭时，热风可依靠矿井主要通风机的负压作用进入井口房和井筒，而不需设置专用的通风机送风。采用这种方式，大多是在井口房内直接设置空气加热器，让冷、热风在井口房内进行混合。

对于大型矿井，当井筒进风量较大时，为了使井口房风速不超限，可在井口房外建立冷风塔和冷风道，让一部分冷风先经过冷风道直接进入井筒，使冷、热风既在井口房内混合又在井筒内混合。采用这种方式时，应注意防止冷风道与井筒连接处结冰。

井口房不密闭与井口房密闭这两种井口空气加热方式相比，其优缺点见表8-7。

表8-7　井口空气加热方式的优缺点比较

井口空气加热方式	优　点	缺　点
井口房不密闭	1. 井口房不要求密闭； 2. 可建立独立的空气加热室，布置较为灵活； 3. 在相同风量下，所需空气加热器的片数少	1. 井口房风速大、风温低，井口作业人员工作条件差； 2. 通风机运行噪声对井口通信有影响； 3. 设备投资大，管理复杂
井口房密闭	1. 井口房工作条件好； 2. 不需设置专用通风机，设备投资少	1. 井口房密闭增加矿井通风阻力； 2. 井口房漏风管理较为麻烦

2. 空气加热量

1）计算参数的确定

（1）室外冷风计算温度的确定。井口空气防冻加热的室外冷风计算温度，通常按下述原则确定：立井和斜井采用历年极端最低温度的平均值；平硐采用历年极端最低温度平均值与采暖室外计算温度二者的平均值。

（2）空气加热器出口热风温度的确定。通过空气加热器后的热风温度，根据井口空气加热方式按表8-8确定。

表8-8　空气加热器后热风温度的确定　　　　　　　　　　　　　℃

送风地点	热风温度	送风地点	热风温度
立井井筒	60~70	正压进入井口房	20~30
斜井或平硐	40~50	负压进入井口房	10~20

2）空气加热量的计算

井口空气加热量包括基本加热量和附加热损失两部分，基本加热量即加热冷风所需的热量，附加热损失包括热风道、通风机壳及井口房外围护结构的热损失等。在设计中，一般附加热损失可不单独计算，总加热量可按基本加热量乘以一个系数求得。总加热量 Q 可按式（8-8）计算。

$$Q = \alpha M C_p (t_h - t_1) \tag{8-8}$$

式中　　M——井筒进风量，kg/s；

　　　　α——热量损失系数，井口房不密闭时 $\alpha = 1.05 \sim 1.10$，密闭时 $\alpha = 1.10 \sim 1.15$；

　　　　t_h——冷、热风混合后空气温度，℃，可取 2 ℃；

　　　　t_1——室外冷风温度，℃；

　　　　C_p——空气定压比热，kJ/(kg·K)，可取 1.01 kJ/(kg·K)。

3. 空气加热器的选择计算

1）基本计算公式

（1）通过空气加热器的风量 M_1 可按式（8-9）计算。

$$M_1 = \alpha M \frac{t_h - t_1}{t_{h0} - t_1} \tag{8-9}$$

式中　　M_1——通过空气加热器的风量，kg/s；

　　　　T_{h0}——加热器出口热风温度，℃，按表8-8选取。

其余符号意义同前。

（2）空气加热器能够供给的热量 Q' 可按式（8-10）计算。

$$Q' = KS\Delta t_p \tag{8-10}$$

式中　　Q'——空气加热器的供热量，kW；

　　　　K——空气加热器的传热系数，kW/(m²·K)；

　　　　S——空气加热器的散热面积，m²；

　　　　Δt_p——热媒与空气间的平均温差，℃。

当热媒为蒸汽时：

$$\Delta t_p = t_v - \frac{t_1 + t_{h0}}{2} \tag{8-11}$$

当热媒为热水时：

$$\Delta t_p = \frac{t_{w1} + t_{w2}}{2} - \frac{t_1 + t_{h0}}{2} \tag{8-12}$$

式中　　　　t_v——饱和蒸汽温度，℃；

　　　　t_{w1}、t_{w2}——热水供、回水温度，℃；

其余符号意义同前。

空气加热器常用的在不同压力下的饱和蒸汽温度，见表8-9。

表8-9　不同压力下的饱和蒸汽温度

蒸汽压力/kPa	100	150	200	250	300	350	400
饱和蒸汽温度/℃	99.6	111.3	120.2	127.4	133.6	138.9	143.6

2）选择计算步骤

空气加热器的选择计算可按下述方法和步骤进行：

（1）初选加热器的型号，首先应假定通过空气加热器的质量流量 $(v\rho)'$，一般井口房不密闭时质量流量可选 $4\sim8\,\mathrm{kg}/(\mathrm{m}^2\cdot\mathrm{s})$，井口房密闭时质量流量可选 $2\sim4\,\mathrm{kg}/(\mathrm{m}^2\cdot\mathrm{s})$。然后按式（8-13）求出加热器所需的有效通风截面积 S'。

$$S' = \frac{M_1}{(v\rho)'} \tag{8-13}$$

加热器的型号初步选定之后，即可根据加热器实际的有效通风截面积，算出实际的质量流量 $(v\rho)$ 值。

（2）部分国产空气加热器传热系数的计算式见表 8-10。如果有的产品在整理传热系数实验公式时，用的不是质量流量 $(v\rho)$，而是迎面风速 v_y，则应根据加热器有效截面积与迎风面积之比 α 值（α 称为有效截面系数），使用关系式 $v_y = \dfrac{\alpha(v\rho)}{\rho}$，由 $v\rho$ 求出 v_y 后，再计算传热系数。

空气加热传热系数可按式（8-14）计算。

$$K = p(v\rho)^q \tag{8-14}$$

式中 p、q——经验公式的系数和指数。

表 8-10 部分国产空气加热器的传热系数和阻力计算式

加热器型号		热媒	传热系数 $K/$ $(\mathrm{W}\cdot\mathrm{m}^{-2}\cdot\mathrm{K}^{-1})$	空气阻力 $\Delta H/\mathrm{Pa}$	管内水阻力 $\Delta h/\mathrm{kPa}$
SRZ 型	5、6、10D	蒸汽	$14.6\,(v\rho)^{0.49}$	$1.76\,(v\rho)^{1.998}$	D 型：$15.2v_w^{16}$ Z、X 型：$15.2v_w^{1.96}$
	5、6、10Z		$14.6\,(v\rho)^{0.49}$	$1.47\,(v\rho)^{1.98}$	
	5、6、10X		$14.5\,(v\rho)^{0.53}$	$0.88\,(v\rho)^{2.12}$	
	7D		$14.3\,(v\rho)^{0.51}$	$2.06\,(v\rho)^{1.17}$	
	7Z		$14.6\,(v\rho)^{0.49}$	$2.94\,(v\rho)^{1.52}$	
	7X		$15.1\,(v\rho)^{0.57}$	$1.37\,(v\rho)^{1.91}$	
SRL 型	$B\times A/2$	蒸汽	$15.2\,(v\rho)^{0.50}$	$1.71\,(v\rho)^{1.67}$	
	$B\times A/3$		$15.1\,(v\rho)^{0.43}$	$3.03\,(v\rho)^{1.62}$	
	$B\times A/2$	热水	$16.5\,(v\rho)^{0.24}$	$1.5\,(v\rho)^{1.58}$	
	$B\times A/3$		$14.5\,(v\rho)^{0.29}$	$2.9\,(v\rho)^{1.58}$	

注：$v\rho$——空气质量流量，$\mathrm{kg}/(\mathrm{m}^2\cdot\mathrm{s})$；$v_w$——水流速，$\mathrm{m/s}$。

如果热媒为热水，则在传热系数的计算式中还要用到管内水流速 v_w。加热器管内水流速可按式（8-15）计算。

$$v_w = \frac{M_1 C_p(t_{h0} - t_1)}{S_w C(t_{w1} - t_{w2}) \times 10^3} \tag{8-15}$$

式中 v_w——加热器管内水的实际流速，$\mathrm{m/s}$；

S_w——空气加热器热媒通过的截面积，m^2；

C——水的比热容，kJ/(kg·K)，可取 4.1868 kJ/(kg·K)。

其余符号意义同前。

（3）计算所需的空气加热器面积和加热器台数。

① 空气加热器所需的加热面积可按式（8-16）计算。

$$S_1 = \frac{Q_1}{K\Delta t_p} \qquad\qquad (8-16)$$

式中符号意义同前。

② 计算出所需加热面积后，可根据每台加热器的实际加热面积确定所需加热器的排数和台数。

（4）检查空气加热器的富余系数，空气加热器的富余系数一般取 1.15~1.25。

（5）计算空气加热器的空气阻力 ΔH，空气加热器的空气阻力 ΔH 计算式见表 8-10。

（6）计算空气加热器管内水阻力 Δh，空气加热器管内水阻力 Δh 计算式见表 8-10。

参考习题

1. 地铁工程通风空调系统是由哪几部分组成的？

2. 城市轨道交通线路的环控系统必须要满足什么要求？

3. 城市轨道交通风空调系统由哪几部分组成，优缺点是什么？

4. 地铁车站通风空调大系统包括哪些部分？

5. 什么是全新风空调、通风运行？

6. 改善矿内气候条件的措施有哪几方面？

7. 试说明如何调整吸热量。

8. 矿井内空气加热器该如何选择计算？

9　地下工程智能通风

9.1　地下工程智能通风基础理论

9.1.1　矿井智能通风

1. 概念

矿井智能通风是通过智能控制实现按需供风，稳定、经济地向矿井连续输送新鲜空气，供人员呼吸，稀释并排出有害气体和粉尘，改善矿井气候条件及救灾时具有一定智能调控风流的作业。其内涵是将信息采集处理技术、控制技术与通风系统深度融合，按照"平战结合"的理念实现按需供风及异常灾变状态下智能决策与应急调控，既满足日常通风的自动化管理与维护，又实现灾变时期的应急控风有效抑制灾情演化。矿井智能通风主要功能包括以下两项：

（1）矿井通风系统经济可靠与灾情预警，达到安全、经济目标：保障通风系统日常运行的可靠性与经济性，生产过程中风量做到按需供风；满足通风异常的自动感知、诊断与预警。

（2）矿井通风系统的全程自动化，达到智能调控目标：运用互联网、物联网、人工智能、大数据、新材料、先进制造、信息通信和自动化技术，建设智慧矿山通风系统，实现分析决策与联动调控，灾变条件下能够实现防灾、减灾、控灾和主动救灾等全过程自动化与智能化。

2. 控风模型

假设通风网络中有 n 条分支、m 个节点，独立回路 $b = n - m + 1$，其节点风量平衡与回路风压平衡方程为

$$\begin{cases} \varphi_i = \sum_{j=1}^{n} b_{ij} q_j = 0 & (1 \leqslant i \leqslant m - 1) \\ f_i = \sum_{j=1}^{n} c_{ij} R_j |q_j| q_j - \sum_{j=1}^{n} c_{ij} h_{fj} = 0 & (1 \leqslant i \leqslant b) \end{cases} \tag{9-1}$$

式中　　　　i、j——节点和分支；

$b_{ij} = 0、1、-1$——节点 i 与分支 j 不相连、分支 j 风流流出 i 节点、分支 j 风流流入 i 节点；

$c_{ij} = 0、1、-1$——分支 j 不在回路 i 中、在回路 i 中与回路 i 同向和在回路 i 中与回路 i 反向；

R_j——分支 j 的风阻；

q_j——分支 j 的风量；

h_{fj}——j 分支风机风压。

矿井智能通风系统进行风量调节时，需要事先确定按需分风优化调节方案，即在满足按需分风要求下，通风机功耗和调节设施数量越小越好，两者的量纲和数量级均不同，但需要建立相互结合的最优化目标函数。引用相对隶属度对通风网络风量调节优化目标函数中的变量进行归一化处理，得出优化调节模型的数学表达式为

$$
\begin{cases}
\min f(Q'_{yi}, \Delta h_j) = \omega_1 W_r + \omega_2 k_r \\
W_r = \dfrac{W - W_{min}}{W_{max} - W_{min}} \\
W = \sum H_f Q_f \\
\sum_{j=1}^{n} c_{ij}(R_j Q_j^2 + \Delta h_j - H_{nj} - H_f) = 0 \\
H_f = g(Q_f) \\
\rho_j Q_j = \sum_{i=1}^{m} c_{ij} \rho_{yi} Q_{yi} \\
Q_j \in [Q_{jmin}, Q_{jmax}] \cup [-Q_{jmax}, -Q_{jmin}] \\
\Delta h_j \in [\Delta h_{jmin}, \Delta h_{jmax}]
\end{cases}
\tag{9-2}
$$

式中　　　ω_1、ω_2——目标函数中分支调节数量和变频调节的权重，满足 $\omega_1 + \omega_2 = 1$；

　　　　　　　W——矿井所有主要通风机总功率之和；

W_{max}、W_{min}——矿井主要通风机在当前叶片角度运行时所能达到的最大和最小功率；

　　　　　　　W_r——矿井主要通风机总功率相对隶属度；

　　　　　　　k——关于优化方案中分支阻力调节量的函数，其值等于需调节分支个数；

k_{max}、k_{min}——通风网络调节设施的最大和最小数目，最小数目可取 0，最大数目取通风网络回路个数；

　　　　　　　k_r——调节设施数目相对隶属度；

　　　　　　　Q_{yi}——第 i 回路的余树分支风量，其中待求余树分支风量用 Q'_{yi} 表示；

　　　ρ_j、ρ_{yi}——分支 j 的密度和回路余树分支的密度；

　　　　　　　H_f——风机分支的风机风压；

　　　　　　　H_{nj}——分支 j 的位压差；

　　　　　　　Q_f——风机风量，m^3/min；

　　　　　　　Q_{jmin}——分支 j 的最小风量；

　　　　　　　Q_{jmax}——分支 j 的最大风量；

　　　　　　　Δh_j——分支调节阻力；

Δh_{jmin}、Δh_{jmax}——调节分支 j 的最小和最大调节量。

当某些分支风阻数据缺失或分支发生异常时，可以根据相关风量参数反演求解阻力，再进行风网参数反演求解。测风求阻是以分支风量和主要通风机工况点作为基础数据，通过改变通风网络中某一条或几条分支的风阻，获得不同状态下通风网络的风量分配，从而

增加求解分支风阻方程的数目，达到求解目的。测风求阻的反演模型为

$$\sum_{j=1}^{n} \boldsymbol{C}_{ij}^{r} \mathrm{diag}(q_j^r \mid q_j^r \mid) R_j^r = \sum_{j=1}^{n} \boldsymbol{C}_{ij}^{r} h_{pj}^{r} \qquad (9-3)$$

式中　$\boldsymbol{C}_{ij}^{r}$——第 r 次调风时的回路矩阵；

　　　q_{jr}——第 r 次调风时的分支风量，负值表示该分支的风流反向；

　　　R_{jr}——第 r 次调风时的分支风阻；

　　　h_{pj}^{r}——第 r 次调风时风机分支的通风动力。

3. 单元模块

矿井智能通风系统精确感知通风与气体环境参数、通风设施与动力装备状态，基于信息处理与决策平台，运用风网智能调控软件系统、可调风机、可控通风设施，实现按需经济供风的智能化调节。在通风系统出现异常时，能够精准诊断异常或灾变关键影响因子，及时预警、智能给出调控方案，快速修复通风系统，保障通风系统安全、可靠、经济运行。据此，矿井智能通风系统由可调通风动力、可控通风设施、通风网络和智能调控系统组成，按照矿井多元信息智能感知→高效可靠信息传输→通风状态智能分析与决策→通风设施/动力智能调控指令分发、执行及效果反馈的工作流程，实现通风系统的智能联动调控。矿井智能通风系统基本组成与架构如图9-1所示，其整体运行依靠通风信息感知、信息交互传输、数据分析与智能决策、通风联动调控等功能模块有机进行作业。

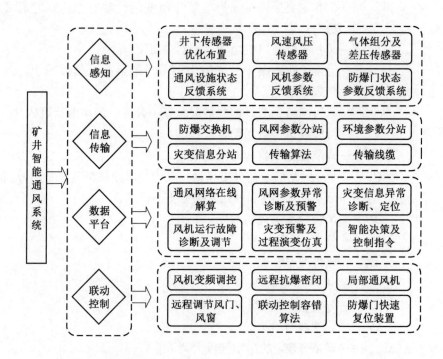

图9-1　矿井智能通风的组成与架构

1）通风信息感知模块

矿井智能通风系统核心信息来源的感知神经主要包括精密风量、风速、温度、CH_4 含量、CO 含量、粉尘质量浓度、压力等参数传感器，通风设施与通风机参数状态反馈传感器，防爆门数据监测传感器。

2）信息交互传输模块

矿井智能通风系统信息交互的神经网络主要包括井下多源信息交互传输算法、工业以太网络、防爆交换机、传输分站、传输线缆等。

3）数据分析与智能决策模块

矿井智能通风系统的"大脑"能通过数据挖掘准确判识通风异常状态、原因与位置，实时预警、研判异常致灾的时效性影响范围与灾害程度，融合井下人员定位系统与逃生行为等多元信息，制定井下和井上通风设施、设备的联动调控策略，通过协同集控执行并反馈决策方案，从而最大限度地缩小灾害影响范围。因此，它主要包括通风网络在线解算，风网参数异常诊断及预警，灾变信息异常诊断、定位，风机运行故障诊断及调节，灾变预警及过程演变仿真，以及智能决策及控制指令等子模块。

4）通风联动调控模块

矿井智能通风系统的执行层主要包括风机智能变频调控装置、井下自动风门、井下自动可调风窗、区域联动控风装置、井上防爆门快速泄压复位装置、井下远程控制抗爆密闭装置等。

9.1.2　隧道智能通风

在以高速公路为核心的公路建设中，隧道是道路网络冲破地形阻隔的关键组成部分，而现代公路必须靠有效的通风系统保证隧道的运营安全。在计算机技术发展的背景下，智能控制可以让隧道通风系统更高效、更可靠，确保经济效益和隧道科技的发展。

隧道通风系统的目的是使隧道内的空气品质维持在一定的水平，为车辆驾驶员及隧道维护管理人员提供一个健康通道和工作场所。车辆进入隧道时引起的自然风流动可以带走一部分尾气，在车流量不大、污染程度不高的情况下，这种自然风可以使空气品质维持在安全范围之内。然而，随着车流量的增大，车速减慢，尾气排放量上升很快，汽车尾气很难借助自然风排出，在这种情况下必须借助隧道通风系统进行通风。因此，隧道通风控制的目的就是以最小的能源消耗来保障隧道内的空气污染程度和视觉环境在国家标准规定允许的范围之内。

由于隧道内交通量和行车速度不断变化，导致交通通风力和排出的有害物质不断变化，通风量也就不断变化，这就要求相应的通风设备（如风机）动作和车道内风速做相应改变，也就是要根据各种检测装置得到的交通量、一氧化碳（CO）浓度、烟尘透过率和交通通风力等决定的风速进行控制。因而，隧道纵向通风系统很难有效实时节能控制。

目前，我国隧道纵向通风控制系统一般采用以测报的 CO 浓度值和烟雾浓度值为主要控制参数，它是在被控制量出现偏差时，控制器才发出控制指令，来补偿干扰对被控变量的影响。这种传统的控制方式，系统有较大的时间延迟，控制不及时且静态偏差大。鉴于隧道通风控制系统是一个非线性、时变和分布参数系统，用准确的数学解析方法表示其特性显然十分困难。为优化控制策略，近来也有学者提出基于智能控制的通风控制系统，取得了较好的应用效果。

9.2 地下工程智能通风关键技术

9.2.1 矿井通风智能监测与调控

1. 矿井通风参数的精准监测

通风参数监测传感技术及装备是矿井智能通风系统信息来源的感知神经，基于风网信息监测传感技术快速准确获取通风参数是感知风网运行状态，实现风网实时解算与智能调控的前提。通风参数涵盖风量、风压、温度、湿度和灾害气体浓度等，矿内温、湿度和灾害气体浓度检测技术在精度和可靠性方面都应满足智能控风的参数感知需求。上述通风参数中，风速、风压参数的快速准确测量是关键，其测量精度高，风网解算与智能调控才更精准。

1）井巷风速（量）测定

井巷风流的湍流脉动和断面风速的不均一特征，是导致平均风速准确测试难度大的主要原因。实现风速的精确测量，首先要设计高温、高湿和粉尘环境下抗干扰能力强、精度高、耐腐蚀性好、性能稳定的风速测量传感器，然后利用湍流统计法测量单点或线段的时均风速，并通过优化设计传感器分布解决井巷突变区大涡干扰、传感器间相互干扰和校正问题，实现点或线段风速传感器的高精度测定，最后基于速度场结构近似恒定原理将单点或线段的时均风速转换为井巷断面平均风速。目前，国内矿用点风速传感器测量精度普遍小于 0.3 m/s，基于该精度条件得出的井巷全断面平均风速误差较大，还不能满足风网精准解算与调控的需求。应用超声波时差法测量线段风速，发射和接收端的跨度大，可克服点风速测量时传感器尺度效应与风流湍流波动诱发的测量误差，是一种精度较高的风速测量方法。采用超声波时差法，通过大跨度双向设置超声波接收与发射端，辅以时间数字转换芯片（TDC）精确计时技术和解耦算法，研发了线段风速高精度传感器，实现了全量程测量精度小于 0.1 m/s，突破了井巷平均风速（量）准确测量的一道屏障，通过线段风速的高精度测量实现了全断面平均风速（量）的快速准确测定，技术原理如图 9－2 所示。

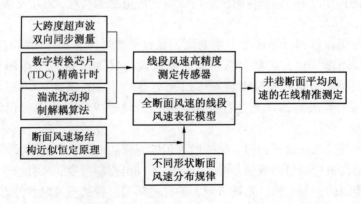

图 9－2　全断面平均风速（量）测定

2）井巷风压的测定

风流压力（压差）实时准确测定是快速掌握矿井通风阻力分布特征的基础，对风网实时解算与调控风方案的快速制定具有重要的意义。其技术思路：考察比较各敏感压力元件的输出特性，测试井下复杂环境下温度、湿度变化对测试精度的影响，优选适于井巷压力测定的敏感元件，应用电路放大与数字滤波技术提高复杂电磁环境下的感压元件与配套电路的抗干扰能力，同时辅以补偿电路以进一步提高传感器精度。

通过对国内外压力敏感元件测试评估，优选出硅可变电阻式弹性膜盒，设计了自适应仪用放大电路提高共模抑制比，减小了零点漂移，精确匹配带宽增益平衡动态性能和放大倍数，以提升传感器灵敏度；利用传感器集成的环境温度参数，通过多源数据融合、补偿和神经网络非线性校正算法，减小了非线性误差，将传感器的测量精度提高到 1 Pa。应用新型压力传感器，采用压差计法和气压计同步法的相互校验，实现了矿井通风阻力在线精准感知，技术原理如图 9 - 3 所示。

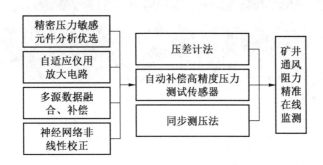

图 9 - 3　矿井通风阻力的在线精准感知

3）全风网传感器布设

为满足矿井通风网络实时解算的需要，需对主要用风地点、主要风路的通风参数进行全面精准感知。全风网通风状态的感知要求传感器布设应能够实现对一条通过工作面的最大阻力路线上各条巷道的风压、风速、湿度、温度等参数的监测，可监测主要用风地点与主要风路的通风参数，监测通风网络变风阻分支的风量、阻力，监测主要通风构筑物等两端压差和其他有可能受灾变影响较大的巷道、通风构筑物，以满足通风网络实时解算，通风系统异常类型、异常范围及严重程度分析与判定的需要。

2. 矿井通风异常诊断与智能决策平台

为实现矿井智能通风系统的安全可靠运行，需要实现矿井通风网络实时解算、矿井通风异常快速诊断与预警。

1）矿井通风网络实时解算

矿井通风网络实时解算与矿井通风异常诊断、矿井通风系统智能调控密切相关。它是指依据风量平衡定律、风压平衡定律、阻力定律，以风网各分支的实时风阻、主要通风机特性和监测监控系统风速（风量）、压差、温度、湿度、大气压力等传感器实时数据为基础，建立方程组在线求解通风网络所有分支风向和风速（风量）数据的过程。矿井通风网络实时解算主要涉及非定常实时热湿通风网络解算模型、拓扑关系动态变换、通风参数传感器优化布置、阻力系数自适应调整、故障源诊断及阻变量反演、扰动识别等关键技术。在采用高精度风速、风压、湿度和温度等传感器对关键巷道通风参数实时监测的基础上，实现了矿井通风网络拓扑关系自动维护、通风网络图自动绘制、通风网络实时解算、异常诊断等功能，系统界面如图 9-4 所示。

图 9-4 矿井通风网络三维实时结算系统

2）矿井通风异常诊断与预警

矿井通风异常诊断、灾害影响范围确定与预警是通风调节合理控风的关键依据。矿井通风异常诊断方法主要是结合多传感器信息融合处理技术、大量历史数据、矿井通风网络实时解算数据，获得通风动力、通风网络和通风设施异常下通风参数的时空响应特征，考虑渐变到突变、量变到质变，运用神经网络、机器学习、模糊数学等方法，构建矿井通风系统异常诊断模型，实现矿井通风参数异常状态的原因、模式的快速诊断与定位。通风灾变影响范围的快速确定与预警则是基于通风网络建立灾害源场模拟和灾害影响区模拟的等效模型，以火灾、爆炸或煤岩动力灾害下风网烟流传输特性为分析依据，结合多元信息感知参数，应用通风网络实时解算方法获取不同约束情况下通风网络通风参数数据，快速预警矿井通风系统灾害类型和灾害影响范围。

3）矿井通风智能决策平台初步实现

为实现矿井智能通风和应急调控，需要建立按需通风、应急通风控制决策层和井上/下联动设备执行层，构建矿井通风系统智能辅助决策平台。该平台融合通风网络拓扑动态维护、互联网信息采集、数据处理、灾情演化虚拟仿真、智能分析与决策等技术，交互多元在线感知参数，实现矿井通风系统薄弱环节预警、灾情快速研判与虚拟仿真灾害演化呈现，结合通风调节设施与应急装备制定灾情演化 - 人员逃生一体化控风预案库，智能快速确定最佳风流调控方案，为风流智能调控奠定基础。该平台实现了矿井通风三维仿真、矿井通风网络实时解算、矿井通风异常诊断、通风灾变影响范围确定、控风方案自动生成、智能控风指令分发等功能，其具体运维管理过程需要实现多数据的传输和交互、平台的智能分析与处理。矿井智能通风决策平台运维管理架构如图 9-5 所示。矿井智能通风决策平台模块化功能如图 9-6 所示。

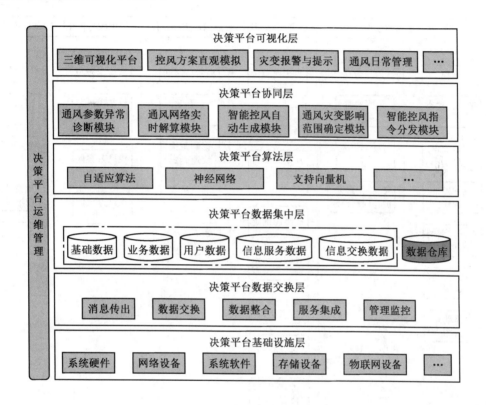

图 9-5 矿井智能通风决策平台运维管理架构

3. 通风动力与通风设施智能调控

1）通风机在线监测及变频调节

运用矿山物联网、云计算、自动控制技术，构建通风与供电参数监测、运行故障诊断、功耗分析、风量供需匹配和智能调节为一体的风机监控物联网模型。通过风压、风速、温度、一氧化碳、电压、电流、有功功率、功率因素、振动、转速等各类传感器，实现矿井通风机工况在线监测、故障诊断、失稳预警、能耗分析、主备自动切换、一键式启动反风、无人值守与智能化变频调控等协同功能，达到矿井需风量与风机工况合理匹配。物联网环境下，矿井通风机运行工况、能耗分析、调控评估嵌入云计算模式，将矿井工程师、风机厂家、故障诊断研发人员、通风专家等资源融合，对风机运行工况及调控评估进行协同分析，保障通风机运行的安全可靠性和经济性。

在通风机运行工况监控和能耗分析方面，主要通风机和局部通风机是一致的。在变频调节方面，主要通风机调控需要区别矿井供需风量、分支需风量、分支灵敏度等参数与其运行频率的关系；局部通风机则只关注供需风量和其运行频率的关系，除了达到理想按需供风，还可避免"一风吹"的现象。通过构建不同频率下通风机工况特性曲线数据库，

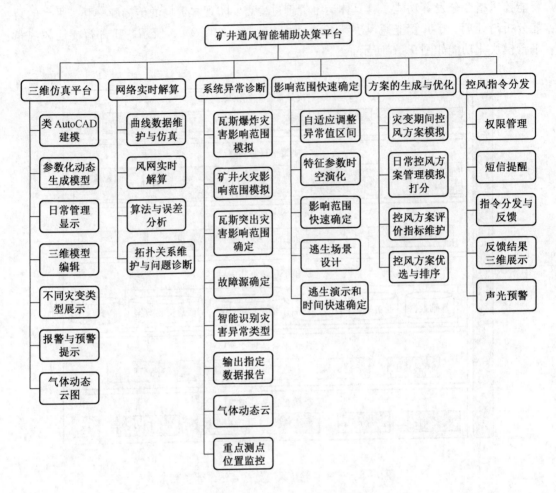

图9-6 矿井智能通风决策平台模块化功能

根据井下需风量要求，获取最佳的风机供风频率，亦或通过多次调频获取理想供需匹配的风机运行频率。结合矿井生产和有毒有害气体涌出特点，将通风机变频调节分为应急调控和功耗优化性调控模式：井下作业地点有毒有害气体浓度快速升高时，进行应急调频增风稀释；按照生产或检修班次需风量核准，或者搬家接替等作业时进行周期性的功耗优化调节。通风机调频控风原理如图9-7所示。

2）井下通风设施的智能化调控

可调通风设施一般采取风门＋风窗的方式，上部风窗用于风量的连续调节，下部风门常态下用于过车行人，灾变状态下用于烟气隔离和排烟。结合现场需求，风门四周门框设计可调滑轨能够有效地克服巷道变形，保障风门可靠运行。以调节风窗特性曲线为基础，将自动化控制技术、调节风窗的结构特性、分支的网络结构特性融为一体，构建分支风量的PID调节模型，从而实现调节风窗的连续精确调控。可控通风设施如图9-8所示。矿井智能通风系统的可控调节设施需要设置在通风网络的敏感分支中，并且与主要作业地点

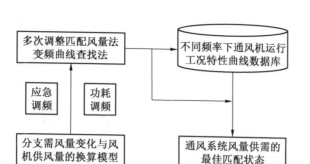

图9-7　通风机变频调控原理

的关联度较高。当某分支需风量发生变化时，智能通风系统
选择灵敏度较大且对通风系统稳定性影响较小的分支进行调
节。针对特定的灾害因素，如火灾，结合通风网络特点组建
区域性的隔离排烟系统，通过多组通风设施的联动调控达到
灾害防控的目的；设置可远程控制的气囊式临时密闭设施，
应急条件下远程隔断风流。根据风量、风压平衡定律，超前
预测调节后风网风量分配和风机工况，验证调节方案的可行
性。通风设施智能调节的原理及流程如图9-9所示。

　　3）高可靠性智能化风井防爆门
　　风井防爆门是矿井通风系统的重要组成和必要装置，在
矿井通风异常时期能够快速开启释放超压保护主要通风机，
复位后能密闭井筒保障正常通风。目前，绝大多数风井防爆
门仍存在无法有效复位、老化漏风等安全风险。同时，监控
盲区、无警报与自动控制等问题也使得传统防爆门装备无法
与智能通风系统相匹配。为提高装备的可靠性，新型防爆门

图9-8　可控通风设施

机械结构的优化设计以简单、可控为原则，如图9-10所示。其主要功能改进：将传统配
重方式通过改向机构设计为同步配重方式，实现了运动过程中盖体的平衡受力及同步升
降；在井筒支架增设导轨与限位装置，实现了盖体运动姿态调节，避免盖体飘摆与碰撞损
伤；在盖体内设计增强结构，使得应力分布趋于平衡，提高了防爆门的抗冲击性。
　　此外，新型防爆门还配套有自动监控系统，实现了防爆门状态实时监测、异常开启远
程警报、自动控制复位、油槽漏风提示等风险辨识、预警及辅助电控功能。其组成与控制
原理如图9-11所示。

9.2.2　隧道通风智能化控制方法

　　隧道通风系统可以分为自动控制和手动控制两种控制方法。系统控制的原则是用最少
的能源消耗，保证隧道使用中达到良好的环境质量，控制空气污染状态在规定的允许范围
之内，以及及时有效地处理火灾等紧急事态。目前，国内外隧道通风自动控制采用的主要
方法有后馈式控制法、程序控制法、前馈式控制法和前馈式智能模糊控制法。

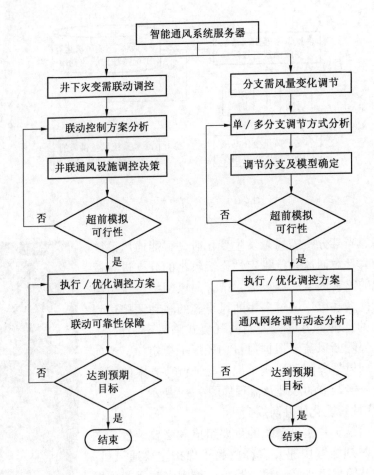

图 9-9　通风设施智能调节的原理及流程

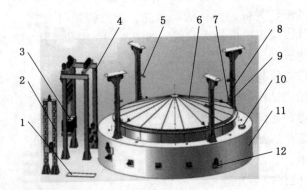

1—回柱绞车安装板；2—回柱绞车钢丝绳改向架；3—配重体；4—配重架；5—缓冲挡板；
6—防爆盖；7—导靴；8—导轨；9—改向架；10—油井；11—井筒基础；12—改向轮

图 9-10　高可靠性防爆门结构优化设计

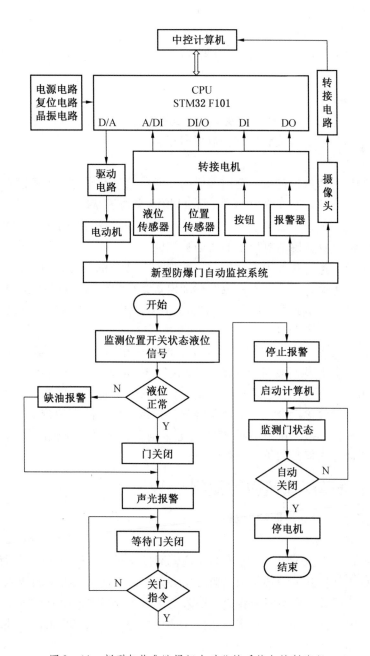

图 9-11 新型智能化防爆门自动监控系统与控制流程

1. 后馈式控制法

后馈式控制法是通过分布在隧道内各点的烟雾通过率传感器和 CO 浓度传感器, 直接检测行驶车辆排放出的烟雾浓度值和 CO 浓度值, 将隧道内当前的污染浓度 (VI 值和 CO 值) 与控制目标值进行比较。以不超过目标值为原则, 经计算处理后, 给出控制信号, 对风机的风量、运转台数进行控制。基于 VI、CO 浓度信息的后馈式控制法较为简单、直接，我国许多隧道目前较普遍采用这种方式。但是这种后馈式控制法无预测功能，与实态常产生延迟现象；同时风机运转无追踪性，其运转时间较长。在交通形态变化大，不良车辆行走时，易产生波动，不能进行风量分担控制。此方法适用于风机台数较少的中短隧道。

2. 程序控制法

程序控制法不考虑 VI、CO 浓度及交通量的变化情况，而是按时间区间（如白昼与夜晚、节假日与平时）预先编成程序来控制风机运转。

3. 前馈式控制法

前馈式控制法是由根据进入隧道前区段的交通量信息及洞内的车辆检测器，实时了解隧道内交通量、行车速度、车辆构成等，通过检测交通流状况，对以后的交通量进行预测，并分析交通流特征，用数值模拟手段计算出以后一段时间内的污染浓度前馈信号，并考虑由 VI 传感器、CO 传感器测出来的污染物浓度后馈信号，由前馈信号和反馈信号共同完成对风机的风量、运转台数等进行控制。能根据交通量的变化，对风机进行追踪控制，不易产生大的波动现象，可按预先设定的标准模式，在一定范围内进行风量分担控制。与后馈式控制法相比，可节省 5% 的电力消耗。适用于风机台数较多的中长隧道。

4. 前馈式智能模糊控制法

前馈式智能模糊控制法基本构成与前馈式控制法相同，将前馈信号与后馈信号输入 AI 模糊控制器，采用模糊理论进行推演，提出多种模拟通风方案进行评价，最后用 AI 模糊控制器演算出最优方案。与前馈控制法相近，能获得更加安定的通风效果。能从细微处出发，对风机进行最优化组合，可实现风量分担控制，最大限度地减少风机的使用频度。与后馈式控制法相比，最大可节省近 25% 的电力消耗，并延长风机的使用寿命。适用于风机台数多、通风方式复杂的长及特长隧道。

9.3 地下工程智能通风应用案例

9.3.1 矿井通风智能监测与调控实例

1. 监控系统测点布置

以山西某矿矿井 18305 回采工作面为实例，通过在回采工作面内构建新型智能通风设备并通过工业以太网将井下设备与地面监控中心连接，实现通风设施的智能化控制。现阶段正在掘进 18305 回采工作面回采巷道，回采工作面生产期间采用上行通风，具体采面通风线路为：主斜井—井底车场—运输上山—18305 运输巷—18305 采面—18305 回风巷—采区回风巷—总回风巷。

根据井下通风需要以及矿井采掘布置情况，决定在矿井 3 采区进、回风巷，18305 回采工作面进风巷、上端头、下端头以及回风巷，总回风巷等位置布置通风监测点，在监测点内均布置风速、风压、甲烷、风量以及一氧化碳传感器，用于掌握 18305 回采工作面通风情况。

2. 井下智能通风构筑物

1）智能百叶窗

在井下布置百叶窗目的是对 18305 回采工作面风量进行智能调控，根据井下需要的风量地面监控中心可以对百叶窗风量进行智能控制。具体将百叶窗布置在 18305 联络巷内，与 18305 回风联络巷相距 13.8 m，该地面位置顶板较为完整，同时便于对采面风量进行调整。

由于巷道形状为半圆形，巷宽为 4.1 m、巷高为 3.6 m，巷道的一侧布置有带式输送机（输送机架高 1.5 m、宽 1.3 m），考虑到 18305 回采工作面风量需求量，在风门上方布置有宽 0.8 m、高 2.6 m 的智能百叶窗，布置的百叶窗可以实现上下 90° 自动翻转，根据地面监控中心发出的指令动态控制百叶窗翻转角度。在百叶窗上方布置有厚 50 mm 的工字钢梁从而提升布置的风门强度及抗压性。在风门的另外一侧布置宽 1.4 m、高 1.8 m 的平衡风门，该风门只用于人员通行，并在风门上留设宽、高均为 0.3 m 的可视窗。具体在井下布置的风门以及智能百叶窗如图 9 - 12 所示。

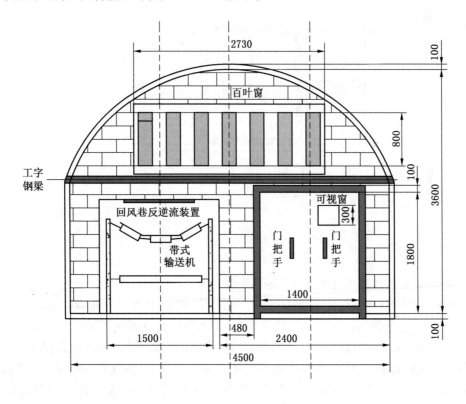

图 9 - 12　第一道风门安装示意图

在井下布置的第二道风门位于第一道风门下风侧 6 m 位置处，该处巷道为半圆拱形，巷高 4.5 m、宽 2.5 m，对巷道进行拉底将巷高扩展至 3.6 m，在风门上方布置有宽 2.6 m、高 0.8 m 的智能风窗，在巷道右侧布置宽 1.4 m、高 1.8 m 的平衡风门。在 18305 回采工作面回采之前依据采面通风需要对通风系统进行调整，具体为：拆除井下车场内的风门；在采面轨道联络巷位置增加砌筑 2 组风门，从而满足 18305 回采工作面通风需要。

2）远程自动控制风门

在井下布置远程自动控制风门可以起到防护作用，具体将风门安设在井底总回风巷的联络巷内，从而应对井下出现火灾等突发状况。矿井井下现布置有 3 道手动控制风门，在原有风门基础上在 2 道风门间布置 1 道手动风门，其余 2 道风门改造成远程自动控制风门，具体风门宽为 1.6 m、高为 1.8 m。远程自动控制风门示意图如图 9-13 所示。

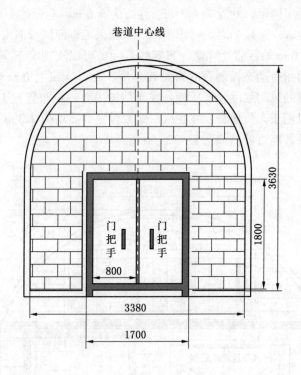

图 9-13　远程自动控制风门示意图

9.3.2　通风参数在线监测与风网实时解算实例

国家能源集团补连塔煤矿 2 号煤层 22310 工作面距离上覆 1 号煤层 45 m，倾向长度 315 m、走向长度 4000 m、煤层平均厚度 6.5 m，采用综合机械化开采。在大采高、快速推进下，工作面采空区与地表之间存在大量沟通裂隙，造成工作面通风阻力和风速波动异常。为有效监测工作面通风，分析工作面风量、漏风、压力、温度等变化规律，以辅助防灭火工作，基于气压计同步法、压差计法，采用高精度风压、风速、温度、CO 浓度等传感器，开展了 22310 工作面通风参数在线监测试验研究。图 9-14 所示为通风参数在线监测的监测点布置、现场设备与监测软件系统，3 个风速传感器分别安装在 22310 回风巷、主运巷和辅助运输巷内；温度、大气压及相对湿度传感器各 1 套分别安装在 22310 辅助运输巷和回风巷内；1 套压差传感器安装在 22310 辅助运输巷内；智能分站安装在 22310 工作面均压硐室内。传感器测点布置如图 9-14a 所示。

系统于 2018 年 9 月 12 日调试完成并顺利运行，现场监测数据与实测数据对比表明数据稳定可靠，可用于矿井采掘工况、通风异常等方面的监测与诊断。工作面通风参数监测数据实时传输到矿井通风三维可视化仿真系统，初步实现了矿井通风网络实时解算和通风系统运行状态评价。系统截至 2018 年 10 月 16 日，根据系统采集的数据，分析得出补连塔煤矿 22310 工作面 2 个测点间的平均漏风量约 170 m³/min，平均通风阻力约 120 Pa。现场设备与监测软件系统如图 9-14b 所示。

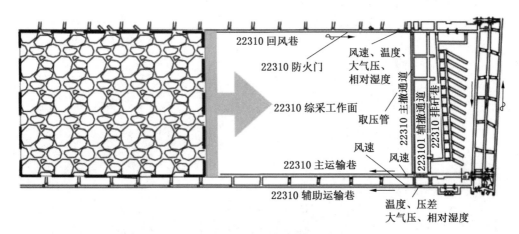

(a) 传感器测点布置

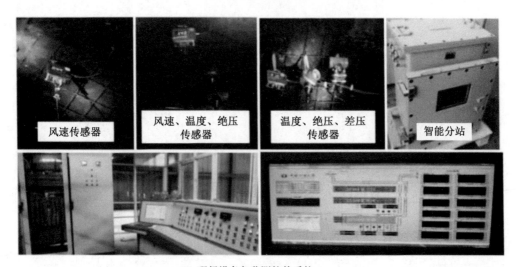

(b) 现场设备与监测软件系统

图 9-14　通风参数在线监测

参考习题

1. 智能工程通风关键技术有哪些？
2. 简述矿井智能通风原理。
3. 隧道通风智能化控制方法有几种？简述后馈式控制法。
4. 列出智能通风实际应用的例子。

5. 试说明井下通风机变频调控原理。

6. 简要说明线段风速高精度传感器的基本原理。

7. 试说明新型智能化防爆门自动监控系统与控制流程。

8. 简要说明矿井通风异常状态诊断方法。

参 考 文 献

[1] 中华人民共和国应急管理部，国家矿山安全监察局. 煤矿安全规程［M］. 北京：应急管理出版社，2022.

[2] 程卫民. 矿井通风与安全［M］. 北京. 煤炭工业出版社，2019.

[3] 张子敏. 瓦斯地质学［M］. 徐州：中国矿业大学出版社，2009.

[4] 辛嵩. 矿井热害防治［M］. 北京：煤炭工业出版社，2011.

[5] 李国刚. 环境空气和废气污染物分析测试方法［M］. 北京：化学工业出版社，2013.

[6] 周福宝，魏连江，夏同强，等. 矿井智能通风原理、关键技术及其初步实现［J］. 煤炭学报，2020，45（6）：2225-2235.

[7] 王刚，王锐，武猛猛，等. 火区下近距离煤层开采有害气体入侵灾害防控技术［J］. 煤炭学报，2017，42（7）：1765-1775.

[8] 王海宁. 矿井风流流动与控制［M］. 北京：冶金工业出版社，2007.

[9] 王从陆，吴超. 矿井通风及其系统可靠性［M］. 北京：化学工业出版社，2007.

[10] 张鸿雁，张志政，王元. 流体力学［M］北京：科学出版社，2004.

[11] 张良瑜，谭雪梅，王亚荣. 泵与风机［M］. 北京：中国电力出版社，2015.

[12] 朱正宪，孔令刚，等. 我国煤矿用风筒产品概述［J］. 矿业安全与环保，2001，28（2）：24-26.

[13] 王刚，孙晋安，王海洋. 基于 Fluent 对火区下近距离煤层工作面 CO 异常涌入的数值模拟［J］. 中国矿业，2013，22（6）：101-105.

[14] 王德明，邵振鲁，朱云飞. 煤矿热动力重大灾害中的几个科学问题［J］. 煤炭学报，2021，46（1）：57-64.

[15] 国家煤矿安全监察局. 防治煤与瓦斯突出细则［M］. 北京：煤炭工业出版社，2019.

[16] 张红兵. 矿井通风［M］. 北京：煤炭工业出版社，2011.

[17] 张国枢. 通风安全学［M］. 徐州：中国矿业大学出版社，2007.

[18] 国家安全生产监督管理总局，国家煤矿安全监察局. 煤矿通风能力核定办法（试行）［M］. 北京：煤炭工业出版社，2005.

[19] 王刚，谢军，段毅，等. 取碎屑状煤芯时的煤层瓦斯含量直接测定方法研究［J］. 采矿与安全工程学报，2013，30（4）：610-615.

[20] 岑衍强，侯祺棕. 矿内热环境工程［M］. 武汉：武汉工业大学出版社，1989.

[21] 严荣林，侯贤文. 矿井空调技术［M］. 北京：煤炭工业出版社，1994.

[22] 王国法，王虹，任怀伟，等. 智慧煤矿 2025 情景目标和发展路径［J］. 煤炭学报，2018，43（2）：295-305.

[23] 褚召祥. 矿井降温系统优选决策与集中式冷水降温技术工艺研究［D］. 山东：山东科技大学，2011.

[24] 吴超. 矿井通风与空气调节［M］. 长沙：中南大学出版社，2008.

[25] 郭惟嘉，等. 矿井特殊开采［M］. 北京：煤炭工业出版社，2008.

[26] Thakur P. Advanced mine ventilation：Respirable coal dust, combustible gas and mine fire control［M］. Woodhead Publishing, 2018.

[27] 徐九华，谢玉玲，李建平，等. 地质学［M］. 北京：冶金工业出版社，2008.

[28] 孟召平，高延法，卢爱红. 矿井突水危险性评价理论与方法［M］. 北京：科学出版社，2001.

[29] 周刚，程卫民，聂文，等. 高压喷雾射流雾化及水雾捕尘机理的拓展理论分析［J］. 重庆大学学

报，2012，35（3）：47-52.

[30] 中华人民共和国煤炭工业部. 煤矿救护规程 [M]. 北京：煤炭工业出版社，1995.

[31] 国家安全生产监督管理总局矿山救援指挥中心. 矿山事故应急救援战例及分析 [M]. 北京：煤炭工业出版社，2006.

[32] 张业胜. 矿山救护 [M]. 北京：煤炭工业出版社，2011.

[33] 国家安全生产监督管理总局，国家煤矿安全监察局. 煤矿防治水细则 [M]. 北京：煤炭工业出版社，2018.

[34] 王一镗. 现场急救常用技术 [M]. 北京：中国医药科技出版社，2003.

[35] 黄喜贵. 矿山救护队员 [M]. 北京：煤炭工业出版社，2006.

[36] 王志坚. 矿山救护指挥员 [M]. 北京：煤炭工业出版社，2007.

[37] 时训先，蒋仲安，邓云峰，等. 重大事故应急救援法律法规体系建设 [J]. 中国安全科学学报，2004，14（12）：45-49.

[38] 卢新明，尹红. 矿井通风智能化理论与技术 [J]. 煤炭学报，2020，45（6）：2236-2247.

[39] 刘顺波. 地下工程通风与空气调节 [M]. 西安：西北工业大学出版社，2015.

[40] 中国标准出版社第二编辑室. 煤矿安全标准汇编：劳动卫生安全综合 [M]. 北京：中国质检出版社，2012.

[41] 郭春. 地下工程通风与防灾 [M]. 成都：西南交通大学出版社，2018.

[42] 毕德纯，孙峰. 城市地下空间通风与排水 [M]. 徐州：中国矿业大学出版社，2018.

[43] McPherson M J. Subsurface ventilation and environmental engineering [M]. Springer Science & Business Media, 2012.

[44] 毕明树. 工程热力学 [M]. 北京：化学工业出版社，2001.

[45] 闫向彤，杨琦. 基于 BP 神经网络和模糊控制的智能通风系统设计 [J]. 煤矿机械，2021，42（2）：174-176.

[46] 何川，方勇，李祖伟. 公路隧道前馈式智能通风控制系统 [M]. 北京：科学出版社，2015.

[47] Hartman，等. Mine Ventilation and Air Conditioning [M]. John Wiley & Sons Inc，2012.

[48] 王刚，程卫民，周刚. 综放工作面采空区自燃"三带"分布规律的研究 [J]. 矿业安全与环保，2010，37（1）：18-21+90.

[49] 胡汉华，吴超，李茂楠. 地下工程通风与空调 [M]. 长沙：中南大学出版社，2005.

图书在版编目（CIP）数据

地下工程通风与空气调节/王刚主编． －－北京：
应急管理出版社，2023（2023.12 重印）

煤炭高等教育"十四五"规划教材

ISBN 978 - 7 - 5020 - 7379 - 4

Ⅰ.①地… Ⅱ.①王… Ⅲ.①地下建筑物—通风
设备—教材 ②地下建筑物—空气调节设备—教材
Ⅳ.①TU96

中国版本图书馆 CIP 数据核字（2021）第 065539 号

地下工程通风与空气调节（煤炭高等教育"十四五"规划教材）

主　　编	王　刚	
责任编辑	唐小磊	
编　　辑	梁晓平	
责任校对	赵　盼	
封面设计	罗针盘	

出版发行　应急管理出版社（北京市朝阳区芍药居35号　100029）
电　　话　010 - 84657898（总编室）　010 - 84657880（读者服务部）
网　　址　www.cciph.com.cn
印　　刷　河北鹏远艺兴科技有限公司
经　　销　全国新华书店

开　　本　787mm×1092mm¹/₁₆　印张　$16\frac{3}{4}$　字数　394 千字
版　　次　2023 年 11 月第 1 版　2023 年 12 月第 2 次印刷
社内编号　20210355　　　定价　48.00 元